今日から
モノ知り
シリーズ

トコトンやさしい

接着の本 新版

さまざまなモノをくっつける接着剤の役割は、産業界で日増しに高まるばかりです。原理だけでなく使用条件や作業性、コストなどに着目すると優れた接着が実現できます。

原賀康介

B&Tブックス
日刊工業新聞社

はじめに

この本を手にされた方で、これまでに自分で接着をしたことがないという人は、おそらくおられないはずです。接着剤や粘着テープなどは、街のあちこちで容易に手に入ります。接着とはそれほど身近な接合技術です。それだけに、「接着したものが剥がれた」という経験を持つ方も多いのではないでしょうか。

各種の産業分野においてもしかりです。現在、接着は、異種材料でも容易に接合ができるという利便性から、モノづくりに必要不可欠な技術となっています。その反面、化学的な要素が多く出来映えを可視化しにくい、完成後に強度検査ができない、設計基準が不明確など多くの課題も有しています。また、接着に関する教育は大学でもあまり行われていないため、接着の専門家を擁する企業は多くありません。そのため、接着に関係する不具合は結構発生しているのです。

そこで本書では、実用的な観点から接着の基本を身につけるのと同時に、工業製品の製造における接着を対象に「見よう見まねの接着」から脱却して、「信頼性・品質に優れた接着」を行うことを推奨しています。そのために知っておかなければならないポイントや、やらねばならないこと、やってはいけないことなどについて、接着に詳しくない方々にもわかりやすくまとめました。

どんな技術にも、良い面と悪い面の両面があります。良い面ばかりが強調されて悪い面がないがしろにされると、大きな社会問題や重大な事故に必ずつながります。接着もしかりです。したがって、本書では接着の基本を正しく理解していただくとともに、接着の欠点と対策についても多くの紙面を割きました。

今回、日刊工業新聞社から、接着を用いて組立を行うために必要な基礎知識について述べ、「新しい接着のあり方と作法」をトコトンやさしく書いて欲しいとの依頼を受けました。気軽に引き受けたものの、書き始めてみて、接着という技術をわかりやすくやさしく説明することの難しさを改めて実感しました。何とか必要なことを、できるだけわかりやすく書いたつもりです。本書をお読みいただいて、接着の利点と欠点・課題の両面と本質を十分にご認識いただき、信頼性・品質に優れた接着の一助としていただければ幸いです。各章末のコラムには、筆者がメインとなって開発した接着の適用事例を示しましたのでご参照ください。

最後に、終始ご支援いただいた日刊工業新聞社の矢島俊克氏に感謝の意を表します。

2023年10月

原賀 康介

トコトンやさしい

接着の本 新版

目次

目次
CONTENTS

第1章 接着とは

第2章 接着剤の固まり方

第3章 固まった接着剤の物性と接着特性

第4章 良好な接着を行うための基本

第5章 接着部の劣化について知る

第6章 設計・施工時に留意すべきこと

第7章 信頼性を確保するポイント

第1章

接着とは

1 天然系接着剤から合成系接着剤へ

接着の歴史と用途

紀元前3000〜4000年の中国や古代エジプト、古代バビロニアなどでは、すでに膠や天然アスファルトが接着剤として代用され、日本でも縄文時代から天然アスファルトが利用され、奈良・平安時代には漆が金箔の接着に使われるなど、接着の歴史は非常に古いものです[1)]。

化学産業の発展により、現在では天然系接着剤に代わって合成高分子系のものが接着剤の主流になっています。強度や耐久性が要求される部分にも適用できる構造用接着剤や導電性、生体適合性、解体性など各種機能性接着剤も開発されるなど、接着技術は大きく進歩してきました。

近年、接着剤の対象材料は木材や紙、布などから金属、プラスチック、複合材料、生体系など多様な材料まで拡大し、接着接合の用途は、衣料、紙・包装、建築・土木から、航空・宇宙機器、自動車などの輸送機器、電気・電子機器、光学機器、情報・通信などの精密機器、医療分野などあらゆる分野に広がっています。

航空機では、1944年に主要強度部材の接合部に接着が初めて実用化され[2)]、以後は軽量化のために接着を用いたモノコック構造や、蜂の巣状のハニカムを用いたハニカムサンドイッチパネルなどが随所に使われています。自動車では、電動化に伴う電池重量の増加をカバーするために車体の軽量化が必須で、炭素繊維複合材料やアルミニウムなど各種軽量部材を用いるマルチマテリアル構造がとられています（接着を用いた量産車は2013年のBMW i3が皮切り）。

また、情報通信や自動運転などの技術革新に伴い、精密機器の小型・高性能・高機能化の要求が高度化し、接着技術も大きな役割を果たしています。医療関係では、絆創膏や湿布薬、歯科治療などから血管の接合、外科手術時の骨と金属やセラミックスの接合など目立たない部分でも活躍しています。

要点BOX
- ●古代から天然系接着剤が使われてきた
- ●現在では合成高分子系接着剤が主流
- ●現在では多くの分野で接着剤が使われている

漆で金箔を貼る

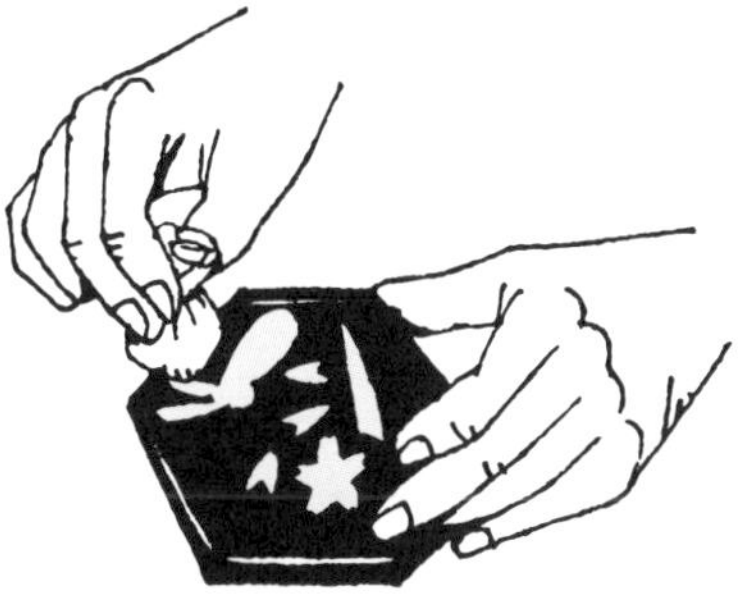

接着が多用される航空機

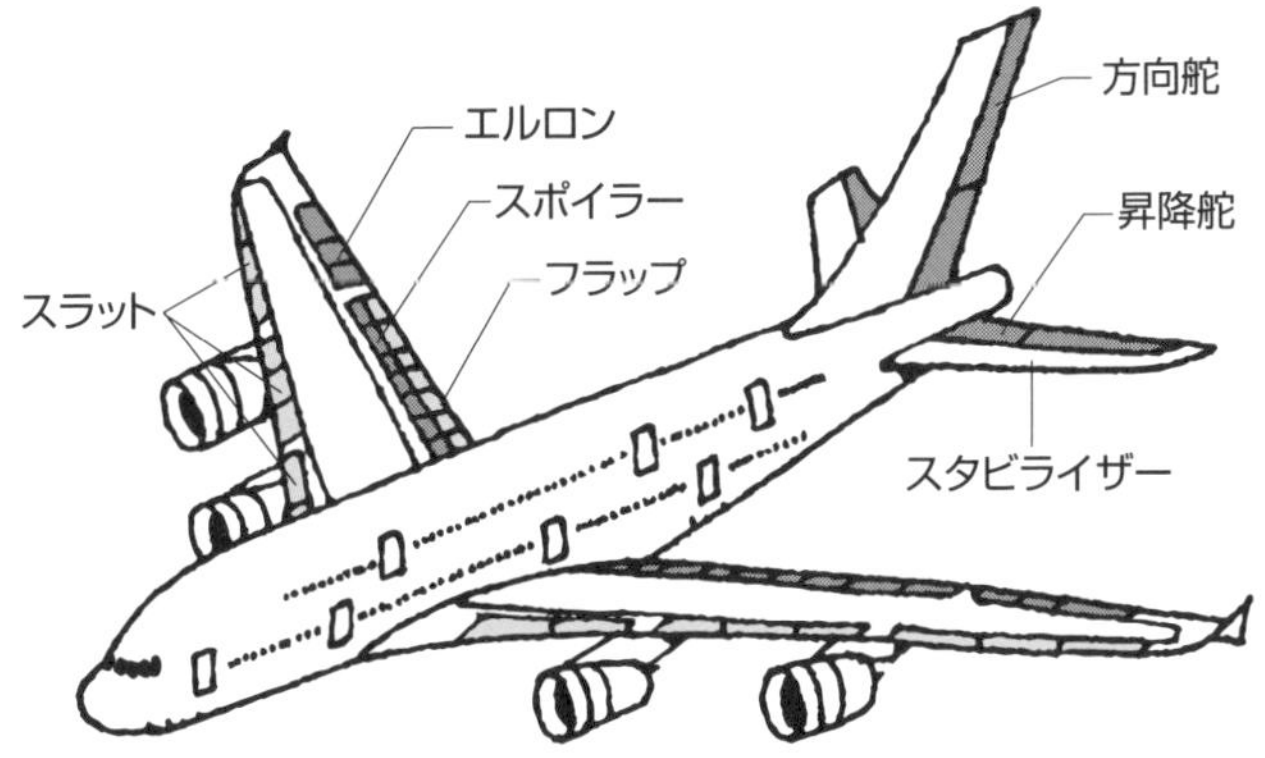

ハニカムパネルの構造

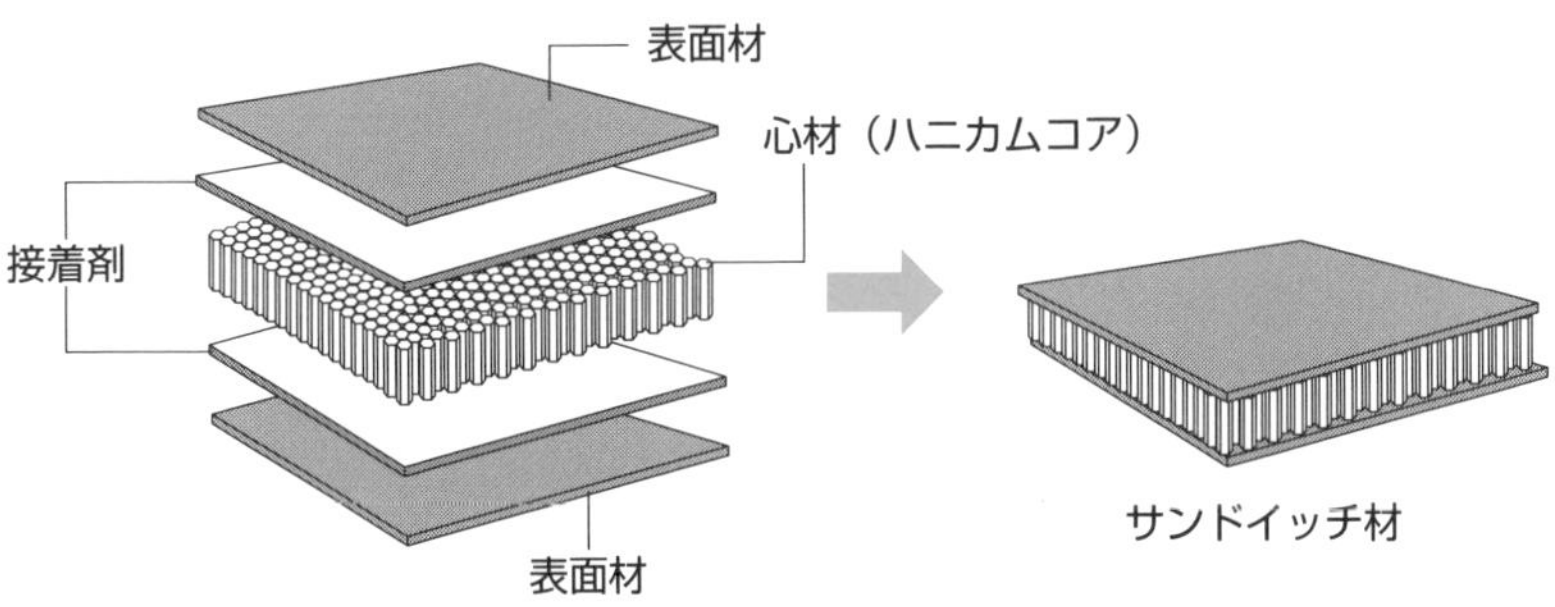

蜂の巣状のハニカムコアも、アルミ箔や樹脂フィルムを貼り合せてつくられる。ハニカムサンドイッチパネルは非常に軽量で、極めて剛性が高く、軽量化が必要な航空機や人工衛星、電車の扉、建材パネルなどに使用される

用語解説

モノコック構造：骨組構造を用いずに外板だけで構成される構造のこと

2 接着は「接着剤」という介在物による接合

「接着」の定義

「接着」は、JIS K 6800の「接着剤・接着用語」において次ページ上図に示したように、「接着剤を媒介とし、化学的もしくは物理的な力、またはその両者によって2つの面が結合した状態」と定義されています。このうち「化学的もしくは物理的な力」は4・5項で説明します。重要なのは、「接着剤」を用いるという点です。熱に溶けるもの同士の接合面を熱で溶かして接合する溶着や、凹凸をつけた面に熱で溶解した成形材料を型内で押し込んで冷却固化させて接合する方法など、接着剤を用いないで2つの面を直接接合する方法は種々あります。ただし定義上、それらは「接着」に含まれないことになります。

強度や耐久性が必要な構造物の組立に用いられる接着は「構造接着」と呼ばれ、構造接着に用いられる接着剤を「構造用接着剤」と言います。「構造用接着剤」は、上記JIS規格では「長期間大きな荷重に耐える信頼できる接着剤」と定義されています。

最近のIoT化や知能化により、電子・光学系の精密機器は大きさや重量、性能、機能などの面で著しく進歩しています。これらの精密機器や微小部品の組立に用いられる接着は「精密接着」と呼ばれています。JISなどの規格に「精密接着」の定義はなく、著者らは「精密部品や精密機器の接着を用いた製造において、部品の位置ずれ・変形・特性変化や接着部のはく離・破壊が極めて少ない高精度な接着部を実現できる接着技術」と定義しています[3)]。

その他に、接着剤や接着部が特別な機能を持つ接着は、「機能性接着」と呼ばれています。たとえば振動や音を低減する接着、はんだに代わって電気を通す接着、部品からの熱を伝えやすくして放熱性を上げる接着、解体性を付与した接着など、要求される機能は多様です。今後は、ナノメートル級の精密接着加工が要求される「微細接着」も増加していくことでしょう。

要点BOX

- ●「接着」は「接着剤」を媒介とした接合
- ●用途や要求条件によって「構造接着」「精密接着」「機能接着」などがある

「接着」とは

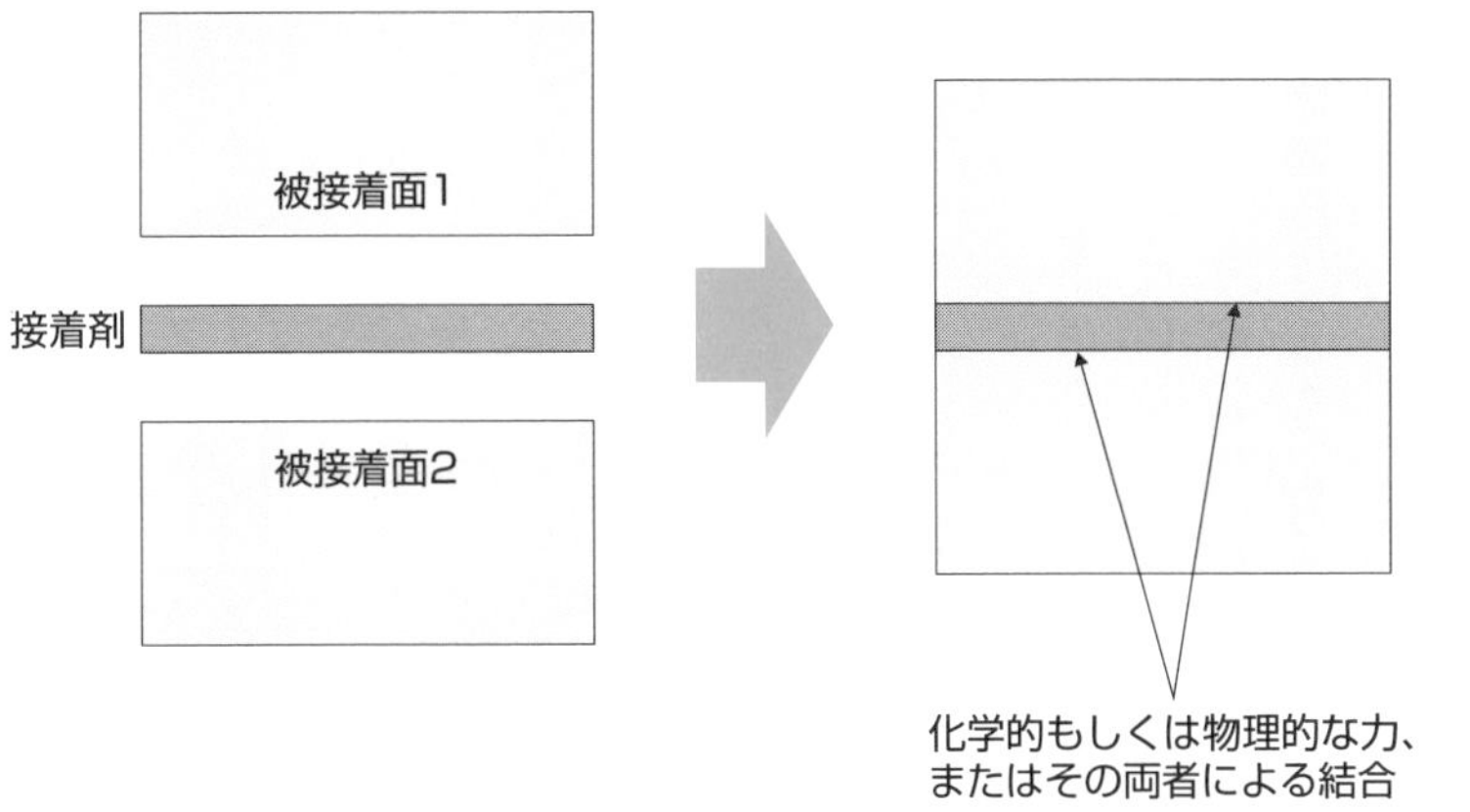

部品・機器製造における接着の分類

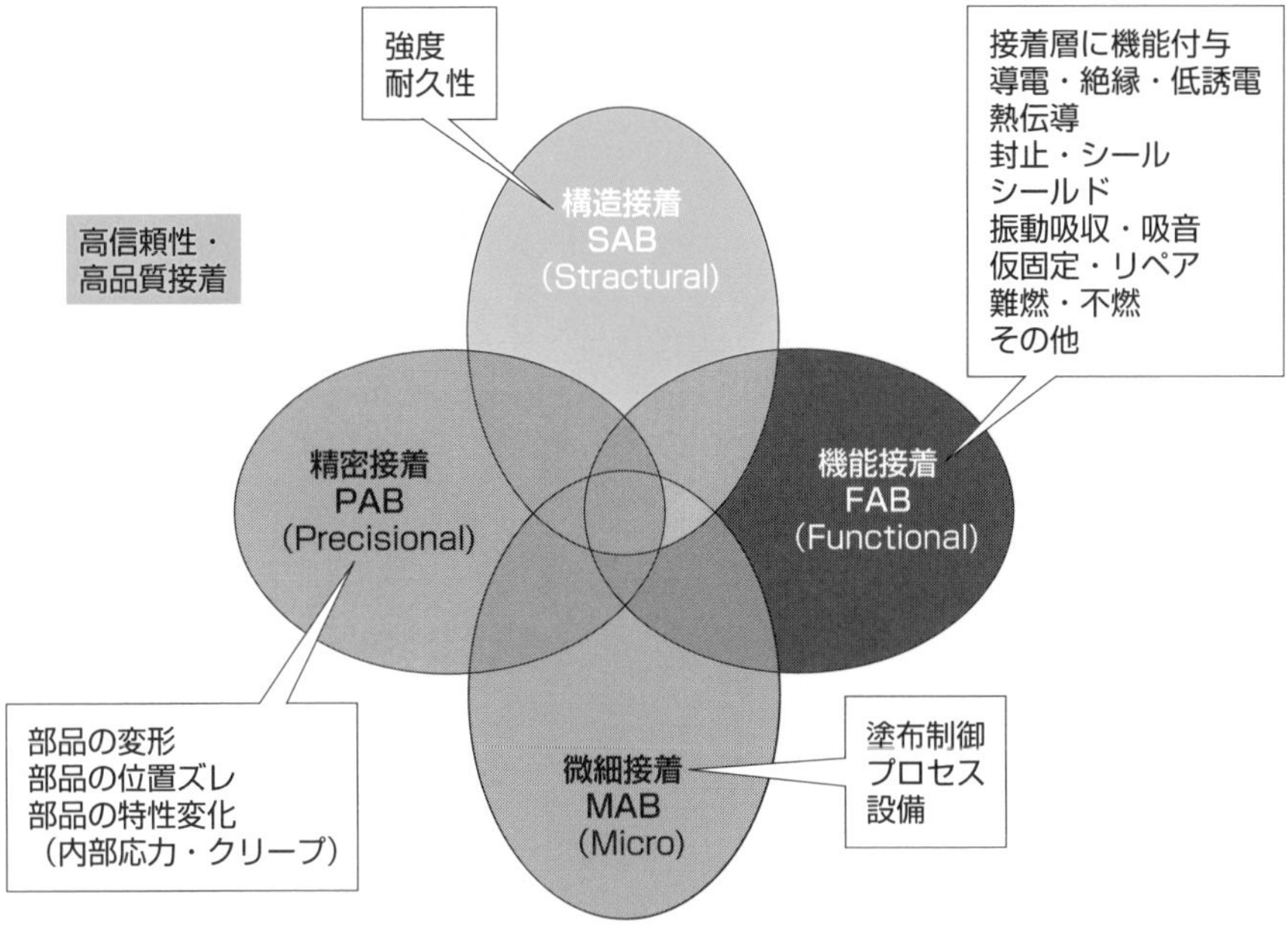

用語解説

被着材：接着剤で接着される部品の材料のこと

3 接着剤は液体である

一般の固体と固体では接着はできません。たとえば重なった紙をめくるときに、指先を湿らせると紙をめくりやすくなります。これは、水が接着剤の役目をしているからです。

接着剤は、被着材表面と結合するときは液体でなければなりません。ベタツキのないフィルム状の接着剤やペレット状などの固形の接着剤もありますが、接着剤と被着材が結合する段階では必ず液状になっています。

熱可塑性樹脂を主成分とするフィルム状の接着剤は、2つの被着材の間にフィルムをはさんで加圧した状態で加熱し、フィルムを溶かして液状にして接着します。冷えると固体に戻ります。自動車の合わせガラスもこうしてつくられています。航空機などのハニカムパネルの接着にはエポキシ系などの反応硬化型のフィルム状接着剤が使われますが、フィルムが溶けて液状になった状態で反応して硬化します。熱可塑性樹脂を主成分とするペレット状などの固形の接着剤は、加熱して液状にした状態で塗布・貼り合せ・加圧を行い、冷えると固体に戻ります。これをホットメルト接着剤と言い、この本の製本にも使われています。被着材の接着面に、熱で溶かした接着剤を薄くコーティングして皮膜をつくり、加熱して再溶融させて接着する方法もあります。切手の糊のように水溶性の接着剤を薄く塗布して乾燥させ、べたつかない皮膜をつくっておくものでは、水で濡らして再び液状にして接着させます。

接着剤がいつまでも液状をしていたのでは力を支えきれないため、被着材表面と結合させた後には固化が必要です。固化の方式については第2章で説明します。粘着テープは一見すると固形に見えますが、テープ状に加工された粘着剤は被着材表面と結合する際は液体の性質を持ち、接着後は固体の性質を持つように物性が巧みに調整されたものです。

要点BOX
- ●接着剤は、被着材表面と結合するときは液体でなければならない
- ●結合後には固化させなければならない

接着時に接着剤は必ず液体である

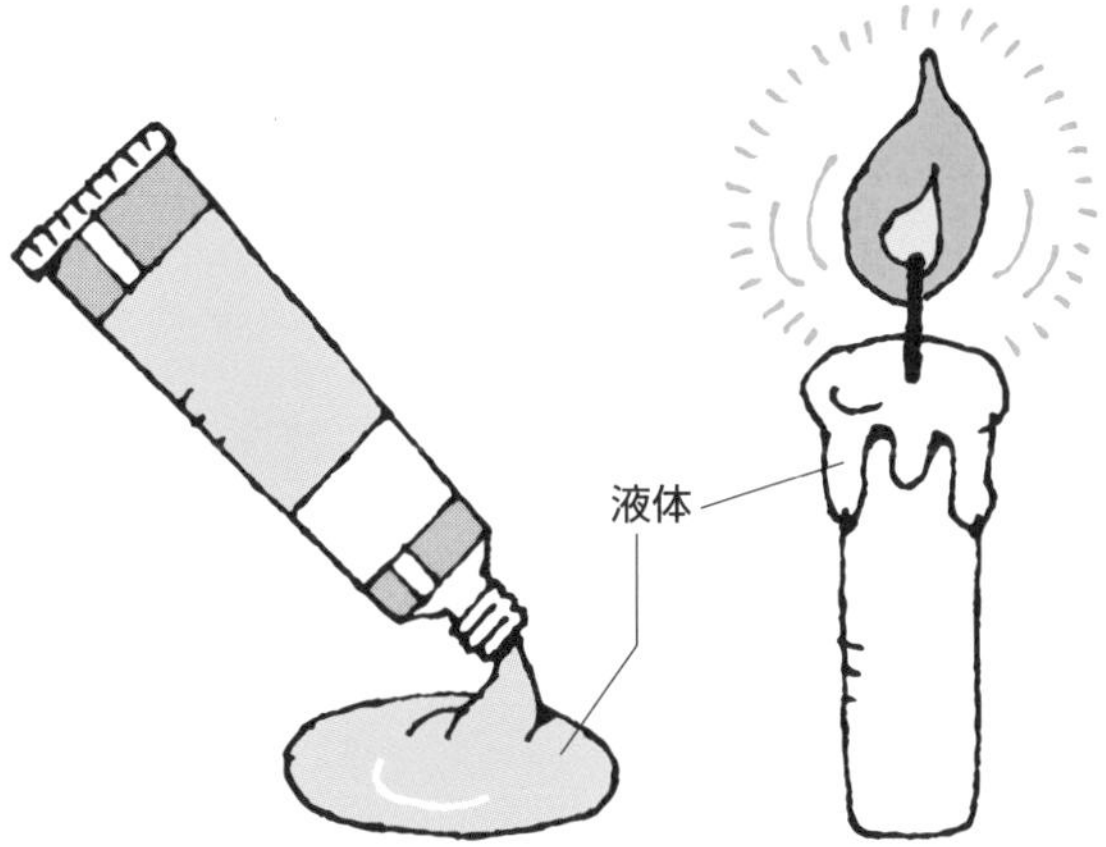

接着剤は、接着するときは必ず液状になっている。フィルム状やペレット状など固形の接着剤は熱で溶かして液にする

フィルム状の接着剤を溶かして接着する合わせガラス

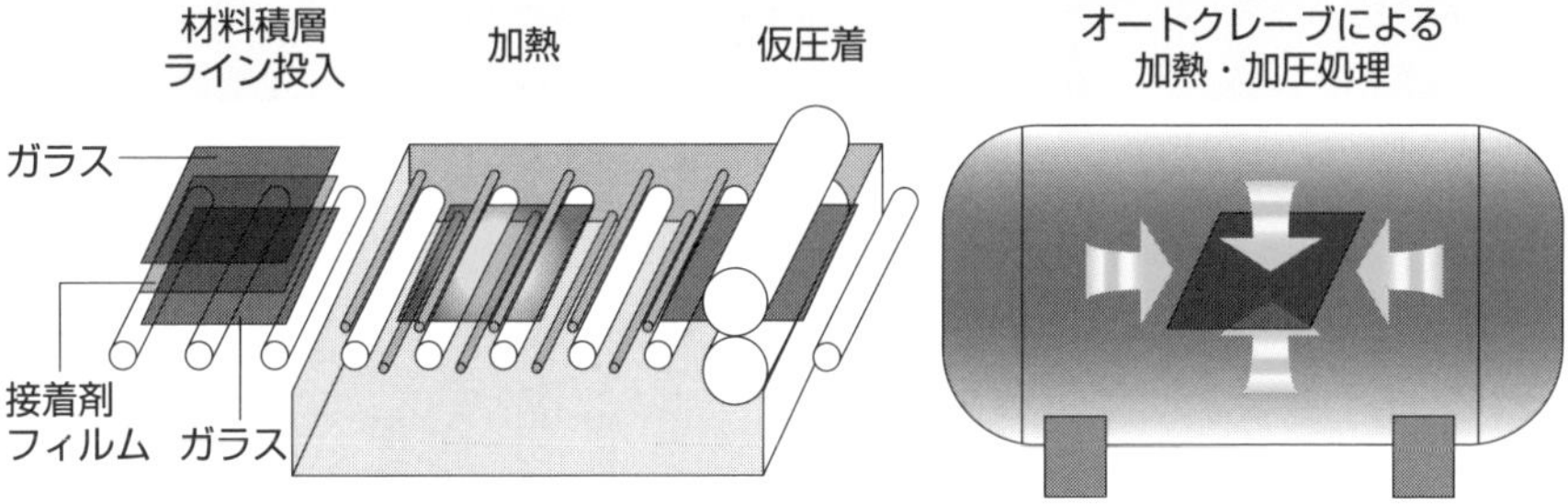

出典:中島硝子工業㈱ホームページ

4 分子の電気的な引き合いによる結合

接着の原理①　分子間力による結合

　液体の接着剤も固体の被着材料も分子の集まりでできていることは、次ページの上図に示す通りですが、それぞれの分子内では電気的に＋と－に分かれています。これを分極していると言います。分極の程度は分子の構造によって異なります。

　分子間力とは分子同士が電気的に引き合う力のことで、接着では、接着剤の分子と被着材料表面の分子が電気的に引き合う力ということです。接着剤の分子も被着材料表面の分子も、分極の程度が大きい（極性が高い）と強く結合します。

　ただし、空気中にある極性の高い物質の表面には、次ページ下図Ⓐのように空気中の水分（水は極性が高い分子）が強力に吸着しており、実際には同図Ⓑのように表面の吸着水と接着剤が分子間力で結合しています。極性が低い物質の表面では、吸着する水分子の量は少なく、接着剤と水分子との結合箇所は少なくなります。

　プラスチックの中で最も極性が低いものは、無極性のポリテトラフルオロエチレン（テフロンの商品名で知られています）です。テフロンはフライパンなどにコーティングしてあり、接着させないために使われています。ポリエチレンやポリプロピレンなども無極性で、基本的に接着ができない材料です。

　接着剤と被着材料表面の分子の極性が高くても、分子同士の距離が少し離れるとほとんど引き合いの力は生じません。大きな結合力を得るためには、分子同士の距離が3～5オングストローム程度以下まで近づかねばなりません。

　なお、1オングストロームは1千万分の1㎜で、水（H—O—H）1分子の水素Hと酸素Oの距離が約1オングストロームです。

　工業用接着で多用されている反応型接着剤による接着のほとんどは、分子間力による結合です。以下、本書では分子間力による接着について述べていきます。

要点BOX
- ●分子の極性が高いほど強く結合する
- ●分子間の距離が近づかなければ引き合わない
- ●反応型接着剤での接着は分子間力が基本

分子間力による結合

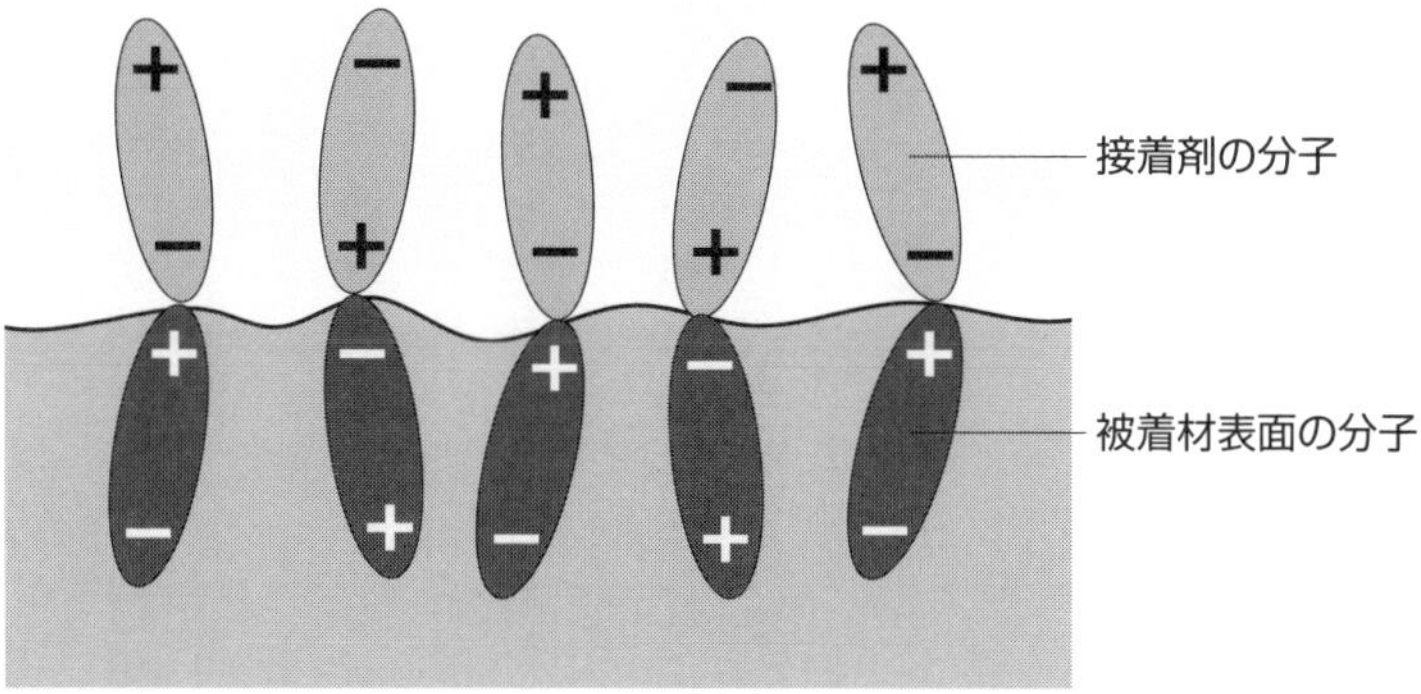

水で覆われている被着材の表面

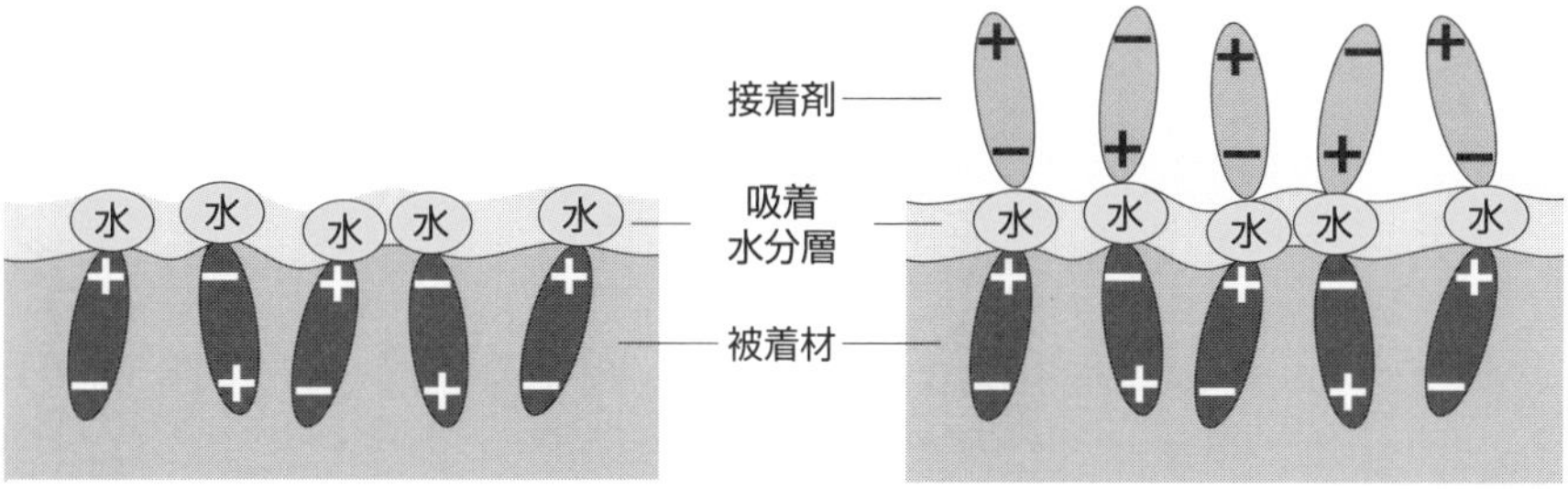

(A)

(B)

空気中にあるものの表面は水で
覆われている

接着剤は表面の水と結合している

5

分子が絡み合う結合と機械的結合

接着の原理②その他の結合

分子の相互拡散による結合について説明します。2つの被着材料が同種の溶剤に溶ける場合は、溶剤系の接着剤で接着することが可能です。次ページ上図に掲げたように、接着剤の溶剤によって両方の被着材料の表面付近が溶かされ、押しつけることで溶融した鎖状の高分子が相互に拡散して絡み合い、溶剤が揮発すると固体状となって結合します。溶剤に頼らずに表面を加熱溶融し、押さえつけて接合する熱溶着もあります。

未加硫ゴムの場合、接着剤を用いなくても重ねて置いておくだけで、表面付近の分子同士が相互に拡散して接合することがあります。これは「自着」と呼ばれています。

溶剤系のゴム系接着剤を両面に塗布して乾燥させた後に、接着剤の塗布面同士を合わせて加圧して接着するコンタクトセメント（次ページ中図に紹介）は、被着材表面と接着剤の結合は分子間力によりますが、接着剤同士の結合は自着によるものです。なお、熱溶着や自着は接着剤を用いていないので、定義上は接着に含まれません。

続けて、機械的結合について取り上げます。次ページ下図に示したように、表面の凹凸や結晶の間に接着剤が流れ込み、接着剤が固化すると機械的に抜けにくくなることを利用した結合です。アンカー効果やファスナー効果、投錨効果なども呼ばれています。

このほか、エッチングによって金属の表面に複雑な凹凸をつくって、金型の中で成形樹脂を凹凸内部にまで押し込んで成形結合する方法もあります。しかし、これも接着剤を用いていないことから、定義上は接着に含まれません。

反応型接着剤による接着では、4項で述べた分子間力による結合と機械的結合が組み合わされている場合が一般的です。

要点BOX

- 溶剤に溶けるもの同士は、溶剤で溶かされて分子が絡み合って接着する
- 凹凸に入って固化すると抜けにくくなる

分子の相互拡散による接着

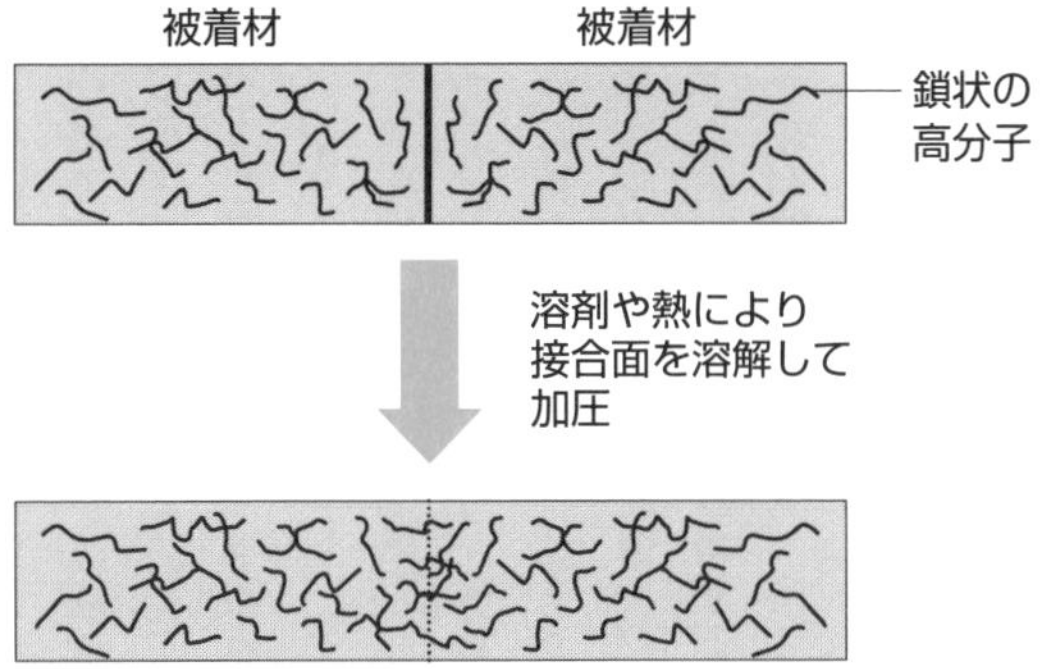

分子の相互拡散で接着するコンタクトセメント

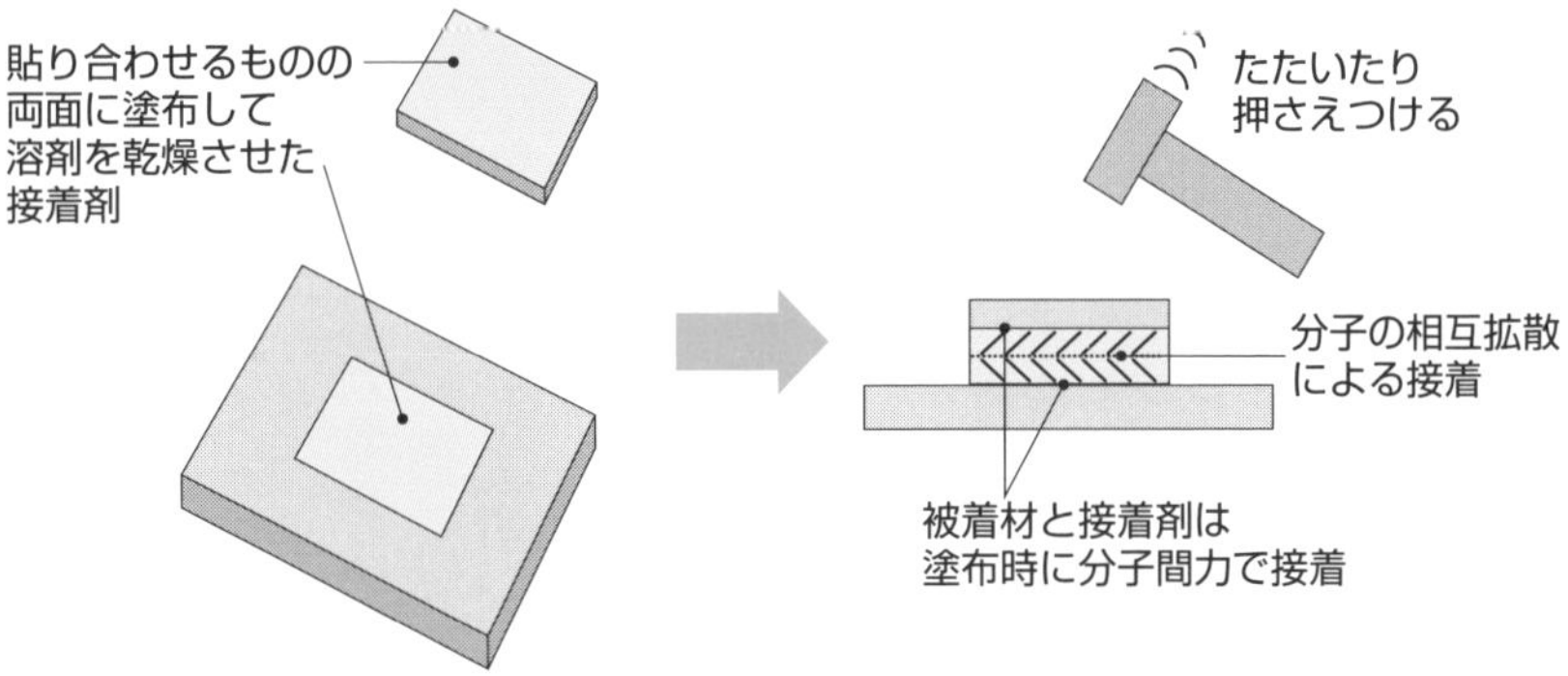

表面の凹凸に接着剤が流入固化する機械的結合

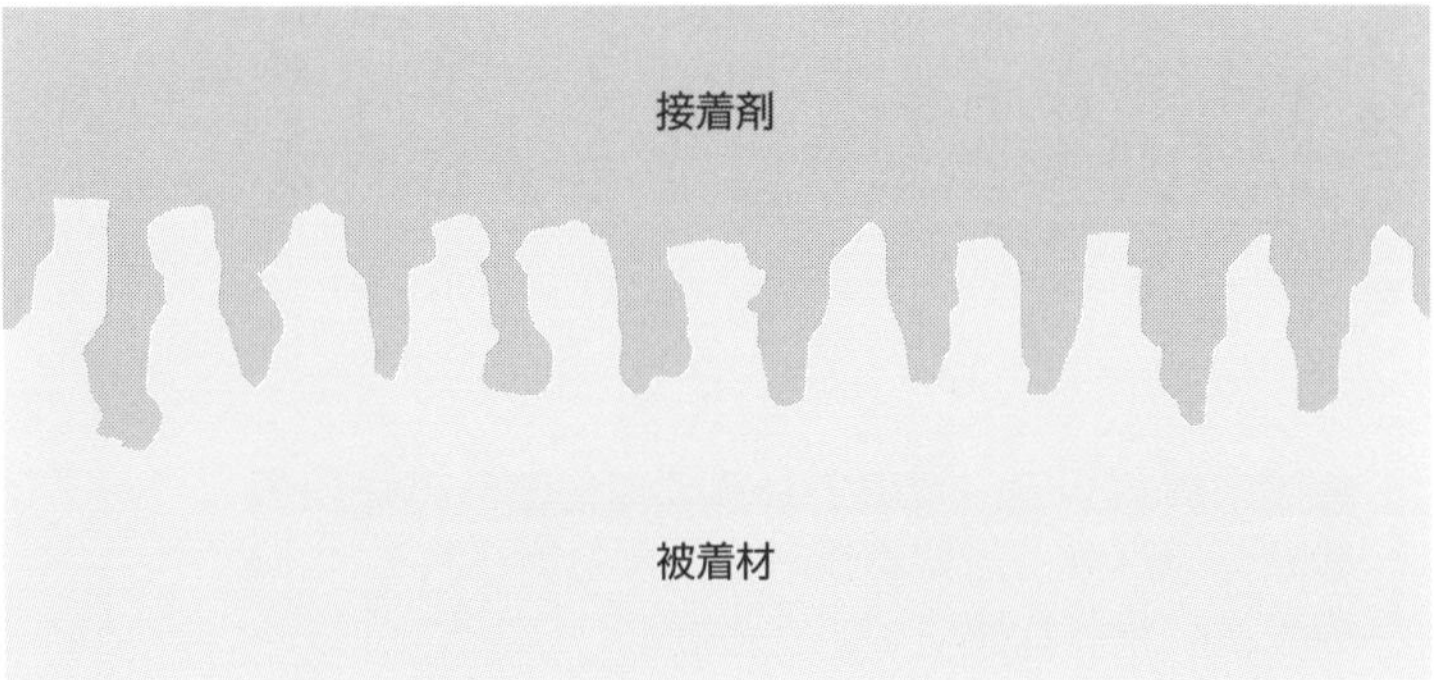

6 異種材料でも容易に接合できる

接着の利点

接着は、溶接やボルト・ナット、ねじなどによる接合にはない多くの利点を持っています。一番のメリットは、何と言ってもさまざまな材料を、材料の組合せが異なっても容易に接合ができる点です。

接着は、ボルト・ナット、ねじ、スポット溶接、リベットのような点状や、アーク溶接、レーザー溶接、シーム溶接のような線状の接合ではなく、面で接合をしている点に特徴があります。すなわち接合面全体に力が分散するため、厚さが薄い材料や強度が弱い材料でも、材料自体が先に破壊するまでの強度を得ることができるのです。

たとえば、紙同士をステープラーと両面テープで接合して引っ張ると、ステープラーでは弱い力で接合部の穴から紙が破れます。一方、両面テープの場合は接合部は破壊せず、紙自体がちぎれます。アーク溶接、スポット溶接、リベットで2・3㎜厚さの鋼板同士を接合したものと、接着剤で1・6㎜の鋼板同士を接着したものの繰返し疲労試験結果の比較を次ページ下図に紹介します。面接合の接着では、薄板化しても点状や線状の接合より優れた疲労特性を示すことがわかるはずです。

接着剤は液状で、隙間なく全面を接合できるため、液体や気体に対するシール効果も得られます。

接着は、接合時に溶接やろう付け、はんだ付けのような高温を必要としません。低い温度で接合が行えるため、熱に弱い材料でも接合でき、接合時に生じる熱ひずみが小さいことも大きな利点です。

ビルや工場などを稼働しながら工事を行う場合、溶接では養生が必要で、近くで塗装を行っている場合などは火花による引火の恐れもあります。多くの接着剤は現場施工ができ、室温で硬化できる火気レス工法が可能です。この点から、最近では船舶の艤装工事[4]でも溶接に代わって接着が用いられるようになっています。

要点BOX
- ●薄い材料や弱い材料でも高強度に接合可能
- ●液体や気体に対するシール効果も得られる
- ●接合ひずみが小さい

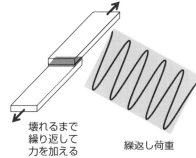

接着の利点

区分	利点
性能面	◆接合できる材料が広範囲 ◆異種材料の接合ができる ◆薄葉材料を高強度に接合できる(面接合による応力分散) ◆部材の機能を損なわず部材表面で接合ができる ◆微小部品から大物部品まで接合できる ◆大面積でも全面の接合が容易にできる ◆隙間充填性がある ◆接合ひずみが小さい
作業面	◆接合に高温を要しない ◆接合時に部材に局所荷重が加わらない ◆大がかりな設備が不要 ◆屋外での現場作業も可能 ◆熟練技能が不要
その他	◆接合に要するエネルギーが小さい ◆火気レス工法である

接着は面接合のため応力分散ができる

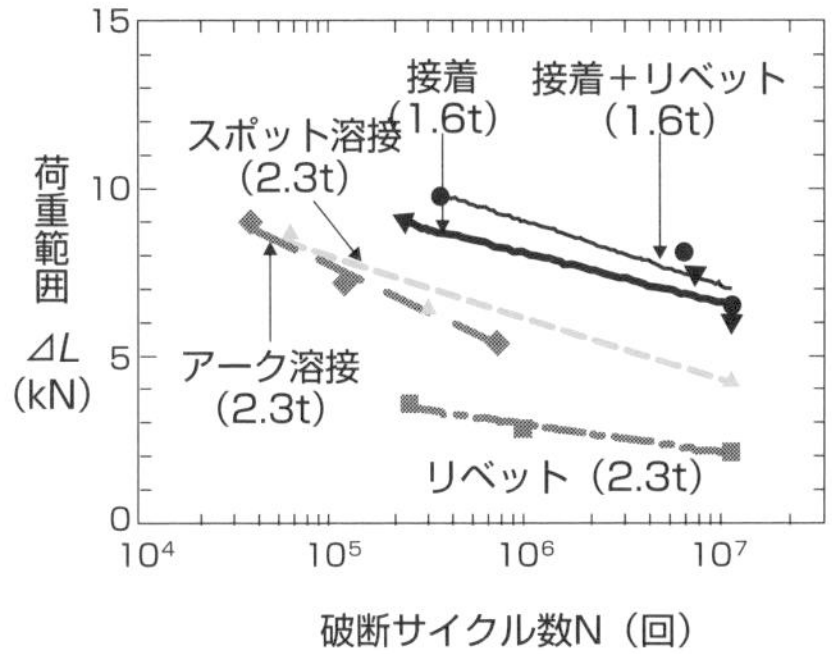

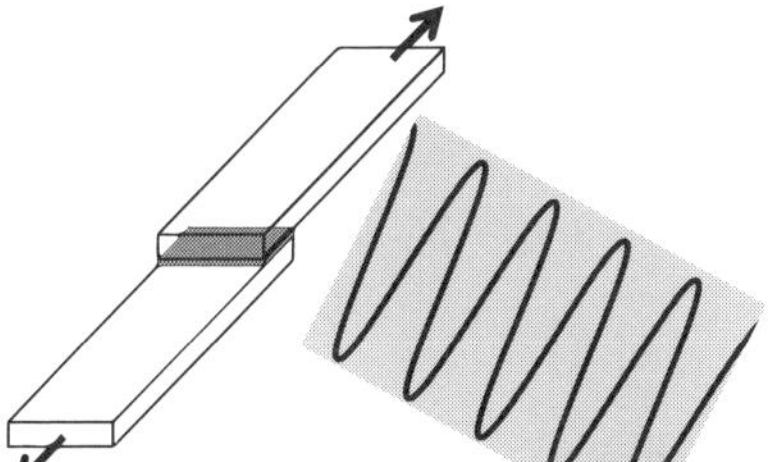

各種接合法の繰返し疲労特性の比較

接着は面接合のため、薄板化しても点や線での接合より疲労特性に優れている

7 薄板・軽量化、適材適所の材料選定

接着で得られる効果

接着の利点を活用することで、多くの効果を得ることができます。異種材接合性や面接合による応力分散性、低ひずみ接合性などによる材料の適材適所化や薄板化による軽量化や材料費の低減などは、接着活用の最たる効果です。

部品にねじなどでの締結部分をつくり込む必要がなく、部品の表面をそのまま接合できることは、部品の小型化・軽量化につながり、高密度実装を可能にします。溶接やろう付けのような高温での接合では熱ひずみが大きく、ひずみ除去や精度確保にコストがかかり、ねじやスポット溶接などの点接合ではシール性がないため、接合後にシールが必要です。接着は熱ひずみが少なく、接合とシールを兼ねることができるため、工程合理化によるコストダウンも実現します。

また接着剤は液体であるため、部品の隙間を埋めることが可能です。これを、接着剤の隙間充填性と呼んでいます。この利点を活用することで、次ページ下図に例示したような部品の加工精度を低減して、加工コストを抑えることができます。

2つの部品をねじで締結し、上下面の平行度と締結後の厚さを公差内に収めるためには、各部品の上下面の加工精度を高くしなければなりません。

接着を用いれば、部品の片面のみ高精度に加工し、接着面の加工精度や厚さの精度を落として、治具で上下面の平行度と厚さ精度を確保した状態で接着剤を硬化させると、高精度の接合を安価に行うことができます。大きな定盤を製造する場合にも、片面のみ高精度な平面加工をしたブロックを基準の定盤に並べて、各ブロックに接着剤を塗布して台板を接着すれば、基準定盤の平面度と同じ定盤をつくることは容易です。

接着作業に訓練は必要ですが、特別な熟練技能や資格は要りません。熟練技能者や有資格者の減少や賃金上昇対策にも効果的です。

要点BOX

- ●薄板・軽量化、適材適所の材料選定ができる
- ●小型化・軽量化、高密度化が可能
- ●加工精度の低減、コストダウンにも効果的

接着で得られる効果

軽量化	異種材接合
	薄板化
	締結部品廃止
低強度部材の高強度接合	
小型化･高密度化	
高精度化	部品の加工精度吸収、高精度位置決め
耐疲労特性の向上	
剛性向上	
振動吸収性の確保	
接合とシールの兼用	
平滑性の確保	意匠性向上、空気抵抗低減
意匠性向上	素材変更
コストダウン	材料費低減
	工程合理化
	熟練技能不要
	設備の初期投資低減
	加工エネルギー低減
稼働状態での工事が可能	火気レス工法

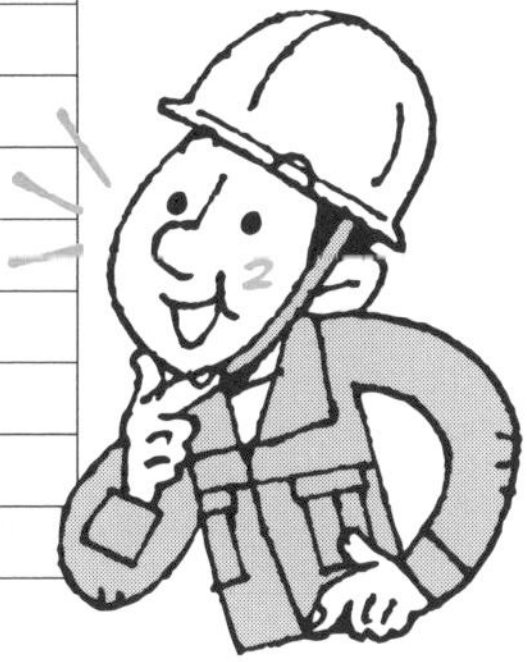

接着による部品の加工精度の低減

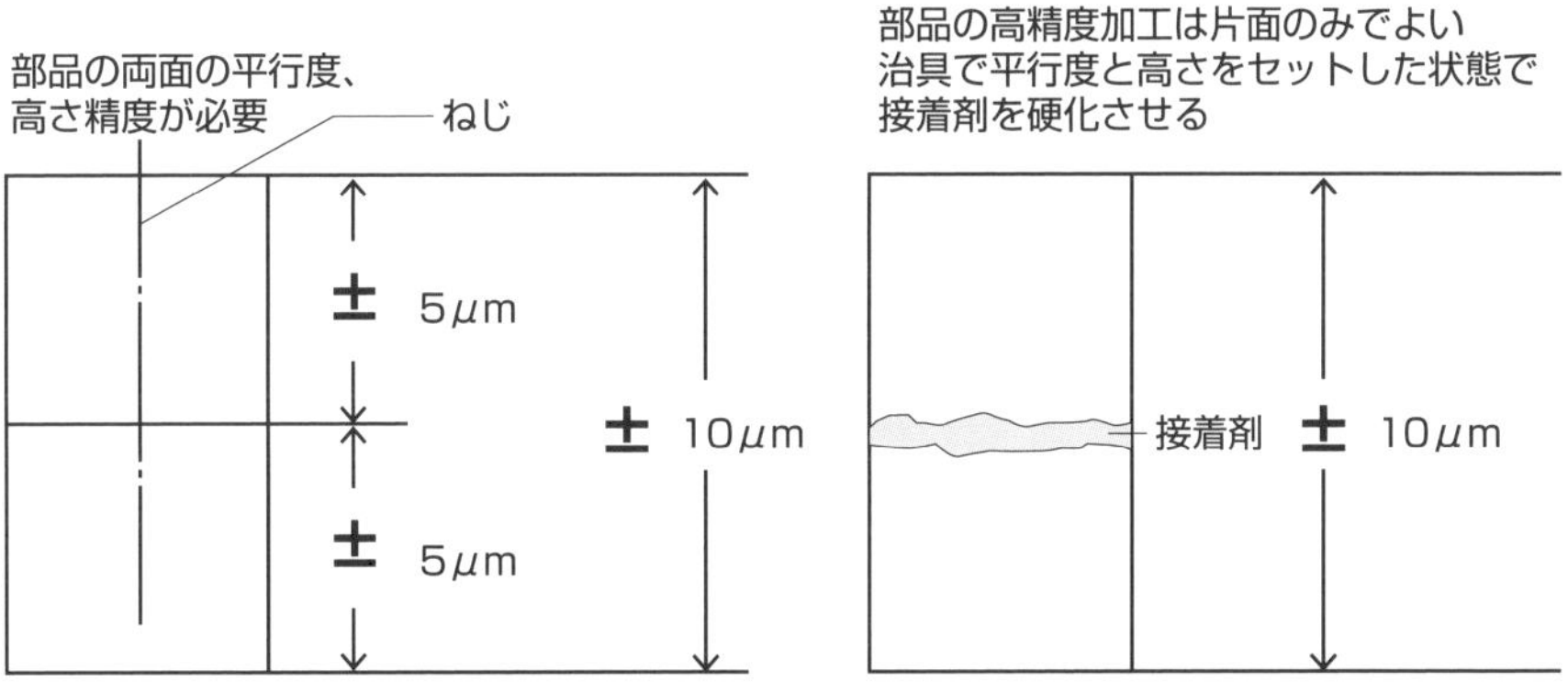

ねじ固定　　接着接合

8 簡単に剥がれない、やり直しが難しい

接着の欠点

接着で失敗した経験のある人は大勢おられることでしょう。このため、接着の欠点はよく知られています。

接着をする際にまず困るのは、接着剤の選定が難しいことではないでしょうか。適切な接着剤を選ぶためにはそれなりの知識が必要です。被着材の種類によって接着のしやすさは異なり、脱脂やサンディングだけでは不十分なものも多く、信頼性に優れた接着を行うためには適切な表面処理や表面改質が必要な場合も多々あります。目で見ただけで、接着のしやすさが判断できないことも大きな欠点です。

また、接着部の設計を行うために、参考となる設計規準や設計指針を探してみてもほとんど見つかりません。土木や建築など特定の分野では規準が整備されているものもありますが、一般機器での接着に関する規準はなく、これではお手上げとなってしまいます。

接着性能に関し、長期の耐久性について不安を覚える人は少なくないはずです。適切な接着を行えば十分な耐久性は確保できますが、いちいち試験するのは大変です。耐久性に関するデータベースや指針が示されていると助かるのですが、現状でそのようなものはありません。劣化が見つかった場合の補修方法も未確立で、困ったことです。

接着の終了後に、非破壊で接着強さを検査する方法がないため、最終検査工程で不良品を排除することはできません。また、接着後に剥がしてやり直しを行うことも難しい状況です。このような点から接着は特殊工程の技術に分類されていて、品質は工程管理で確保することとなっています。

接着剤は、一般に有機物であることから電気を通しません。アースや電着塗装などのために部品間に電気的導通が必要な場合は、ねじやリベットなど導体接合の併用が必要になることも大きな欠点です。

要点BOX
- ●接着剤の選定が難しい
- ●目で見て接着のしやすさが判断できない
- ●設計指針や基準がなく検査が難しい

接着の欠点

区分	利点
接合メカニズム面	◆化学的な反応や界面での結合が接着のベースであり、接合状態を可視化しにくい ◆機械系技術者には扱いにくい ◆接着剤の選定が難しい ◆被着材料や表面状態で接着性が異なる
性能面	◆単位面積当たりの強度が低い ◆局部荷重に弱い ◆破壊が始まると瞬時に破断しやすい ◆温度で特性が変化しやすい ◆高温使用に限界がある ◆火災時に燃焼する ◆有機物で電気的導通がとれない ◆データベースがなく、耐久性が不明確
作業面	◆硬化に時間がかかり、手離れが悪い ◆液体を用いる接合である ◆表面処理、接着剤の計量・混合など面倒な工程がある ◆材料の保管状態や作業環境（温度・湿度）の影響を受けやすい ◆やり直しが困難
設計面	◆設計強度の基準が不明確 ◆構造設計の指針が不明確
品質管理面	◆接着特性のバラツキが大きい ◆完成後の検査が困難 ◆特殊工程の管理が必要

9 接着と他の接合の組合せで欠点を補完

複合接着接合法の活用

接着には種々の欠点がありますが、接着以外の接合方法にも同様に欠点はあるものです。したがって、接着が持つ多くの利点を考慮した上で、接着の欠点をカバーするにはどうすればよいかを考えることが重要になります。その1つが「複合接着接合法」で、接着剤と他の接合方法を併用するやり方です。

代表的な複合接着接合法としては、接着剤とスポット溶接、リベット（ファスナー）、メカニカルクリンチング（かしめ）、SPR（セルフピアシングリベット）などの併用があります。スポット溶接との併用は、自動車のヘミング部や板金部品の接合に多用され、リベットやSPR、メカニカルクリンチングとの併用は、自動車の軽量化でアルミ板、鋼板、複合材料などの異種材接合にも使われています。これら以外でも、ねじやスナップフィットなど用途に応じて広範な組合せが可能です。

複合接着接合法により、最大の課題と言われる接着剤硬化までの治具での圧締や待ち時間が不要になります。リベットと組み合わせれば部品の穴で位置が決まり、経験の浅い人でも高精度な作業が行えます。また、次ページの写真に示すような立体的な構造体でも、治具なしで容易に組立が可能です。

多くの接着剤は絶縁物であるため、接合した部材間の導通が取れません。また、長期にわたって接着部に力が加わり続けると、クリープというズレの現象を示します。しかし、金属締結を併用することでこれらの欠点を解消できます。接着は、一部が破壊を始めると短時間に全体に広がり、破断に至ることが多々あります。複合接着接合法は、破壊の進展を止めて、最終破断に至るまでの時間を延ばすことができます。このことは、破断に対する冗長性の向上という観点からも安全性・信頼性の点でも非常に重要です。火災で接着剤が燃焼しても他の接合方法が併用してあれば、最低限の形状を維持できるのです。

要点BOX
- ●「複合接着接合法」は接着剤と他の接合方法を併用する方法
- ●接着の作業性と信頼性を大きく向上できる

代表的な複合接着接合法

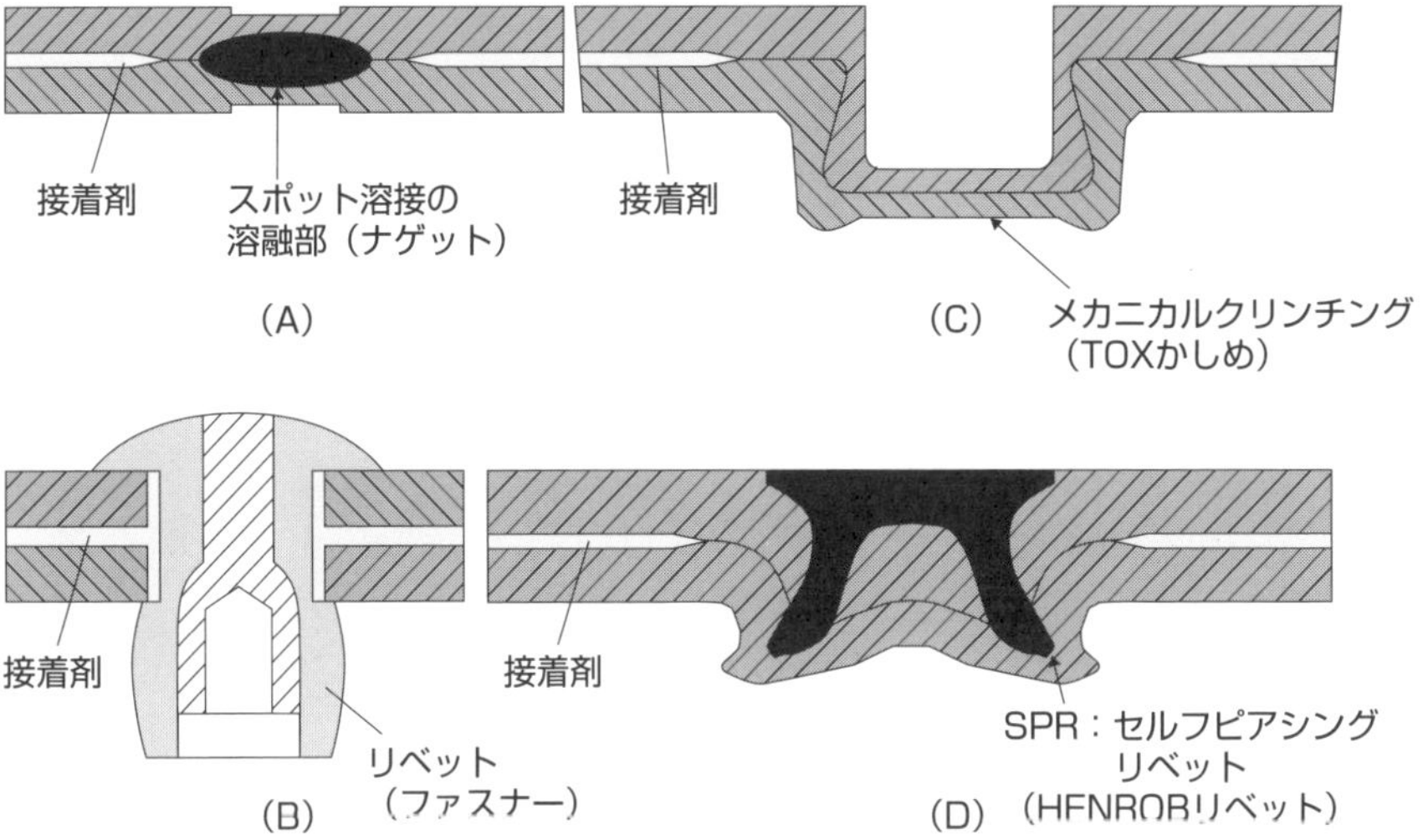

接着剤とリベットの併用で組み立てられたフレーム構造体

溶接組立品と同等の剛性でありながら組立時間・重量・コストを大幅に低減し、熟練技能からの脱皮を実現。ひずみ修正作業の廃止、形材から板金材料への変更、組立治工具の廃止などに効果が表れた

出典:原賀康介、「高信頼性接着の実務－事例と信頼性の考え方－」、日刊工業新聞社、P.24-30、2013年

Column

エレベーターの意匠構造パネルの補強材接合

エレベーターで人が乗って上下する箱のことをかご室と言います。かご室は天井と床、壁と扉で構成されています。エレベーターの扉や壁には曲げ強度や軽量性、凹凸のない平面度が必要です。扉や壁の表面の意匠板は軽量化のために極力薄板が使用され、強度を確保する目的で意匠板の裏面には補強材が接合されています。

従来は接合にスポット溶接が使われていましたが、スポット溶接痕の補修作業を廃止するために、1980年頃からは接合ひずみが少なく、面接合で疲労特性や曲げ剛性にも優れた接着が使われるようになり、さらなる軽量化も図られています。今では、世界中のエレベーターで接着が使われています。かご室の他にも、乗り場の扉でも接着が使われています。

意匠板の材質はステンレスや鋼板（接着後塗装）、化粧鋼板などが代表的で、補強材には亜鉛めっき鋼板や鋼板（接着後塗装）などが使われています。

接着剤は、油面接着性、二液非混合（可使時間の制限がない）、室温短時間硬化性、強度・耐久性、焼き付け塗装耐熱性などの点から二液主剤型SGAが使われています。

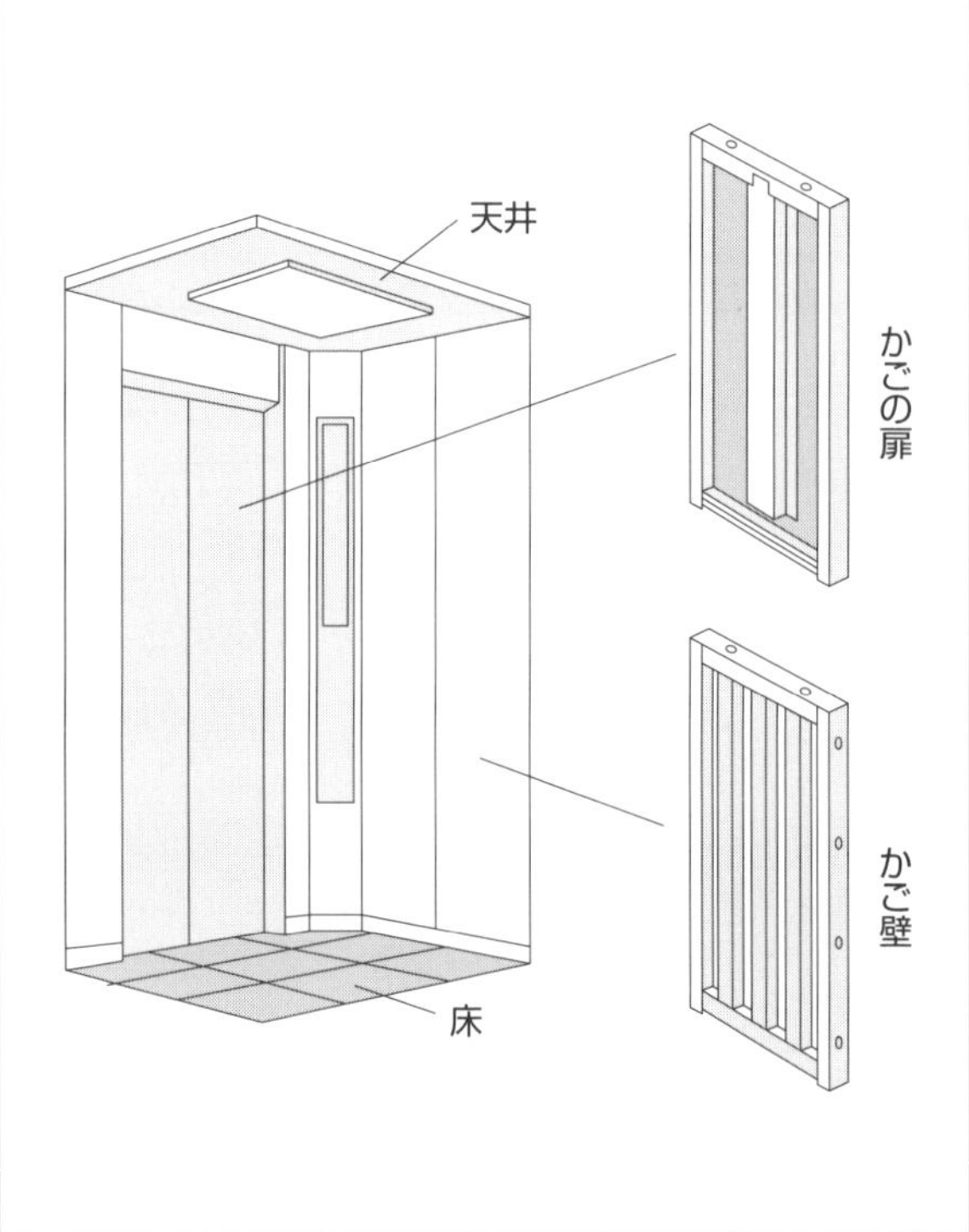

第2章

接着剤の固まり方

10 二液の混合や一液加熱で硬化する接着剤

エポキシ系、ウレタン系、シリコーン系接着剤

主剤と硬化剤を計量し、十分に混合することで主剤と硬化剤の分子同士を隣接させて反応させるのが、次ページ上図に示した二液の混合による硬化です。厳密な配合比の管理と十分な混合が必要です。硬化温度は成分により異なり、室温で反応するものや加熱が必要なものがあります。反応が進むと鎖状から網目構造になります。このような反応は付加重合（共重合）と呼ばれています。このような方式で硬化する接着剤には二液型エポキシ系接着剤や二液型ウレタン系接着剤、二液型シリコーン系接着剤などがあります。

エポキシ系接着剤やシリコーン系接着剤には、一液型で決められた温度以上に加熱することで硬化する一液加熱硬化型もあります。これらの接着剤では、加熱するまでは反応しない硬化剤がすでに主剤の中に添加されています。計量や混合は不要ですが、保存安定性が良くないため、冷蔵や冷凍保管が求められます。

付加重合で硬化するシリコーン系接着剤は、次ページ下表に示すような物質に接触していると、硬化が阻害される場合があります。事前に硬化するかどうかを確認しておくことが重要です。

二液型ウレタン系接着剤は発泡に注意すべきです。主剤のポリオールは、水と非常に馴染みやすく、空気中の水分を吸収します。硬化剤のイソシアネートは、水と非常に反応しやすく、反応して二酸化炭素を発生させます。

したがって、二液型ウレタン系接着剤の容器を開けて計量・混合などの操作を通常の作業雰囲気で行っていると、接着剤が発泡して使えなくなります。塗布から貼り合せまでの放置時間が長いときも発泡が生じます。二液型ウレタン系接着剤は手作業による計量・混合は不適で、空気に触れずに計量・混合ができる二連カートリッジ入りや専用の計量・混合・塗布装置による作業が必要です。

要点BOX
- ●主剤と硬化剤が隣接して反応硬化する
- ●正確な計量と十分な混合が必要
- ●一液型は、主剤中に硬化剤が混合されている

二液の混合による硬化

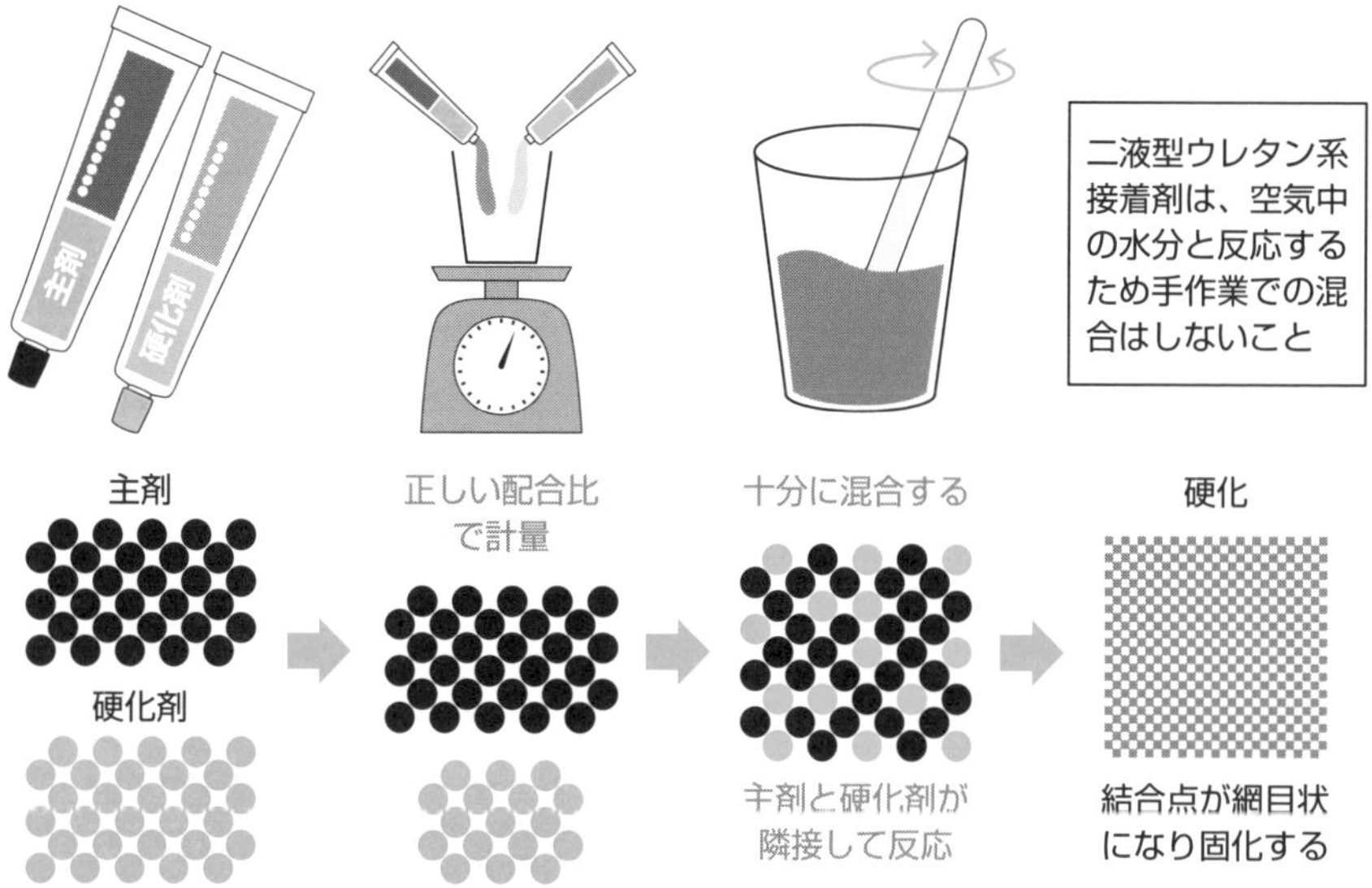
主剤
硬化剤
二液型ウレタン系接着剤は、空気中の水分と反応するため手作業での混合はしないこと
主剤
硬化剤
正しい配合比で計量
十分に混合する
主剤と硬化剤が隣接して反応
硬化
結合点が網目状になり固化する

二液型シリコーン系接着剤の硬化阻害物質

硫黄化合物
燐化合物
窒素化合物
有機ゴム(天然ゴム、クロロプレンゴム、ニトリルゴム、EPDMなど)
軟質塩ビの可塑剤･熱安定剤
アミン硬化系エポキシ樹脂
縮合タイプのシリコーン樹脂
ウレタン樹脂のイソシアネート類
一部のビニルテープ粘着剤･接着剤･塗料(ポリエステル系塗料など)
ワックス類、はんだフラックス、松ヤニ
ゴム粘土･油粘土
など

11 二液の接触で硬化する接着剤

第二世代アクリル系接着剤（SGA）

二液型の接着剤なのに、二液を混合しないでも使える接着剤もあります。それは、第二世代アクリル系接着剤やSGA（Second Generation Acrylic Adhesives）、変性アクリル系接着剤、構造用アクリル系接着剤、二液型アクリル系接着剤などと呼ばれるものです。

この接着剤は次ページ上図に示すように、二液とも主成分はほとんど同じであるため、二液主剤型と言われています。

片方の液には酸化触媒が、もう一方の液には還元触媒がわずかな量だけ添加され、それらの触媒が接触することでラジカルというものが発生し、接着剤の主成分が連鎖反応によって室温で短時間に次々と硬化していきます。このような反応方式はラジカル重合と呼ばれています。

したがって、二液を混合すればもちろん硬化しますが、次ページ下図のように二液を混合せず、両面にA剤とB剤を別々に塗布したり、A剤の上にB剤を塗布するなどで貼り合わせて二液を接触させたりすることでも硬化できます。また、酸化触媒と還元触媒が接触すればラジカルが発生するため、二液の配合比が相当変化してもきちんと硬化でき、目分量で作業することも容易です。

二液の一方の触媒を溶液としてプライマーにした、プライマー・主剤型の変性アクリル系接着剤もあります。これは接着面にプライマーを薄く塗布しておき、主剤を塗布して貼り合わせるとラジカルが発生して硬化するものです。

ただし、ラジカル連鎖反応は、酸化剤と還元剤が接触してラジカルが発生した部分からせいぜい数㎜程度しか硬化しないため、プライマータイプや二液を別々に塗布したり重ねて塗布したりして使用する場合は注意が必要です。すなわち、接着層の厚さが厚くなると未硬化になることがあるのです。

要点BOX
- ●二液の接触で連鎖反応により室温で硬化する
- ●配合比がずれても安定な特性が得られる
- ●一方がプライマーになったものもある

二液の接触による硬化

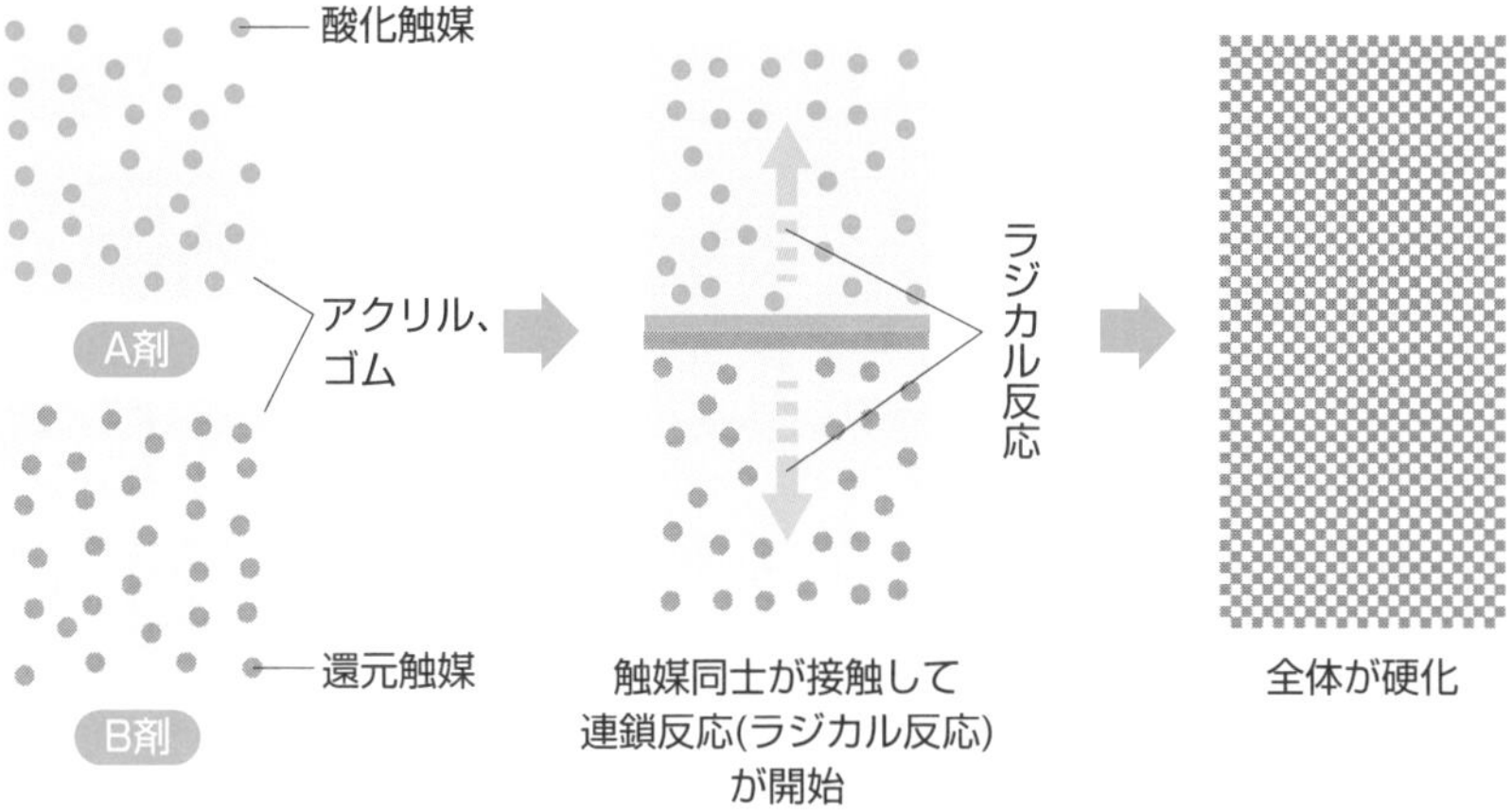

ラジカル連鎖反応は玉突きのように、順番に伝搬していく

二液型アクリル系接着剤(SGA)の使い方

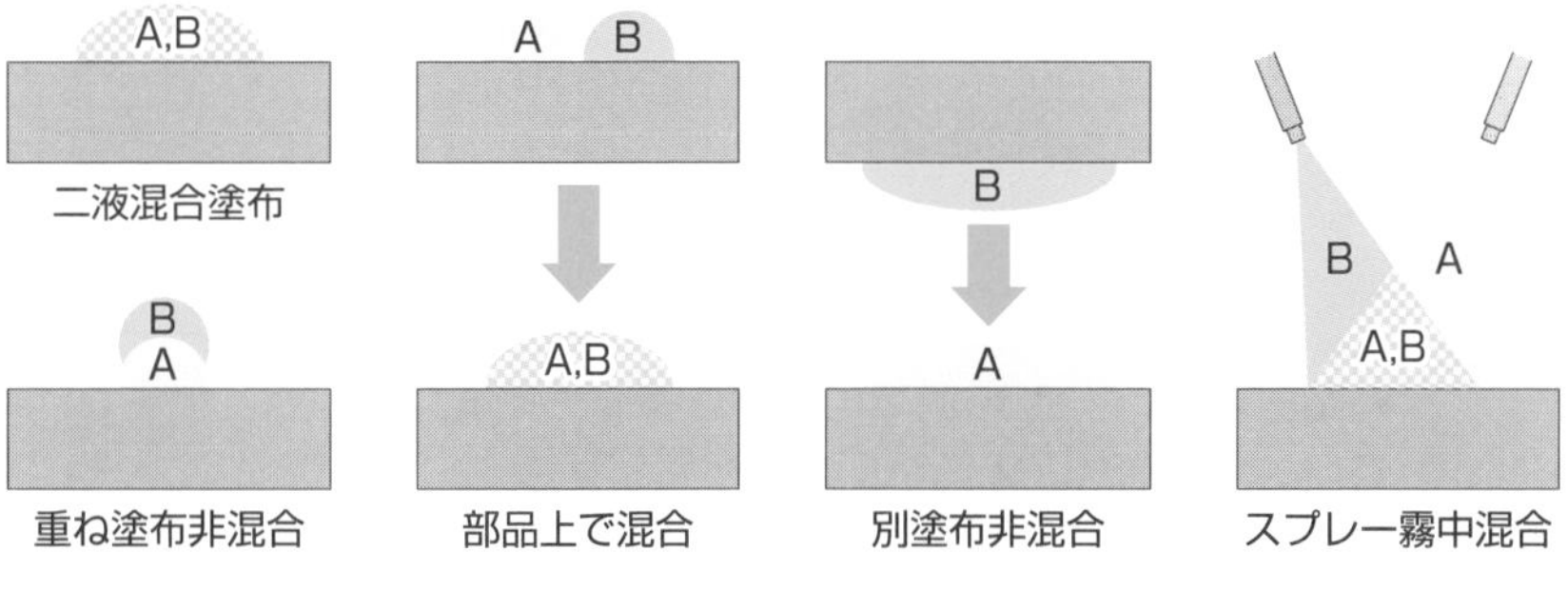

12 空気中の水分で硬化する接着剤

シリコーンRTV、変成シリコーン系、ウレタン系接着剤

シリコーンRTV、弾性接着剤とも呼ばれる変成シリコーン系接着剤、ウレタン系接着剤などの一液型接着剤は、空気中の水分と反応して室温で硬化します。

シリコーンRTVや変成シリコーン系接着剤は、次ページ下図に示したように空気中の水分と反応して硬化する過程で、副生成物が生成して接着剤の外に放出されます。反応の過程で副生成物が生成する反応は縮合重合反応と呼ばれています。一液型シリコーンRTVは、種類によって酢酸やアセトン、オキシム、アルコールなどが生成します。一液型変成シリコーン系接着剤では、アルコールが出るものがほとんどです。酢酸は腐食性があり、アセトンやオキシムは溶剤のため、部品の材料によっては腐食したり侵されたりすることがあります。

空気中の水分で硬化する接着剤は、空気に触れている部分は硬化しやすいですが、水分が内部まで届くのに時間を要する接着部では硬化に時間がかかります。このため、水分を通さない部品の大面積での接着には不適です。空気中の水分量は天候や季節によって変化し、高湿度時は早く硬化しますが、低湿度時は非常に時間がかかります。低湿度時には加湿などによる湿度管理が必要です。

変成シリコーン系接着剤は名前からシリコーン系と誤解されやすいですが、主成分はアクリルやウレタン、エポキシなどで、これらの骨格樹脂の末端を変成シリコーンポリマーで変成した接着剤です。シリコーン系接着剤とは異なるものなので、間違わないようにしてください。

特徴としては、柔軟性・弾力性があり、難接着性材料への密着性に優れています。ポリエチレンやポリプロピレンなどに使用できるものもあるほか、シール材としても多用されています。注意点としては、シリコーン系接着剤と比較すると耐熱性や耐寒性に劣る、クリープを起こしやすいなどが挙げられます。

要点BOX

- ●空気中の水分と接着剤の成分が反応して硬化
- ●シリコーン系は硬化時にガスを発生する
- ●低湿度環境では硬化に時間がかかる

塗っただけで硬化する

一液で空気中の水分と反応して硬化

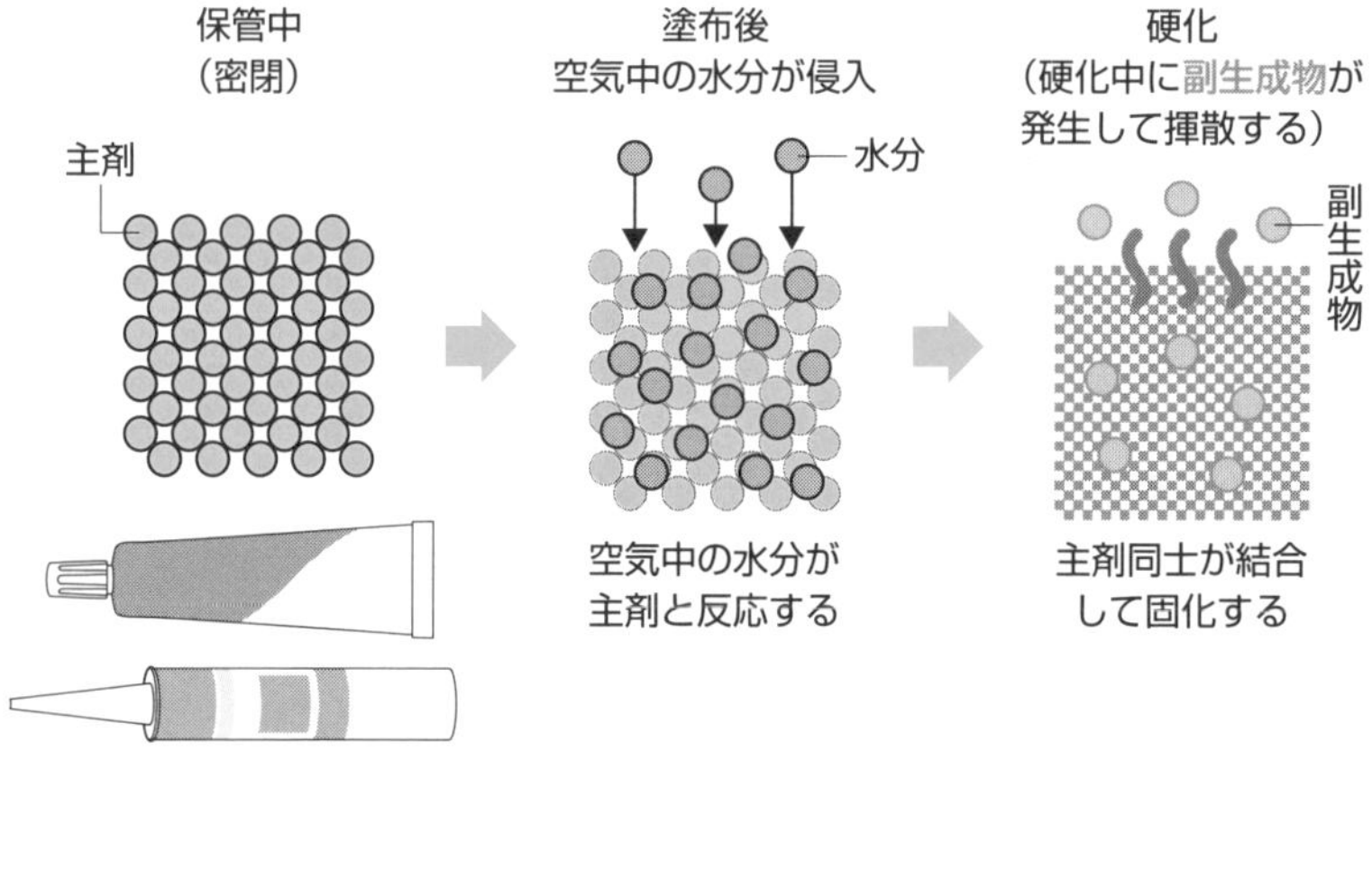
保管中
（密閉）
主剤
塗布後
空気中の水分が侵入
水分
空気中の水分が
主剤と反応する
硬化
（硬化中に副生成物が
発生して揮散する）
副生成物
主剤同士が結合
して固化する

13 接着面の水分で硬化する接着剤

瞬間接着剤（シアノアクリレート系接着剤）

一液型の瞬間接着剤（正式名称はシアノアクリレート系接着剤と言う）は、次ページ中央で示した図のように部品表面に付着するわずかな水分と接触すると、室温で急速に反応硬化します。このような反応はアニオン重合と呼ばれています。

部品の表面に付着している水分の量は、天候や季節、接着する部品の材質、表面状態などによって異なるため、硬化時間も変化します。また、表面に付着する水分量はわずかなため、厚い接着層では硬化しにくくなります。瞬間接着剤は極力薄い接着層で使用するのはこのためです。

特徴としては、何と言っても一液で秒単位の短時間で硬化する点です。

また、接着がしにくい各種のプラスチックにも優れた接着性を示すものや、プライマーの併用でポリエチレンやポリプロピレン、フッ素樹脂を接着できるものもあるなど、難接着性材料の接着にも効果を発揮します。低粘度のものが多く、浸透接着ができる点も便利です。

注意点としては、「硬化物は硬く、脆いものが多いためはく離や衝撃に弱い」「一般に耐湿性に劣る」「高温では劣化しやすい」「大物部品の接着には不適」「接着層の厚さが0.1㎜以上になる部分は硬化しにくい」「油面接着性はない」「接着部周辺で白化現象が生じやすい（紫外線硬化併用型もある）」「はみ出し部は硬化しにくい」などがあります。

ほかにも、「溶剤的作用があるため、プラスチック部品のクレージングには要注意（特にアクリル、ポリカ、ポリスチレンなど）」「空気中の水分と反応するため、いったん開封すると、再度封をしても保管可能期間はかなり短い（1週間以内の使用が望ましい）」「皮膚に付着し、接着すると事故が起きやすい」「繊維の手袋などに染み込むと、水分と急激に反応して高熱を発し、やけどする危険性がある」などが挙げられます。

要点BOX

- ●接着面に付着している水分と接着剤の成分が急速に反応して硬化
- ●厚い接着層では硬化しにくい

身近なところで重宝される瞬間接着剤

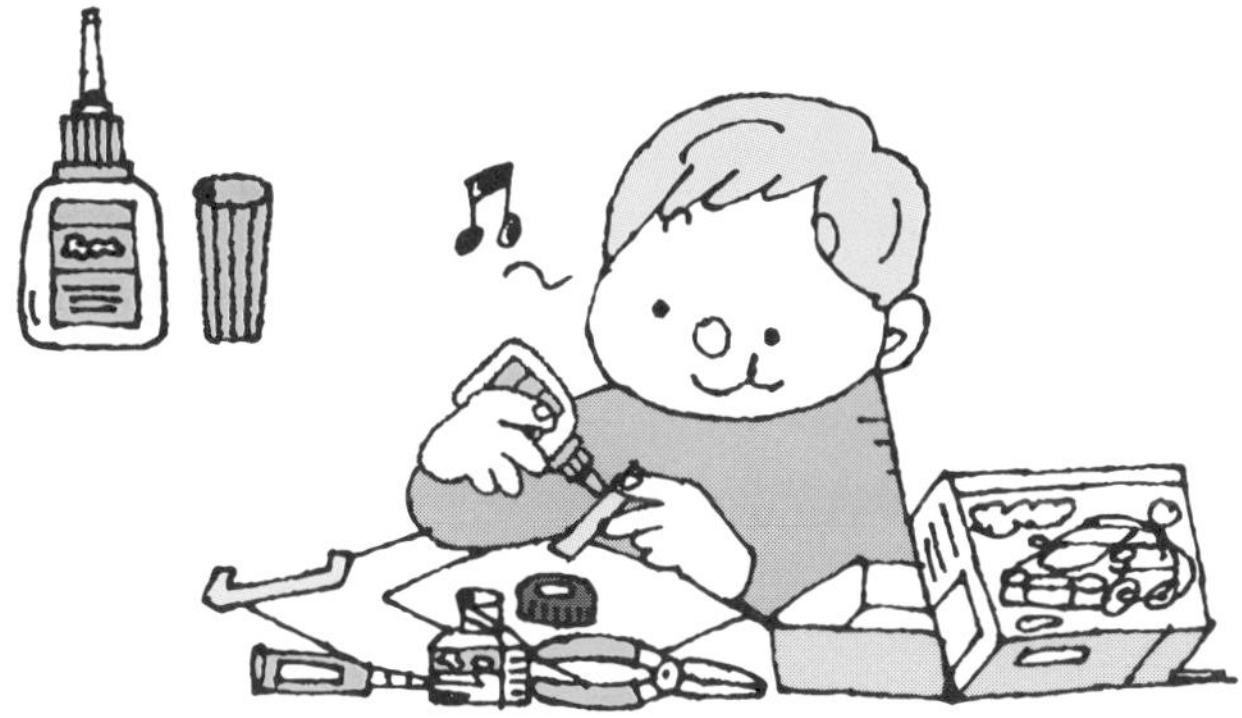

瞬間接着剤は表面の水と反応して硬化

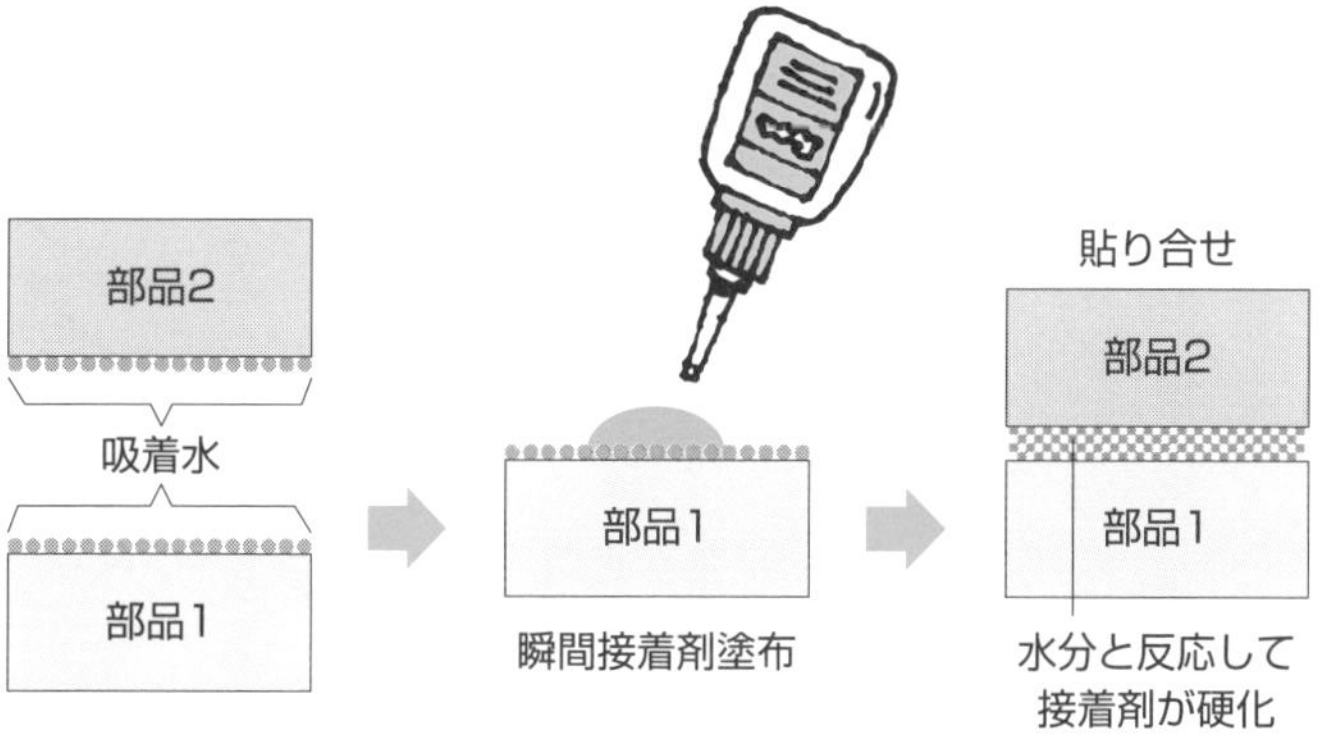

瞬間接着剤は、部品の表面に付着しているわずかな水分と接触すると、室温で急速に反応硬化する

皮膚によく着くので注意

14 酸素遮断と活性材料接触で硬化する接着剤

嫌気性接着剤

ねじの緩み止め用に多用されてきたアクリル系の嫌気性接着剤は、最近では性能が向上してさまざまな部品組立にも使用されています。

一液形の嫌気性接着剤は、酸素の遮断と活性材料への接触の2つの条件が満たされることにより、活性材料との接触部でラジカルが発生し、連鎖反応で硬化するものです。活性材料や不活性材料としては、次ページ下表に掲げるようなものがその代表として挙げられます。

不活性材料では硬化しないため、次ページ上図に示したように、あらかじめ不活性材料の接着面にアクチベーターと呼ばれる活性材料の溶液を塗布・乾燥させた後に、嫌気性接着剤を塗布して貼り合わせれば接着できます。

嫌気性接着剤は活性材料面からラジカル連鎖反応で硬化するため、接着層の厚さが厚くなると硬化しにくくなるという性質を持っています（接着層の厚さが0・1㎜以上になる部分は硬化しにくい）。したがって、可能な限り薄い接着層にして使用しなければなりません。

嫌気性接着剤は、はみ出し部など空気に触れている部分は硬化しません。そのため、嫌気性と紫外線硬化や湿気硬化、熱硬化などを併用したタイプが多く市販されています。

注意点として、「硬化を阻害する要因が多く、採用に当たって予備評価が重要となる」「表面がポーラス（多孔質）な被着材料では硬化不良が生じやすい」ことを想定しておくとよいでしょう。

ほかにも、「被着材料の種類によって、硬化速度や最終強度（硬化性）が変化する」「洗浄剤の残渣によって硬化不良を起こすことがある」「貼り合せ時に空気を巻き込むと硬化不良が生じる」「十分な強度を出すためには、加熱が必要となる場合が多い」などについて指摘しておきます。

要点BOX

- ●酸素の遮断と活性材料への接触の2つの条件が満たされると連鎖反応で硬化する
- ●不活性材料ではアクチベーターを併用する

酸素の遮断と活性材料への接触での硬化

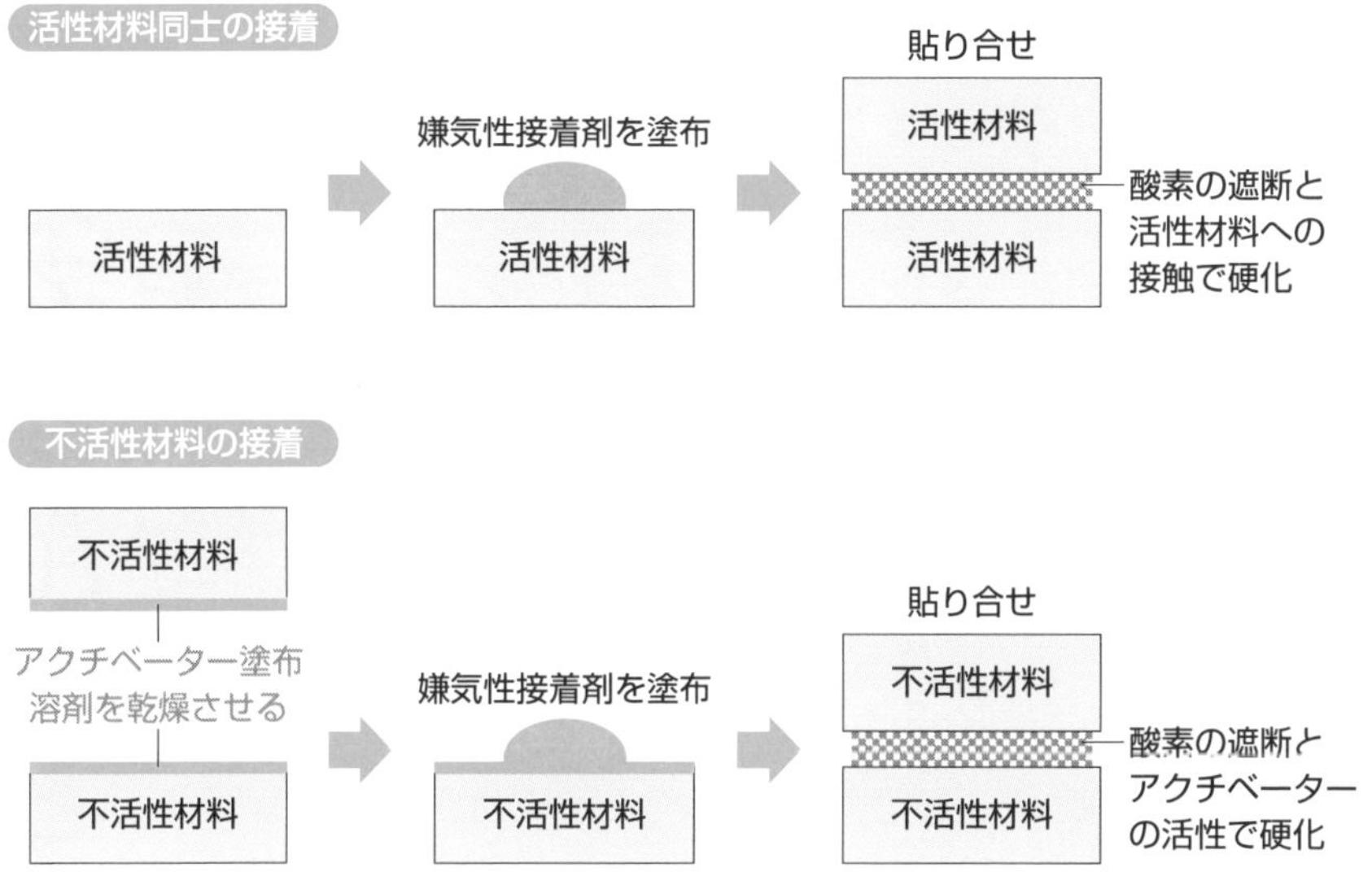

嫌気性接着剤に対する活性材料と不活性材料

よく固まる材料（活性材料）

鋼、銅、黄銅、リン青銅、
アルミ合金、チタン、ステンレス、
ニッケル、マンガン、コバルト、
（亜鉛）、（銀）など

ほとんど固まらない材料（不活性材料）

純アルミ、マグネシウム、金、（亜鉛）、（銀）、
アルマイト処理、クロムめっき、クロメート処理、リン酸塩皮膜、
ゴム、ガラス、セラミック、プラスチックなど
その他多孔質材料

15 光で硬化する接着剤

紫外線硬化型接着剤と可視光硬化型接着剤

紫外線や可視光線で硬化する一液型の光硬化型接着剤では、次ページ上図に示すように光反応開始剤が主剤の中に添加してあります。光を照射することで反応開始剤が分解して硬化触媒となり、ラジカル連鎖反応で主剤を硬化させる仕組みです。反応開始剤の分解波長は種類によって異なり、紫外線硬化型や可視光硬化型などがあります。

ラジカル連鎖反応は、光の照射が遮断されると停止します。主成分はアクリル系やエンチオール系、エポキシ系、シリコーン系などが挙げられます。光が当たらない部分は硬化しないため、熱硬化や嫌気硬化を併用したタイプの接着剤も多く販売されています。

光硬化型接着剤は、一液で光を当てるだけで短時間に硬化するため使用が容易ですが、以下に示すような注意点もあります。

◇硬化中の光照射や反応熱による温度上昇で接着剤の粘度が低下して、光が当たらない隙間に染み込んで硬化不良を起こすことがある

◇LED方式の単一波長の紫外線照射装置を用いて硬化する場合は、高圧水銀ランプなどのマルチ波長の照射器に比べて、接着剤のはみ出し部など空気に触れている部分の表面硬化性が悪くベタツキが残りやすい。特にアクリル系接着剤ではその傾向が強く表れる

◇エポキシ光カチオン重合型接着剤は、水分や塩基性物質により硬化不良を起こしやすい。また、酸が発生するため腐食性に注意したい

◇光硬化型接着剤は、光が当たっている面から硬化が進行していくので、接着剤が厚い部分では硬化に時間がかかる

◇シリコーン系のものは、10項で述べた付加型シリコーンと同様に、接触している材料によっては硬化が阻害される場合がある

要点BOX

- ●主成分はアクリル系、エンチオール系、エポキシ系、シリコーン系など
- ●光反応開始剤の分解で室温で連鎖反応で硬化

光による硬化

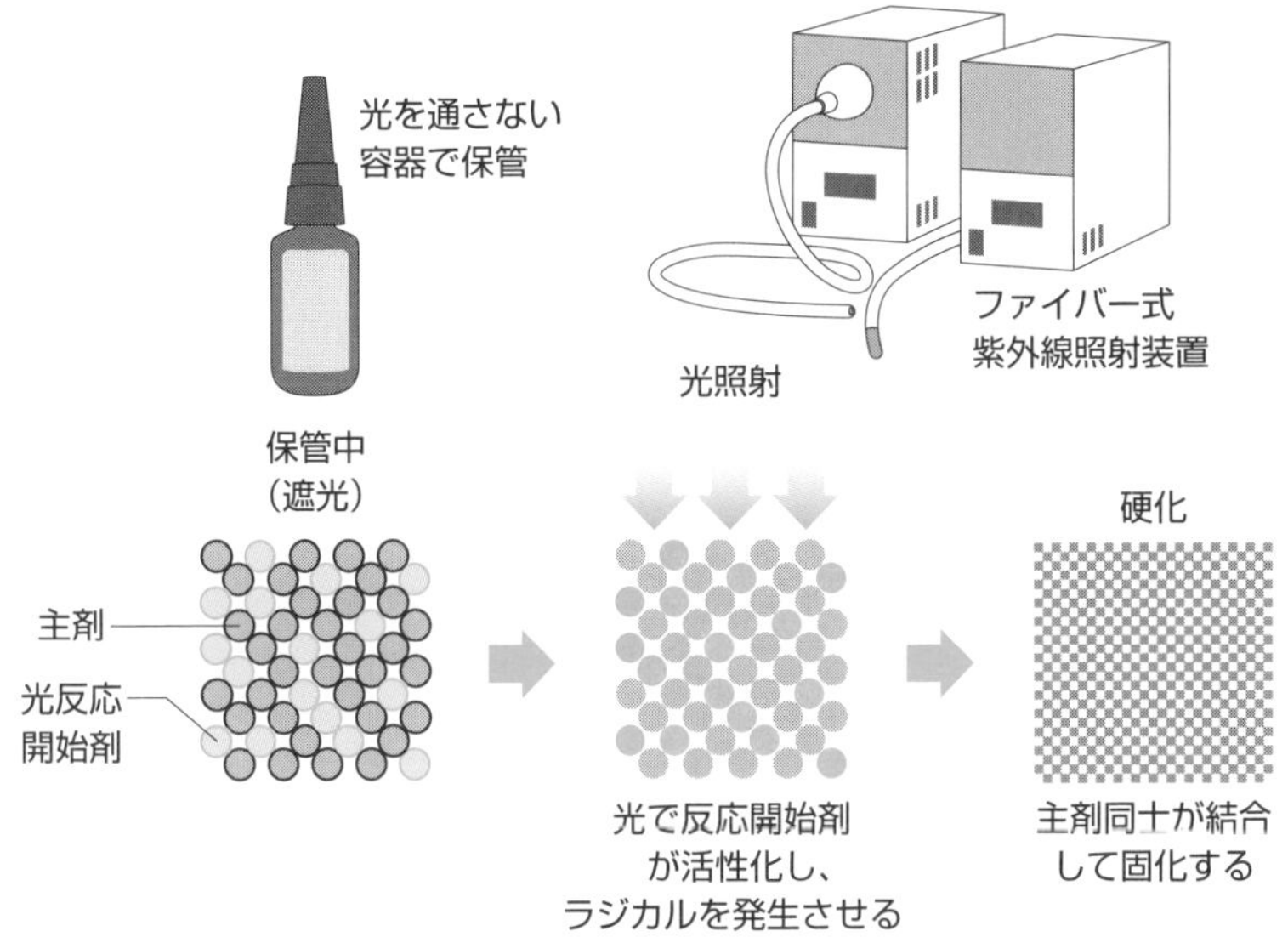

精密部品の隅肉接着

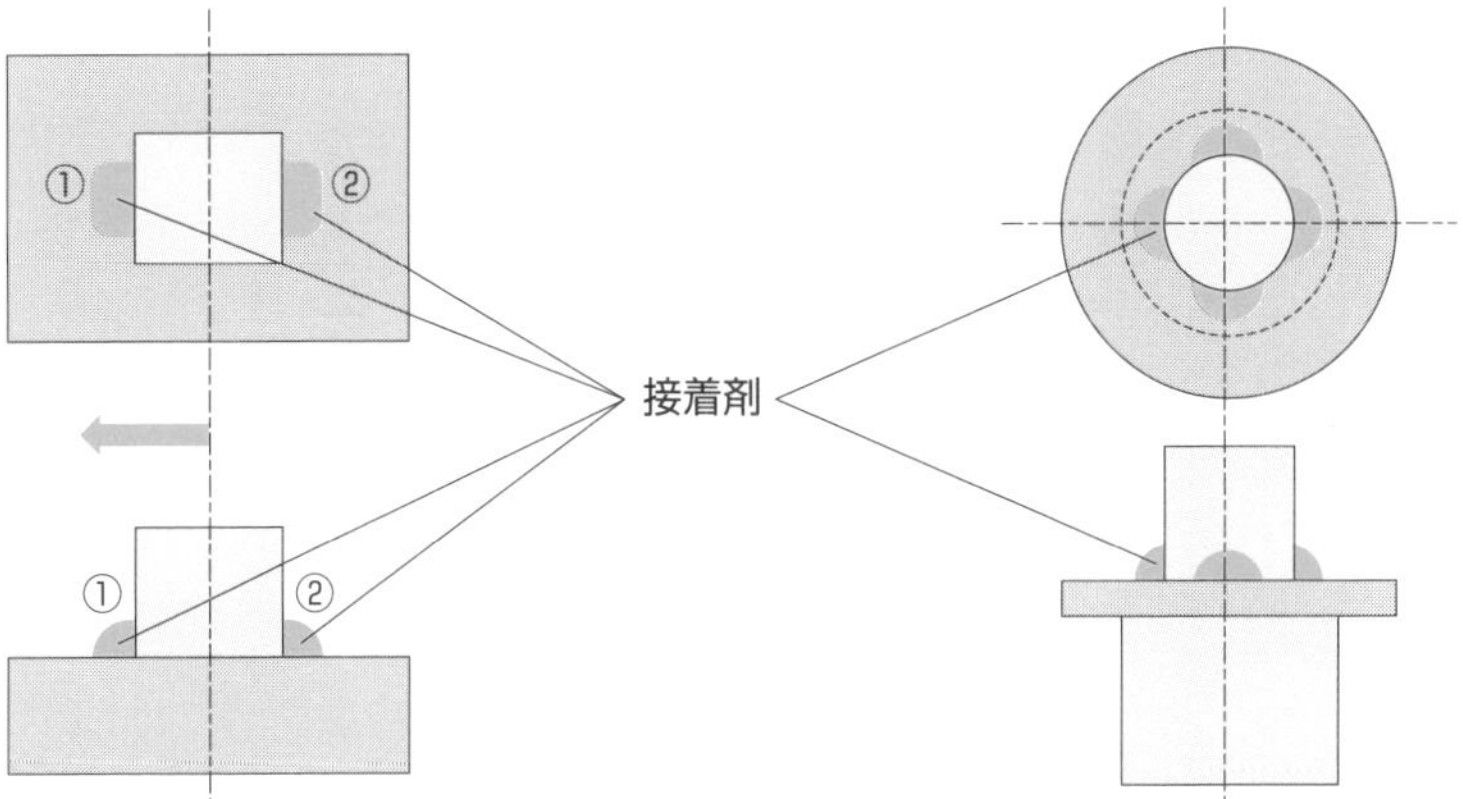

①と②を同時に硬化させること
先に①を硬化させ、次に②を硬化させると、①の硬化収縮により矢印のように、部品が左に引き寄せられる。ファイバースポット式の照射装置では注意が必要

4カ所の接着剤を同時に硬化させること
順番に硬化させると、先に硬化した接着剤の硬化収縮により、部品が位置ズレを起こす

16 その他の接着剤の固化方式

溶媒乾燥型、ホットメルト（HM）型、固化しない粘着型

　ここまで説明してきたもの以外にも、溶媒の乾燥や冷却で固化するもの・しないものなどがあります。

【溶媒の乾燥による固化】

　接着剤には、樹脂やゴム成分を溶剤に溶かした溶液型接着剤や、水に分散させたエマルジョン型接着剤も多くあります。このような接着剤は、次ページ上図のように接着剤を塗布して貼り合わせた後に、溶剤や水が揮散することで樹脂やゴム成分が残って接着するものです。成分の樹脂やゴムは反応は起こさず、分子が絡み合って固化します。

【冷却による固化】

　ホットメルト接着剤は次ページ中央の図で説明するように、固形の接着剤を熱で溶かして液体にした状態で部品に塗布し、冷えればまた固体に戻る接着剤で反応硬化はしません。ただ、ウレタン系の反応型ホットメルト接着剤は、一般のホットメルト接着剤と同様に固体を熱溶融して接着した後、放置中に空気中の水分と徐々に反応して硬化していきます。

【状態が変化しないもの】

　粘着テープや両面テープ（正式名称は感圧接着テープ）の粘着剤は、接着前後も同じ状態のままで反応硬化はしません。粘着剤は、貼り合わせるときには液体として作用し、貼り合せ後は固体として作用するように調整された粘弾性体です。流動性に乏しく被着材表面に馴染みにくいので、貼付後に十分な加圧が必要です。各種組立用に多用されるアクリル系、梱包用などに多用されるゴム系、耐熱性が必要な場合に用いられるシリコーン系などがあります。

　最大の長所は取り扱いが容易で、即座に接着強さが得られる点です。特殊なものは粘着で貼り合わせた後、加熱で硬化させるものもあります。短所は、接着剤に比べて強度が低い点や高温強度が低い点、油面接着性がない点、低温時にタック性が劣るため部品の予熱が必要な点、クリープに弱い点などです。

要点BOX

- ●溶媒乾燥により分子鎖が絡み合って固化
- ●HM型は、加熱溶融で接着し、冷却で再固化
- ●粘着剤は接着時は液体、接着後は固体の性質

溶媒の乾燥による固化

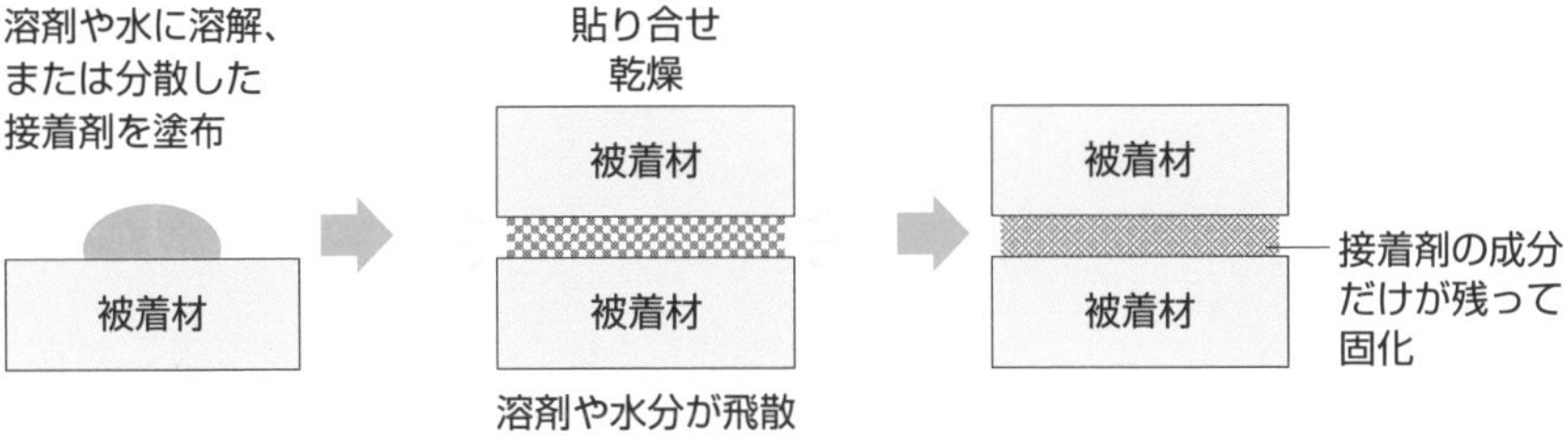
溶剤や水に溶解、
または分散した
接着剤を塗布
被着材
貼り合せ
乾燥
被着材
被着材
溶剤や水分が飛散
被着材
被着材
接着剤の成分
だけが残って
固化

冷却による固化

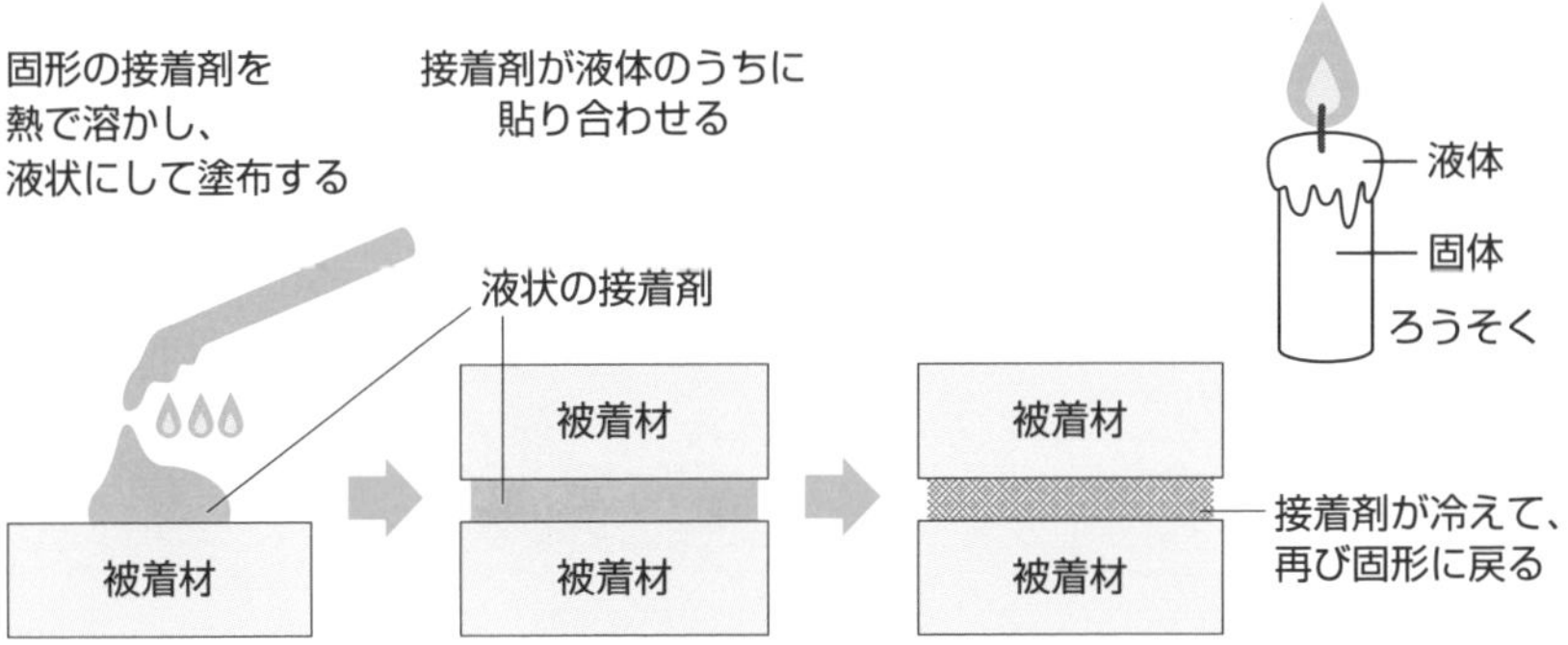
固形の接着剤を
熱で溶かし、
液状にして塗布する
接着剤が液体のうちに
貼り合わせる
液状の接着剤
被着材
被着材
被着材
被着材
被着材
接着剤が冷えて、
再び固形に戻る
液体
固体
ろうそく

固化しない両面テープ

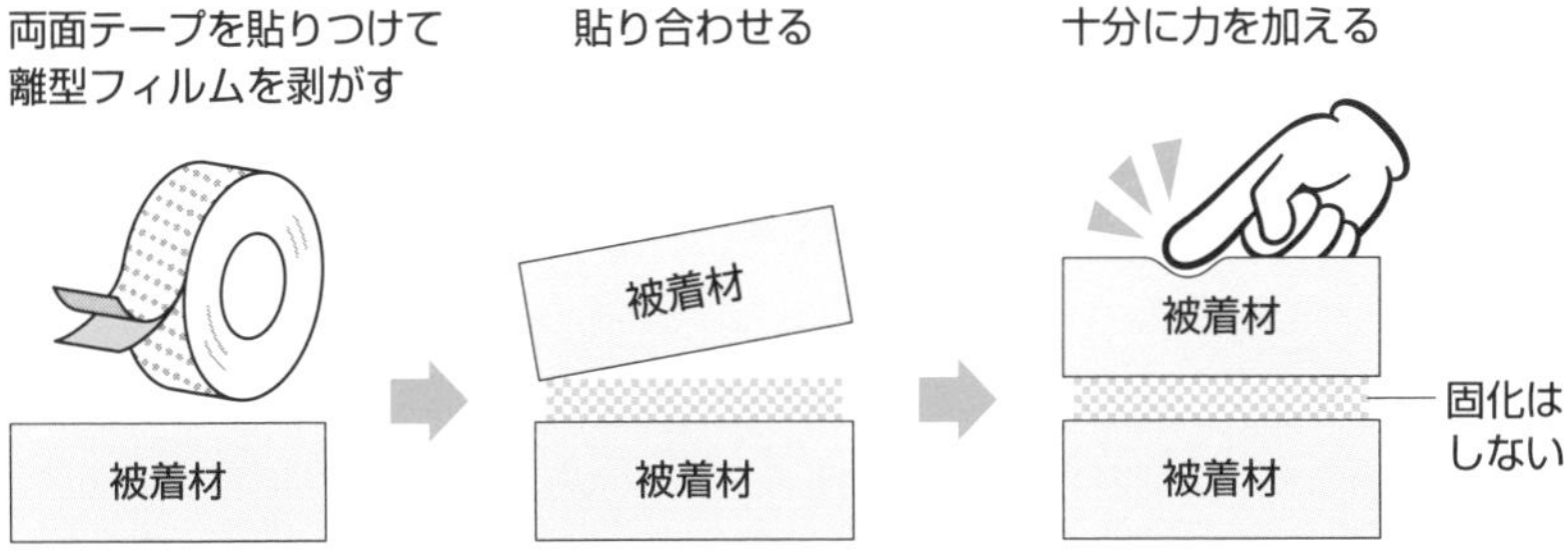
両面テープを貼りつけて
離型フィルムを剥がす
貼り合わせる
十分に力を加える
被着材
被着材
被着材
被着材
被着材
固化は
しない

両面テープは、貼るときは液体、貼り合せ後は固体としての性質を持つ粘弾性体
流れないため、貼り合せ後に十分に力を加えなければ、表面の凹凸に馴染まない

Column

パラボラ電波望遠鏡の高精度反射面

写真に示したパラボラ電波望遠鏡は、２０００年頃に国内４カ所に設置された口径20ｍのもので、天の川銀河の立体地図づくりに使われています[5]。４台を連携して観測すると、日本列島の直径に相当する口径２３００㎞の電波望遠鏡１台の精度を得ることができ、位置測定精度は月面上の1円玉を識別できるほどの非常に高い精度を有しています[5]。口径20ｍの反射鏡は、円周方向と径方向に約１・５ｍ×約３ｍの扇型パネル１２０枚に分割されていて、１枚のパネルの鏡面精度は０・15㎜（ＲＭＳ）以下が必要です[5]。

鏡面精度を確保するために、高精度曲面のアルミ製反射板の裏面にはアルミの形材を溶接で組んだ頑丈なストレッチと呼ばれる補強枠が接合されています。アルミの溶接で、ストレッチに高度な寸法精度を出すのは極めて困難なため、反射板とストレッチの間には数㎜の隙間が生じてしまいます。この隙間を埋めると同時に、反射板とストレッチを接合するために接着が用いられています[6]。

鏡面精度の他にも、秒速90ｍ（時速３３４㎞）の台風に耐える接着強度と30年以上の屋外耐久性が必要で、接着剤としては二液主剤型ＳＧＡが用いられています。接着剤は低ひずみ接合が可能であるとは言え、硬化収縮に伴う内部応力の発生は避けられません。そのため、硬化後に内部応力を除去するアニール工程が重要なポイントです。

撮影:原賀康介

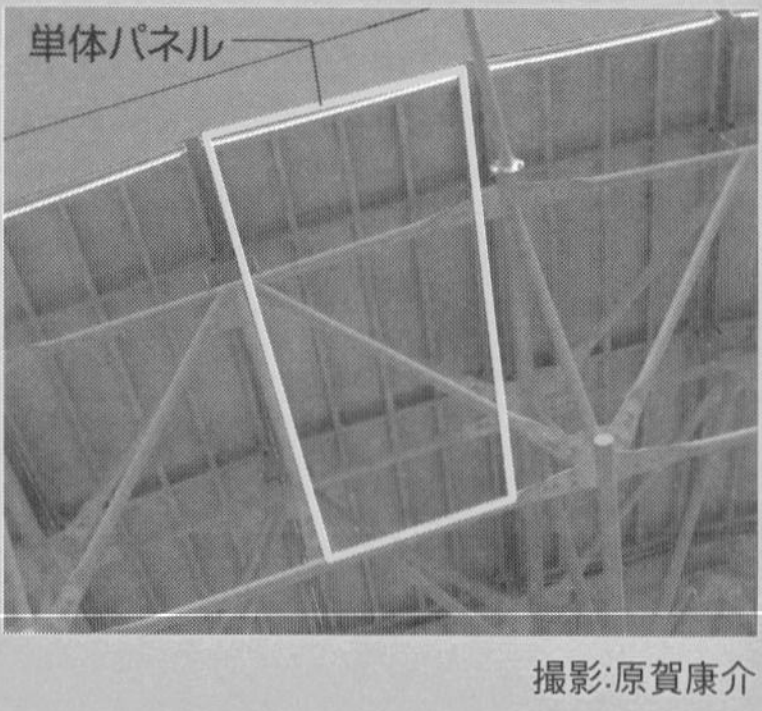

撮影:原賀康介

第3章

固まった接着剤の物性と接着特性

17 接着剤は硬化時に収縮して応力が生じる

硬化収縮による内部応力〈硬化収縮応力〉

ほとんどの接着剤は、液体から固体に変化して硬化や固化するときに、体積が収縮します。

室温硬化型接着剤は室温で、加熱硬化型接着剤は硬化中の加熱温度下で体積収縮が起こります。ところが、接着剤と被着材表面は、接着剤が液体のときに分子間力で結合しています。

このため、接着剤の硬化や固化が始まると体積収縮が始まりますが、次ページ上図(A)のように界面の結合部分は接着剤の体積収縮に従って動くことができないため、硬化が終わったときには同図(B)のような形となり、結合界面付近の接着剤は接着剤の中心に向かって引っ張られた状態となります。このように、接着剤の硬化収縮によって生じる力を「硬化収縮応力」と呼んでいます。

接着剤の硬化過程における体積収縮率と弾性率、硬化収縮応力の経時変化を示したものが、次ページの下図です。接着剤の硬化が始まると、体積収縮はすぐに起こり始めます。硬化の進行に伴って、接着剤は液状→ゲル状→固体と変化します。ゲル状態を過ぎると徐々に硬くなっていき、弾性率が増加します。弾性率がある程度（100MPa程度）以上になると硬化収縮応力が生じ始め、硬化が終了するまで増加します。硬化が終了した時点で、硬化収縮応力は最大になります。そして、放置時間とともに若干低下していくのです。この応力が低下する現象は「応力緩和」と呼ばれます。応力緩和については、20項で詳述します。

そして硬化収縮応力により、接着強さや耐久性の低下、部品の変形などが生じることになります。硬化収縮応力は、接着剤の硬化後の硬さが硬いほど、硬化収縮率が大きいほど高くなります。したがって、硬化収縮応力を減らすためには、硬化後の硬さができるだけ柔らかい接着剤や硬化収縮率が小さい接着剤を選ぶことが必要です。

要点BOX

- ●接着剤は硬化や固化時に体積が収縮する
- ●界面は接着剤が液体時に結合して動けないため、界面接合部は接着剤内部に引っ張られる

接着剤の硬化収縮による内部応力の発生

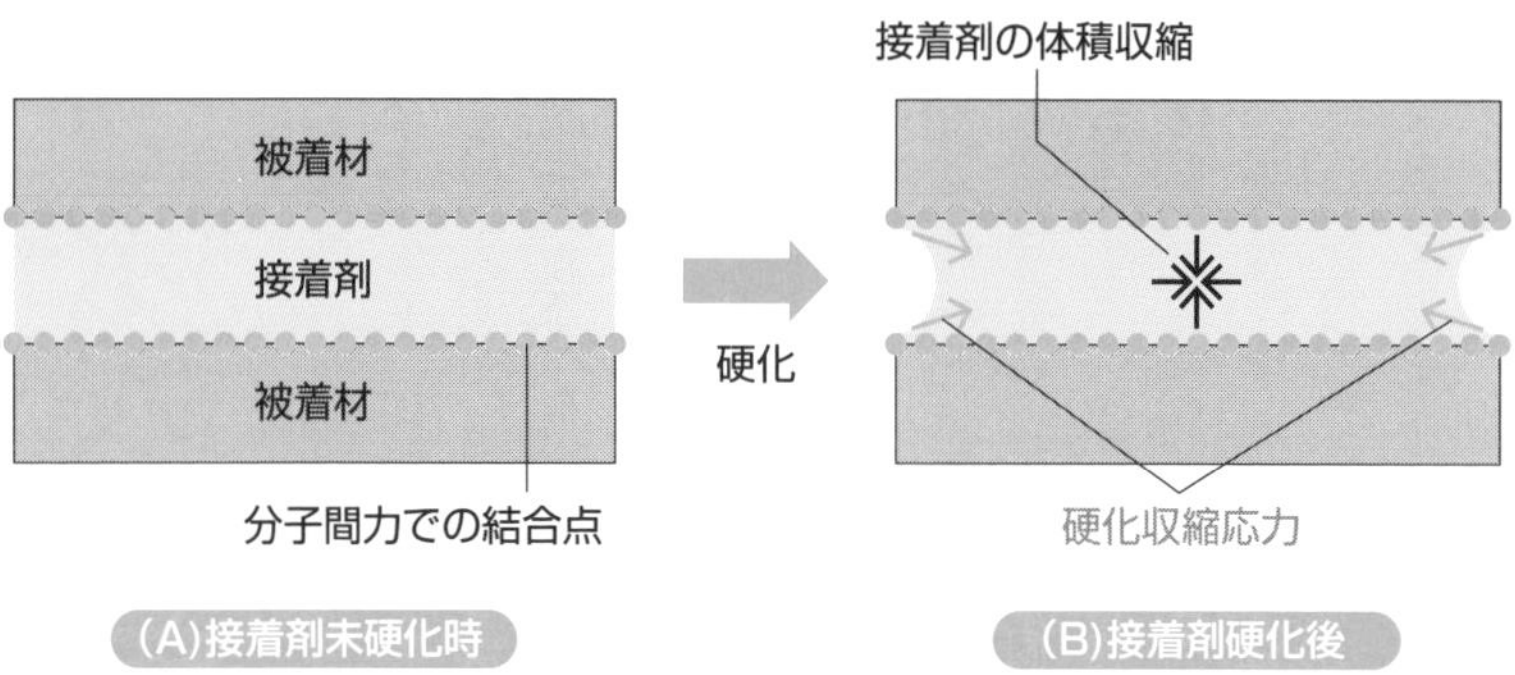

接着剤の硬化時間と体積収縮率、弾性率、硬化収縮応力の変化

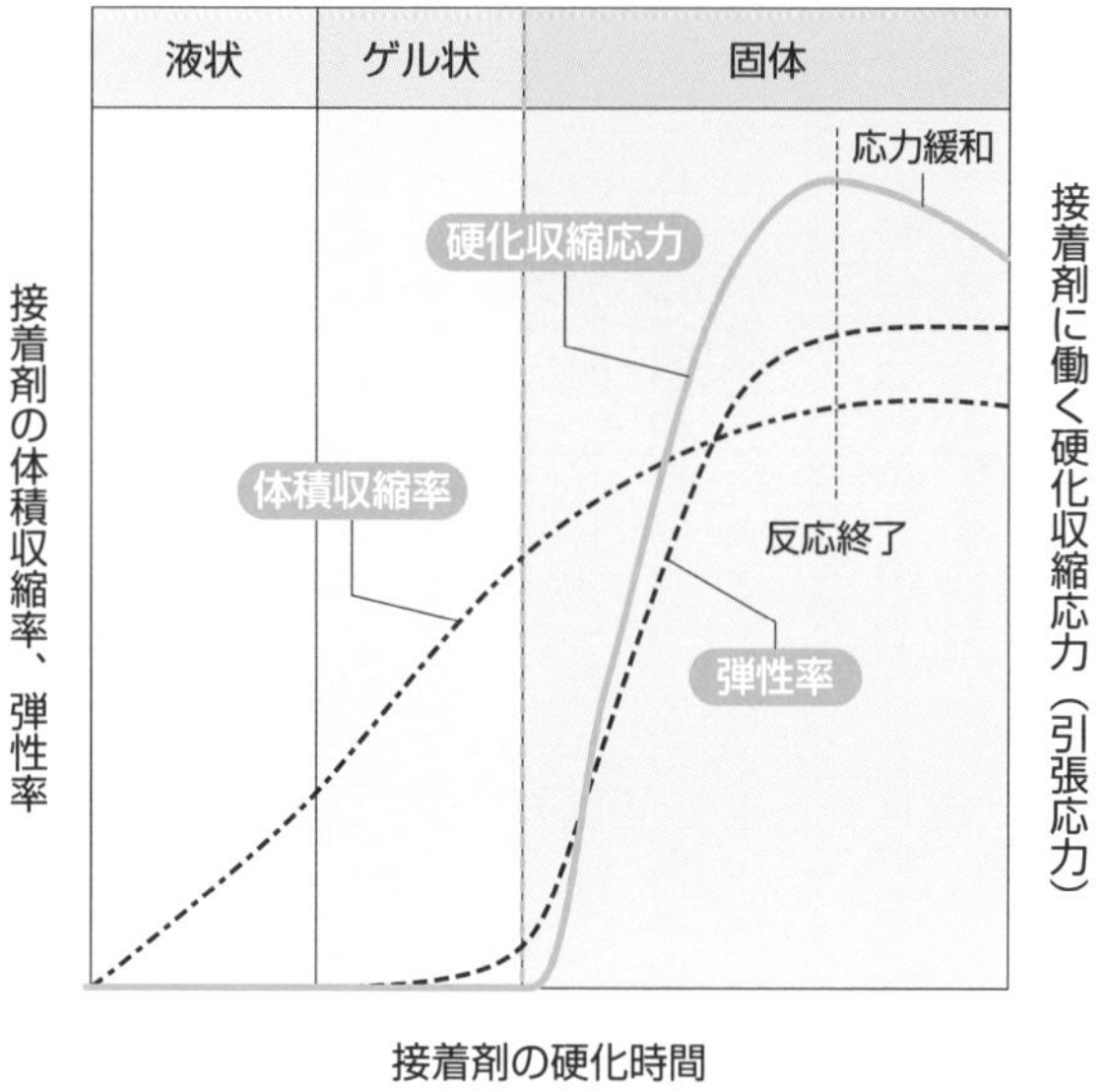

接着剤の硬化が始まると、体積収縮はすぐに発生する。しかし液状やゲル状では、収縮しても力は発生しない。ゲル状態を過ぎて硬くなるにつれ、硬化収縮応力が発生し、硬化が終了するまで増加して硬化終了時点で最大となる。硬化後は、放置時間とともに応力緩和で硬化収縮応力は若干低下する

18 接着剤と被着材の膨張係数差で生じる応力

加熱硬化後の冷却過程で生じる内部応力〈熱収縮応力〉

加熱硬化型接着剤の場合は、加熱温度下で硬化収縮応力が発生します。加熱温度で硬化が終了した後に室温まで戻しますが、被着材と硬化した接着剤の線膨張係数は異なるため、同じ温度差でも収縮長さは異なります。被着材料より接着剤の線膨張係数が大きい場合が一般的です。しかし、接着剤と被着材表面はすでに結合しているため、冷却時にそれぞれ自由に収縮はできず、その結果、次ページ上図(B)に示すように界面付近の接着剤は接着剤の中心方向に引っ張られ、界面付近に力が働きます。この力を「熱収縮応力」と呼びます。

硬化後の接着剤の弾性率は、次ページ下図に示すようにガラス転移温度*Tg*（23項で詳述）以上では低くて柔らかいため、硬化収縮応力や硬化温度から*Tg*までの冷却による熱収縮応力はそれほど大きくありません。ところが、*Tg*以下まで冷却されると接着剤の弾性率が急激に高くなるため、*Tg*付近の温度で大きな熱収縮応力が発生します。

加熱硬化時の温度が硬化後の接着剤の*Tg*より低い場合は、硬化後の接着剤の弾性率はすでに高いため、硬化収縮応力は大きくなります。一方で、硬化温度から室温までの温度差は*Tg*と室温との温度差より小さいため、室温に戻ったときの熱収縮応力は*Tg*以上の温度で硬化した場合より小さくなります。

使用中に低温になると、室温と低温の温度差でさらに熱収縮応力は大きくなります。熱収縮応力は、冷却後に剥がれを生じさせたり、ガラスなどの割れやすい材料では部品が割れたりするなどの問題を引き起こすほど大きな力です。

硬化収縮応力を減らすためには、硬化後の硬さができるだけ軟らかい接着剤を用いる、硬化温度をできるだけ低くする、ゆっくり冷やして応力緩和（20項で詳述）を図る、被着材料の線膨張係数にできるだけ近い接着剤を用いる、などが必要です。

要点BOX

- ●加熱硬化後の冷却時に熱収縮応力が生じる
- ●原因は、接着剤と被着材の線膨張係数の違い
- ●硬化温度を下げると熱収縮応力は低くなる

熱収縮応力（接着剤の線膨張係数が被着材より大きい場合）

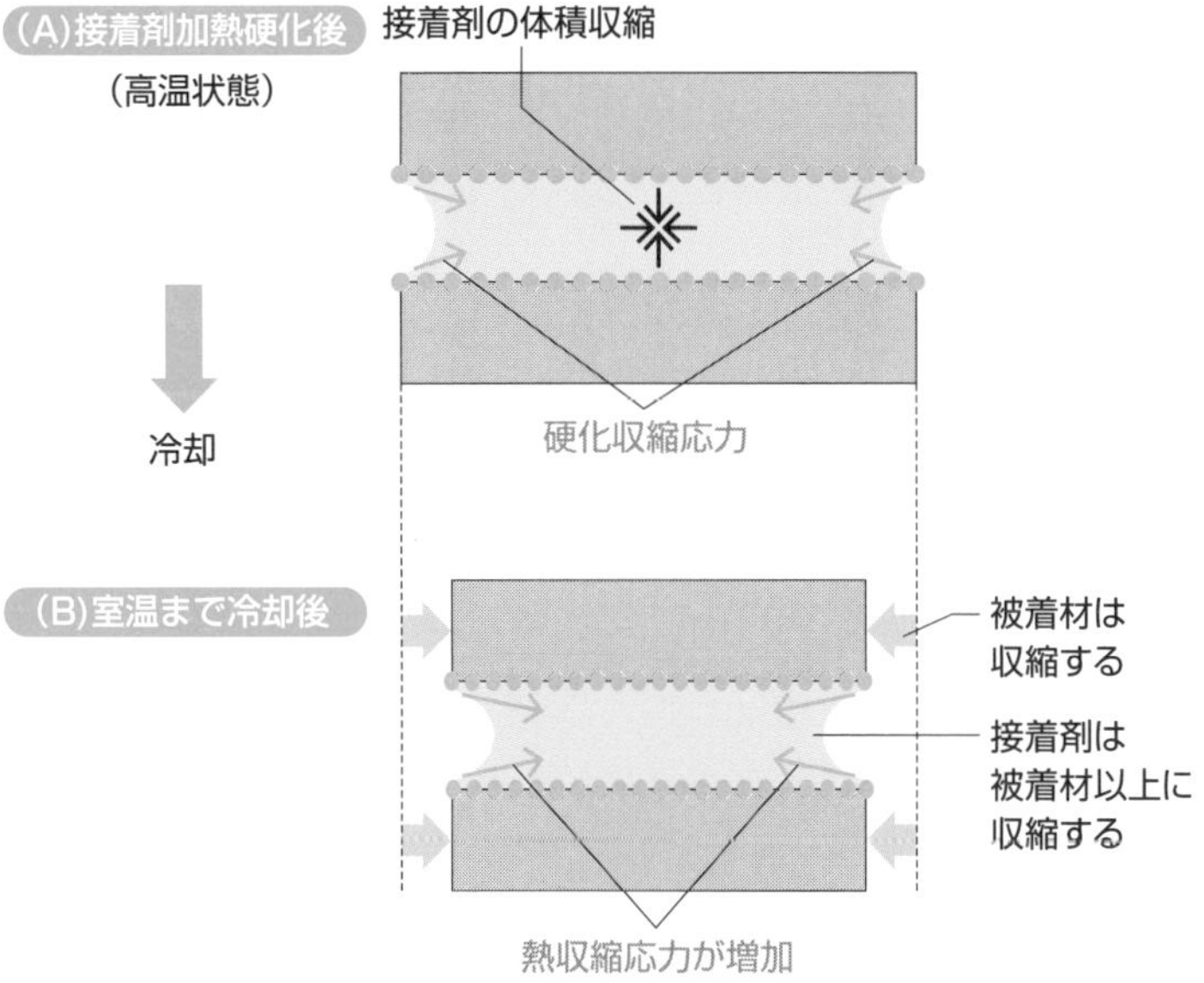

加熱硬化後の冷却過程における熱収縮応力の発生と接着剤硬化物のガラス転移温度*Tg*の影響

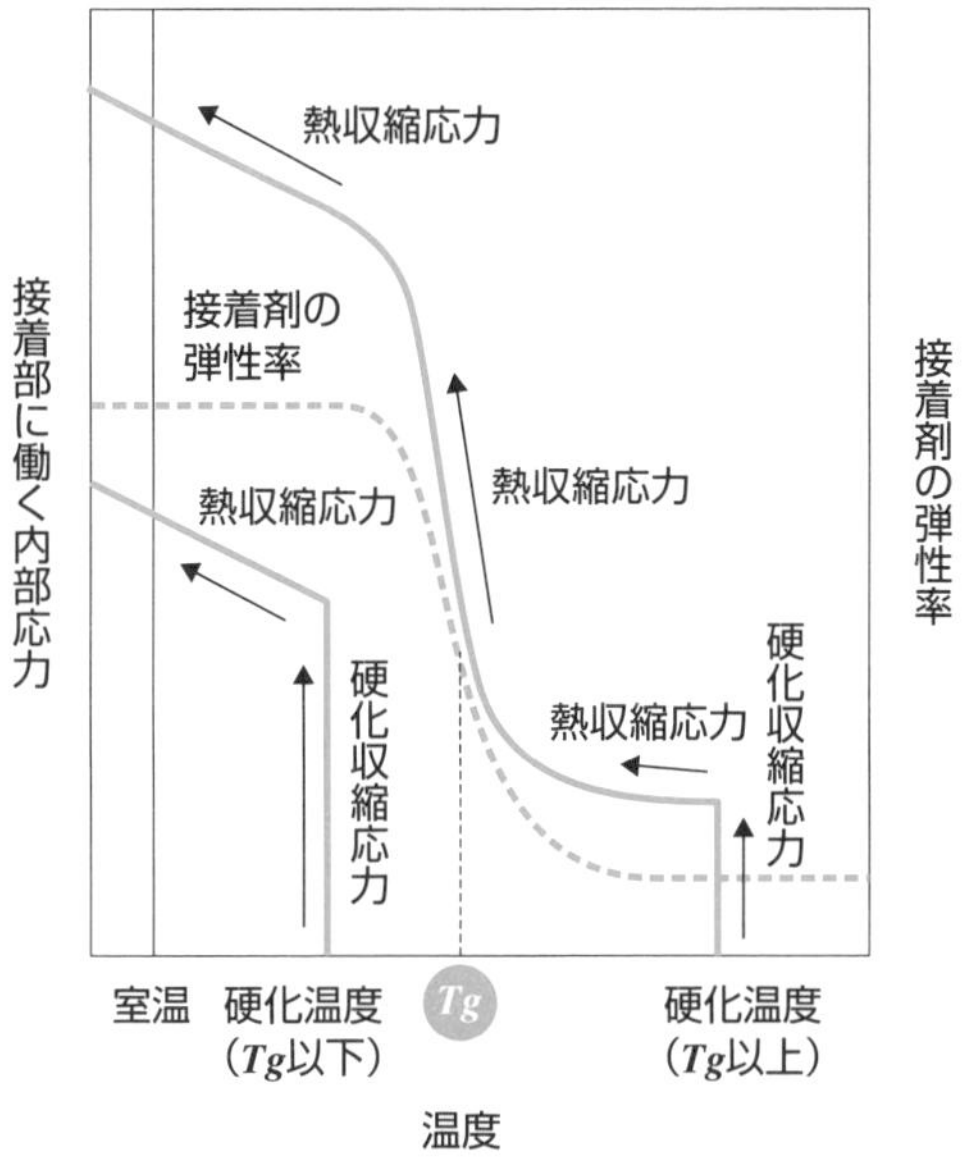

硬化後の接着剤の弾性率は、*Tg*以上では低くて柔らかいため、硬化収縮応力や硬化温度から*Tg*までの冷却による熱収縮応力はそれほど大きくない。ところが、*Tg*以下まで冷却されると接着剤の弾性率が急激に高くなるため、*Tg*付近の温度で大きな熱収縮応力が発生する

一方、加熱硬化時の温度が硬化後の接着剤の*Tg*より低い場合は、硬化後の接着剤の弾性率はすでに高いため、硬化収縮応力は大きくなるが、硬化温度から室温までの温度差は*Tg*と室温との温度差より小さいため、室温に戻ったときの熱収縮応力は、*Tg*以上の温度で硬化した場合より小さくなる

19 接着剤は弾性体と粘性体の性質を持つ物質

接着剤は「粘弾性体」

物質を大きく分けると、金属やゴムのような弾性体、高粘度液体のような粘性体、それに粘弾性体に分かれます。粘弾性体は、弾性的性質と粘性的性質を併せ持つものです。

これらの機械的特性のモデルを示すときは、次ページに図示したように弾性体はばね、粘性体はダッシュポットで示します。

まず、(A)は弾性体で、加えた力Pに比例して変形し、力を除去すれば元の寸法に戻ります。また、加える力の速度や温度には影響されません。

(B)は粘性体です。粘性体にPの力を加えると変形を起こします。ただ一定の変位では止まらずに、力が加わり続けている間は、ずっとズルズルと変形し続けます。

また、ゆっくりと力を加えたり、長時間力が加わっていたりするとズルズル変形を起こしますが、大きな力でも瞬間的に力が加わる場合はほとんど変形しません。扉が急激に閉まらないように取り付けてあるダンパーのようなもので、加える力の速度が大きく影響するのです。また、温度が高いほど変形の速度が速くなります。

(C)(D)は粘弾性体で、接着剤や粘着剤はこれに当たります。分子モデルは直列(C)や並列(D)など種々のモデルがあります。粘弾性体は、弾性的性質と粘性的性質の両方の性質を有しているため、低速で力が加わると、弾性体と粘性体の両方の性質が表れますが、高速で力が加わると、粘性部分の応答が悪いため弾性体的な性質に近くなります。

一般に、硬さが硬い接着剤は、弾性的性質が大きく粘性的性質が小さく、軟らかい接着剤や粘着剤では、粘性的性質が大きく弾性的性質は小さくなります。すなわち、接着剤や粘着剤の硬さは温度で変化し、同じ接着剤でも温度によって粘弾性特性が変化することになるのです。

要点BOX

- ●接着剤は、弾性的性質と粘性的性質を併せ持つ「粘弾性体」という性質を持っている
- ●加わる力の速度や温度で特性が変化する

弾性体、粘性体、粘弾性体の分子モデル

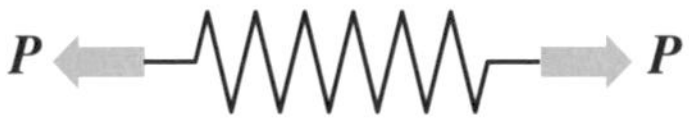

（A）弾性体：ばね

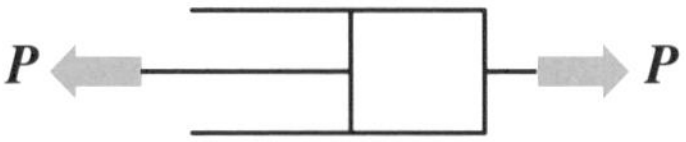

（B）粘性体　ダッシュポット、ダンパー

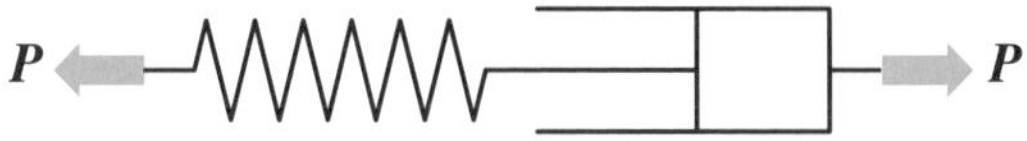

（C）粘弾性体（マクスウェルモデル）

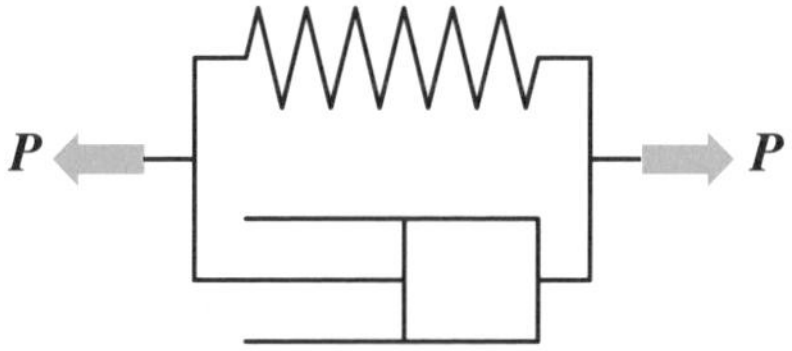

（D）粘弾性体（フォークトモデル）

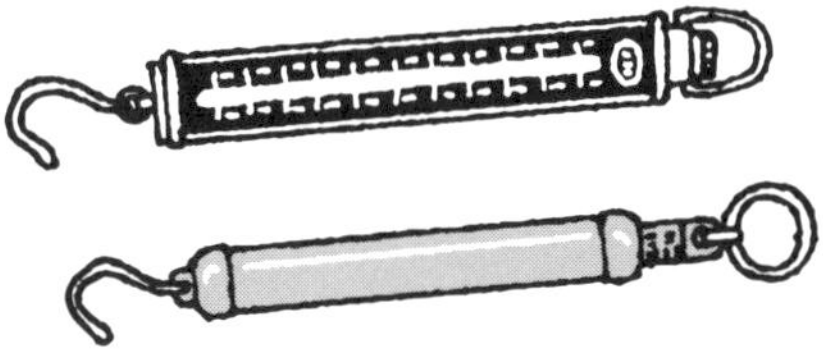

ばねばかり（弾性体の応用）

ドアのダンパー（粘性体の応用）

20 粘弾性体の性質

粘弾性体の速度依存性、クリープ特性、応力緩和特性

粘弾性体は、速度によって特性が変化したりクリープや応力緩和が生じたりします。

【速度依存性】

両面テープの引張せん断強さの引張速度依存性の一例を、次ページ上図に示しました。粘弾性体を高速で引っ張ると強度は高く現れ、低速で引っ張ると強度は低く現れます。粘性的性質が大きい粘着剤では、特に速度依存性が大きくなります。部品組立で使われる粘着テープや両面テープの目的を考えると、部品保持など速度が加わらない状況下での利用が圧倒的に多く、極低速での破断強さが重視されます。

【クリープ】

接着部に継続して力が加わると、接着剤が「クリープ」を起こして強度低下を起こすことがあります。「クリープ」とは、たとえば輪ゴムを強く締めると徐々に伸びて緩むような「分子の滑り現象」です。次ページ中央の図のように、時間とともに粘性部分が徐々に伸びてくる現象を「クリープ変形」と言います。クリープ変形の速度は温度が高いほど、荷重が大きいほど速くなります。粘性的性質が大きい軟らかい接着剤では、硬い接着剤に比べてクリープ変形が大きくなります。ある伸び量に達すると破断し、これを「クリープ破壊」と呼びます。クリープは接着接合物の耐久性に影響を及ぼすため、劣化には十分な注意が必要です。

【応力緩和】

次ページ下図のように、接着剤がある変位量まで引っ張られて変位が固定している場合には、接着剤は引っ張られた状態になります。このとき接着剤に加わる引張力をP_0とします。接着剤は粘弾性体のためクリープを起こします。時間とともに粘性部分はズルズルと引っ張られて緩むため、接着剤に加わる引張力は$P_0 \rightarrow P_1 \rightarrow P_2$と小さくなり、これを応力緩和と言います。応力緩和は温度が高いほど、接着剤に加わっている応力が大きいほど速くなります。

要点BOX

- ●高速の負荷では弾性体的、低速では粘性体的
- ●継続負荷では徐々に伸びてクリープを起こす
- ●一定変位での負荷状態では応力が緩和する

引張せん断試験における引張速度依存性の例

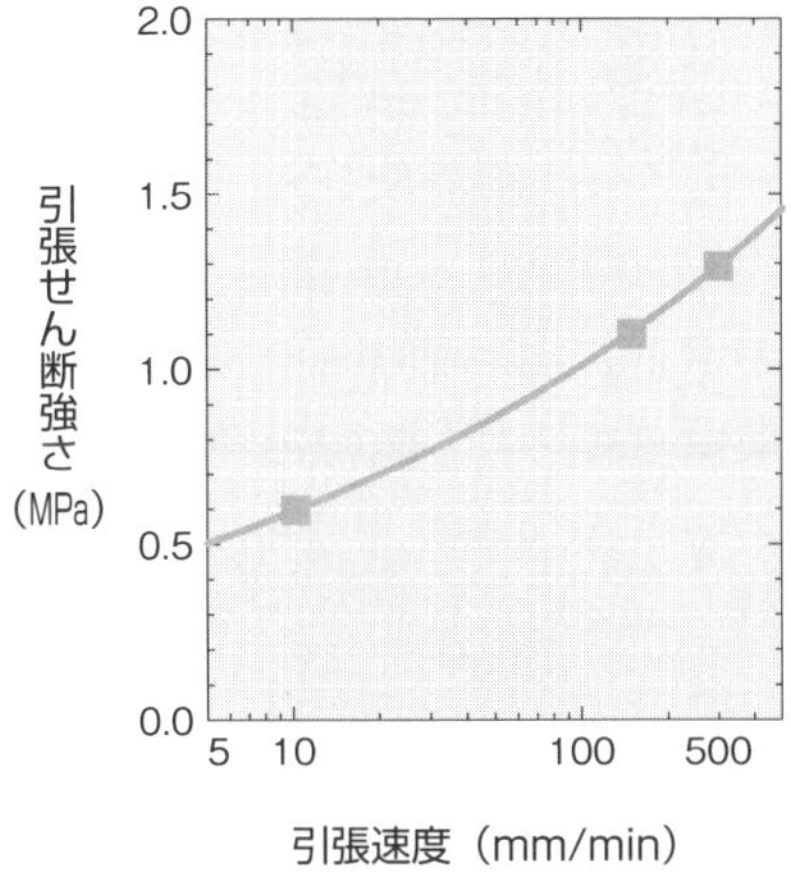

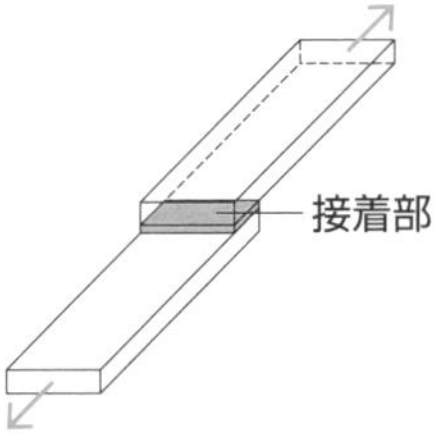

接着部を急速に引っ張ると接着強さは高く、ゆっくり引っ張ると低く現れる。これは、接着剤や粘着剤は粘弾性体であるため、高速では粘性部分の動きが悪く、弾性的性質が強くなるためである。低速では、粘性部分が大きく動く

粘弾性体におけるクリープ変形とクリープ破断

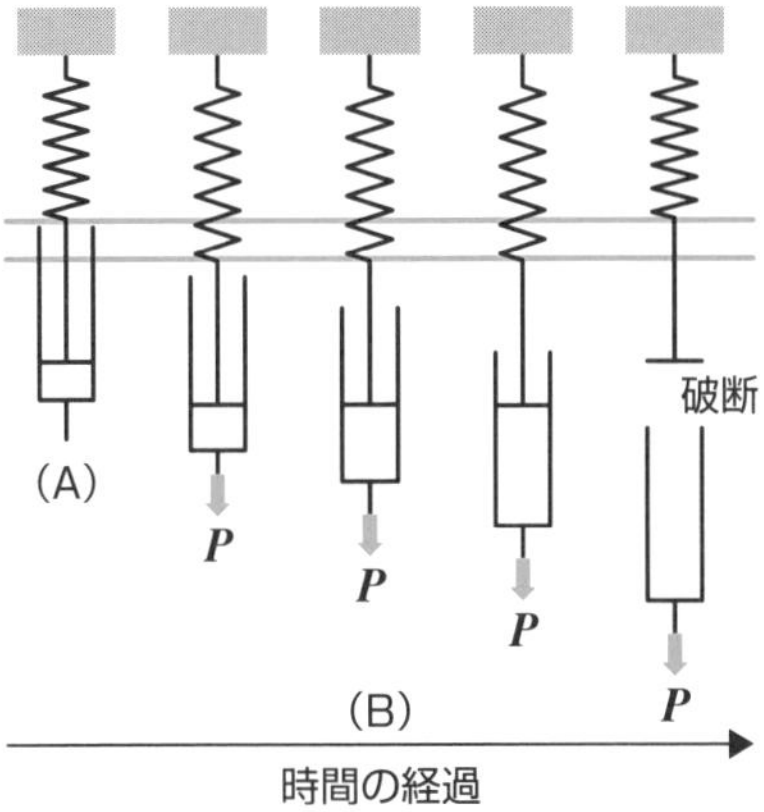

ばね（弾性部）は荷重Pに比例して伸び、時間が経過しても変わらない。ダッシュポット（粘性部）は、時間の経過とともに変形が大きくなっていく。破断伸び率に達した時点で破断する

粘弾性体の応力緩和

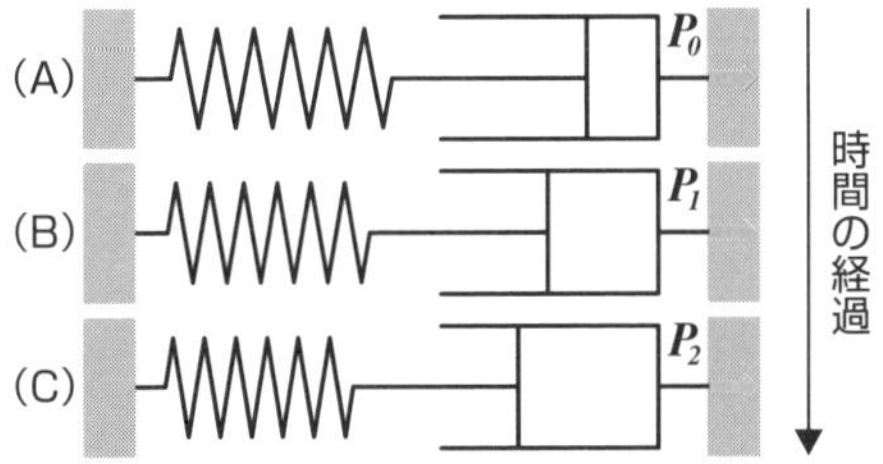

接着剤に引張力P_0が加わった状態で変位が変わらない場合、粘性部分は時間の経過とともにズルズルと引っ張られて緩んでくるため、接着剤に加わる引張力はP_0→P_1→P_2と小さくなっていく

21 接着部に加わる力の種類と代表的な評価方法

接着強さの評価方法、引張せん断試験とはく離試験

接着の結合力の基本は分子間力であるため、単位面積当たりの結合強さは、共有結合や金属結合などより非常に低強度です。このため接着は面接合にして、面全体で荷重を受ける構造での使用が基本です。はく離や衝撃のように局部的に加わる力は苦手です。せん断では20㎜角の接着面積で車1台程度は軽く吊り上げられますが、25㎜幅のはく離では手でも剥がすこともできる程度の強度になります。

接着部に加わる力の種類としては、次ページ上図に示すように接着面に平行なせん断力(a)と、接着面に垂直な引張力(b)の2種類が基本です。圧縮力はマイナス方向の力と考えます。

せん断力としては、次ページ中央の図に示すように、板状の接着におけるせん断力(a1)(a2)、軸やパイプなどの嵌合接着におけるせん断力(b1)(b2)、ねじり(c1)(c2)、2方向に加わるせん断力(d)、曲げによるせん断力(e)などがあります。引張力としては、次ページ下図に示すように、均等引張り(a)、不均等な引張り（割裂）(b1)(b2)、はく離(c)などが挙げられます。(c)のはく離で板が曲がりやすい場合は、接着端部の非常に小さな面積だけに引張力が加わるので、弱い力で剥がれてしまいます。

接着の強度試験で最も用いられるのは、引張せん断試験とはく離試験です。引張せん断試験は、次ページ下図(a)に示すJIS K 6850規定の単純重ね合せ引張せん断試験が一般的です。板幅は25・0㎜、重ね合せ長さは12・5㎜と規定されています。接着強さが被着材の引張降伏強さ以上では、板が伸びて正確に測定できないため、板の引張降伏強さが接着強さ以上となる板の厚さが必要です。

はく離試験は、JIS K 6854のT形はく離試験(b1)、180°はく離試験(b2)、90°はく離試験(b3)が一般的です。被着材料の曲がりやすさや加わる力の方向によって使い分けられています。

要点BOX

- ●応力の基本は、せん断応力と引張応力
- ●接着は面全体で荷重を受ける構造が基本
- ●一般にせん断には強いが、はく離には弱い

接着部に加わる基本的な力

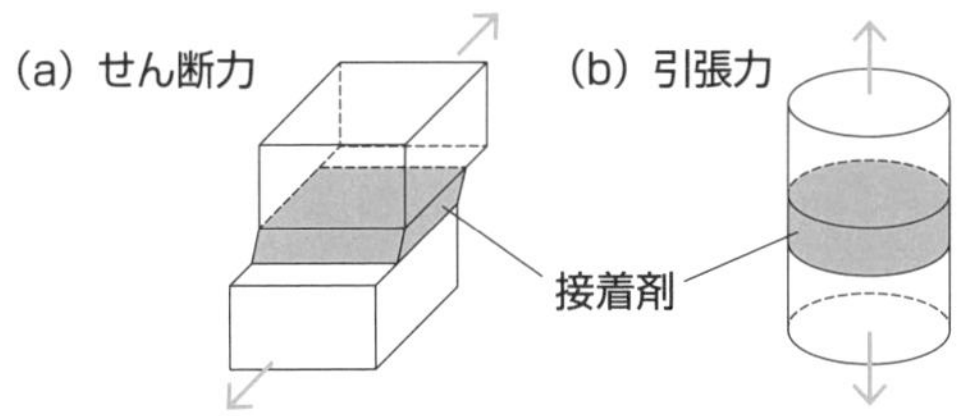

せん断力の種々の加わり方

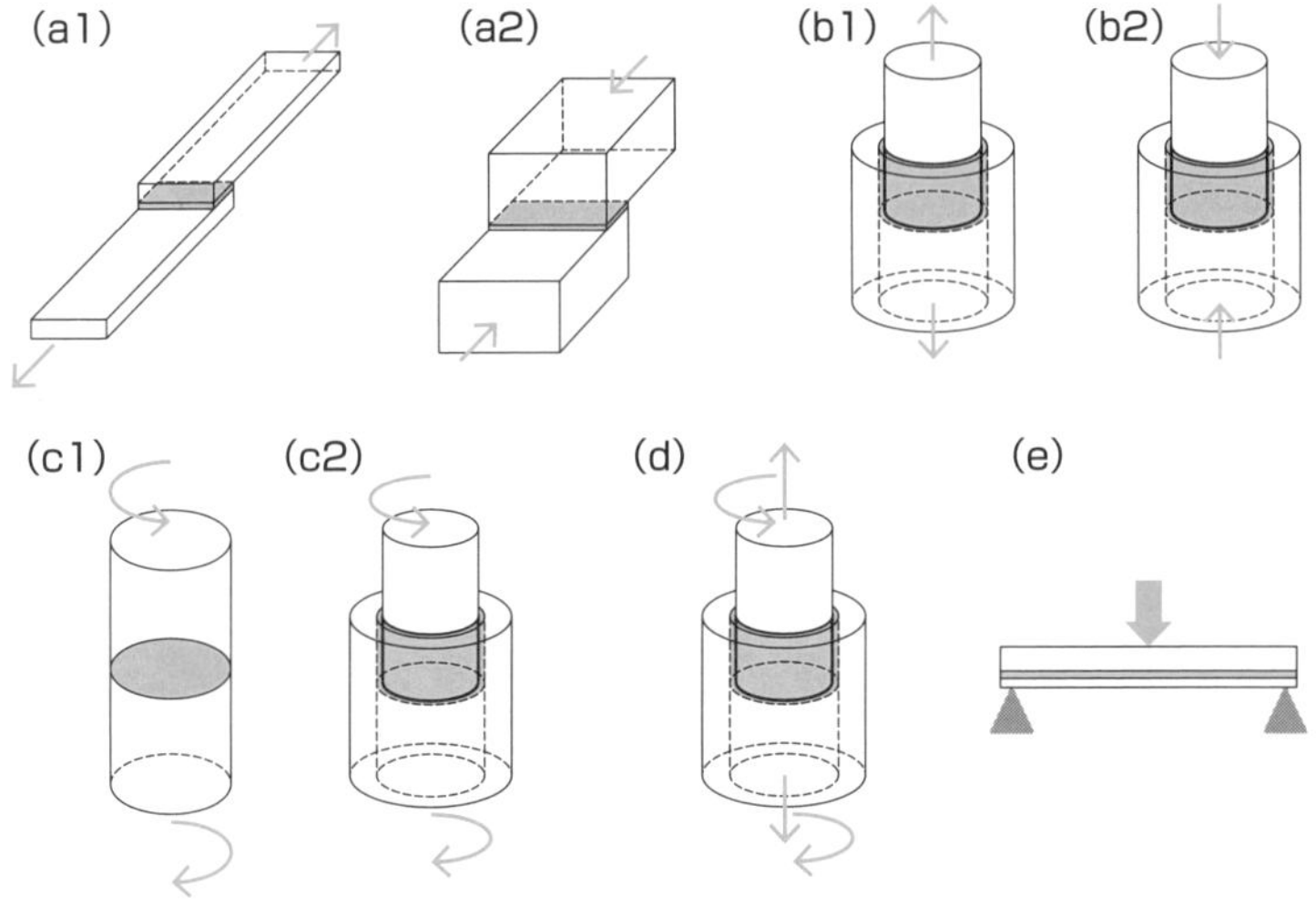

引張力の種々の加わり方

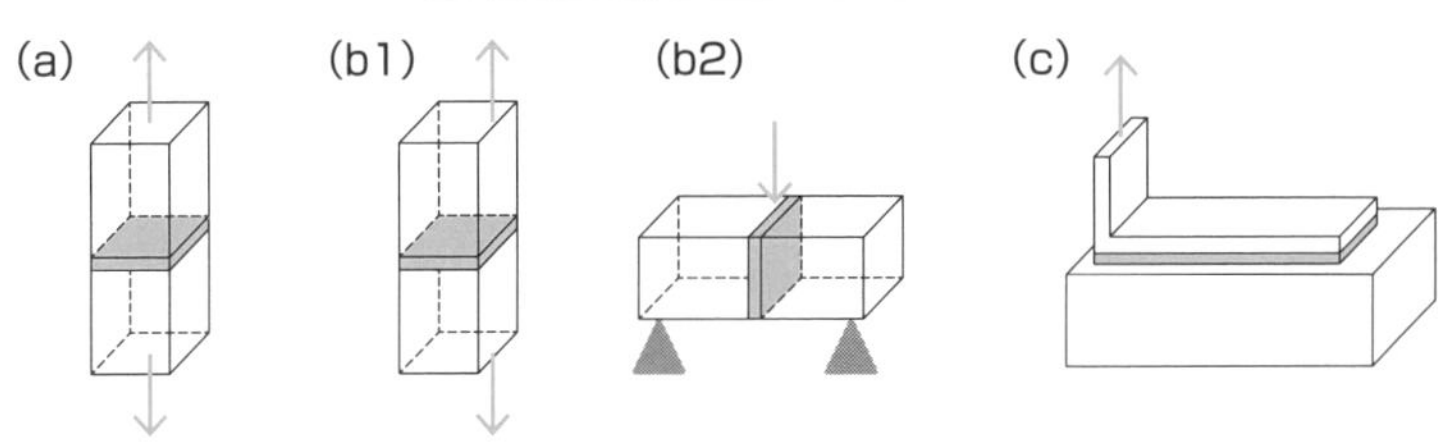

代表的な接着強度の試験方法

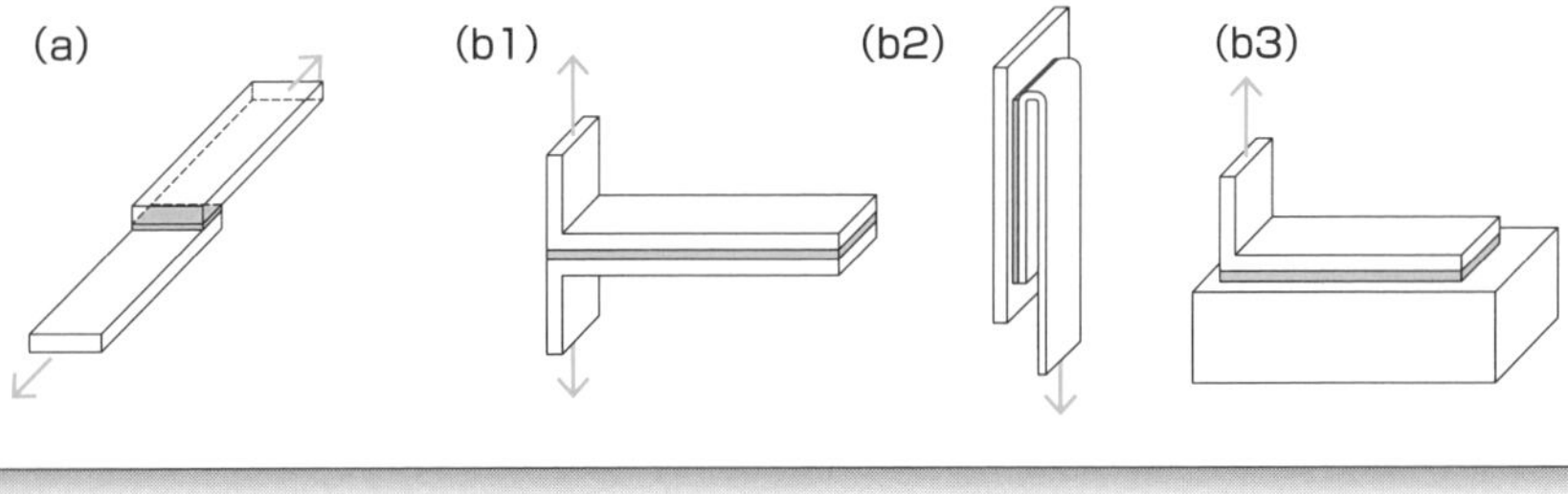

22 接着強さは接着剤の硬さや伸びで変化する

接着剤の硬さ・伸びと接着強さの関係

一般の接着剤の場合は、硬いものは伸びが小さく、柔らかいものは伸びが大きいという性質を持っています。

次ページ上図は、接着剤の硬さや伸びと各種の接着強さの関係を示したものです。一般にせん断強さ、引張強さ、耐クリープ性（保持力とも言う）とはく離強さ、衝撃強さは、硬さや伸びに対して逆の関係になります。これは、はく離強さを高くするためには接着剤に伸びが必要で、衝撃強さを高くするためには衝撃エネルギーを吸収できる柔軟性が必要なためです。

各種の力に対して強い接着剤は、硬過ぎず柔らか過ぎず、すなわち爪を立てれば少し傷がつく程度の強靱なものが良いことになります。構造用接着剤と呼ばれる高強度接着剤では、硬さと伸びが両立され、強靱な性質になっています。

強靱さを出すためには、硬いエポキシ樹脂やアクリル樹脂に、柔らかいゴム成分などを添加するなどの変性がなされています。硬さが異なる接着剤のT形はく離試験の状態を次ページ下図に示しました。せん断強さが高く硬く脆い接着剤ではく離試験を行うと、(A)のように板がまったく曲がらないで一瞬に全面が剥がれますが、強靱さを付与したものでは、(B)のように板が曲がるほどはく離抵抗性が向上していることがわかります。

粘着剤は全般に軟らかい材料ですが、軟らかい中にも種々の硬さのものがあり、接着剤と同様の関係があります。ただし、せん断強さのレベルは、接着剤に比べると非常に低くなります。

接着剤のカタログはせん断強さ主体、粘着テープのカタログははく離強さ主体で書かれています。このため、接着剤はせん断強さが高くはく離・衝撃に弱いもの、粘着テープははく離強さが高く耐クリープ性が悪いものを選ぶことになります。カタログで比較する際には、その点に留意しておくとよいでしょう。

要点BOX

- ●せん断・引張強さや耐クリープ性とはく離・衝撃強さは、硬さや伸びに対して逆の関係
- ●構造用接着剤は硬さと伸びが両立されている

接着剤の硬さ・伸びと接着強度の関係

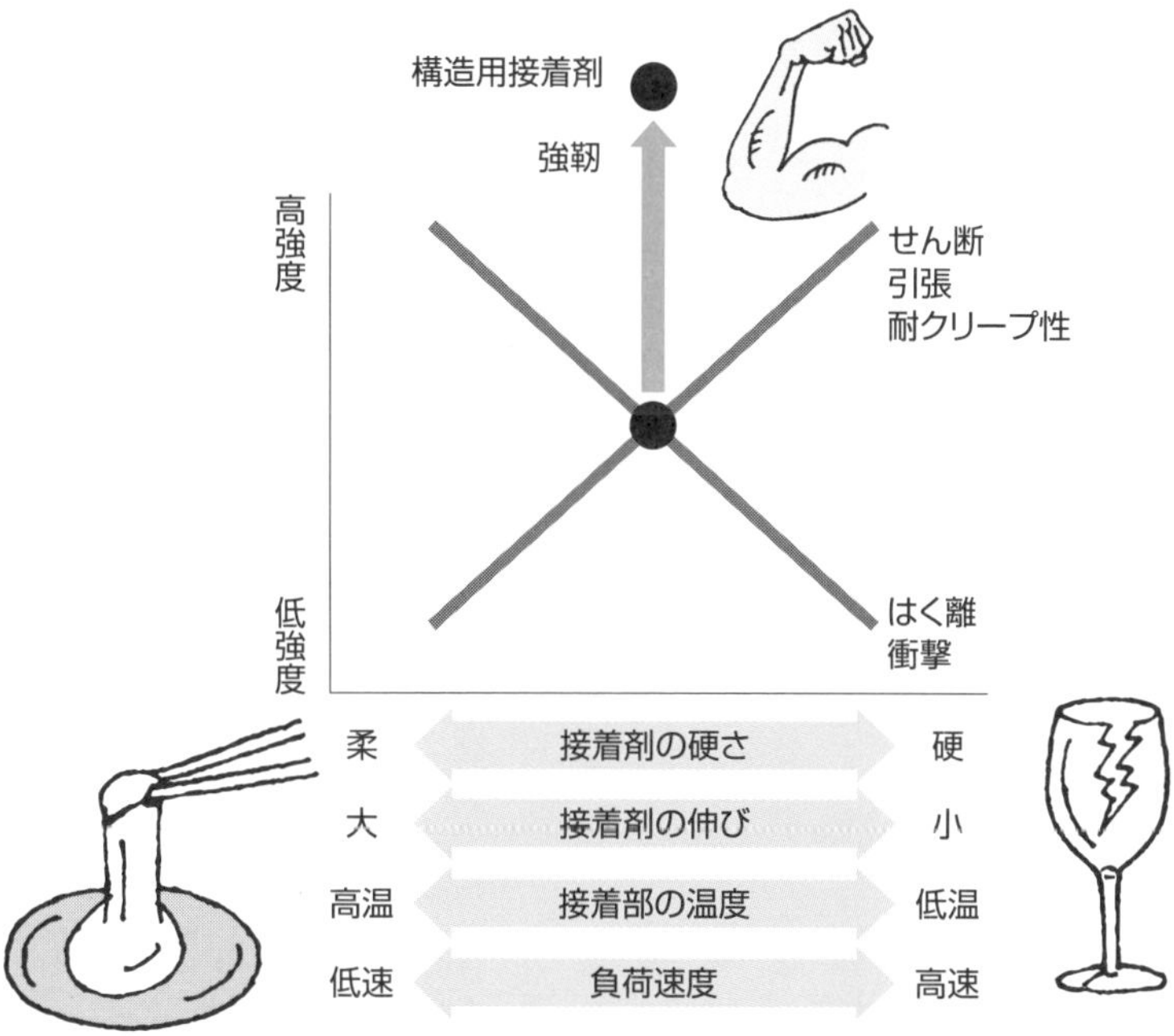

接着剤の硬さの違いによるはく離破壊の違い

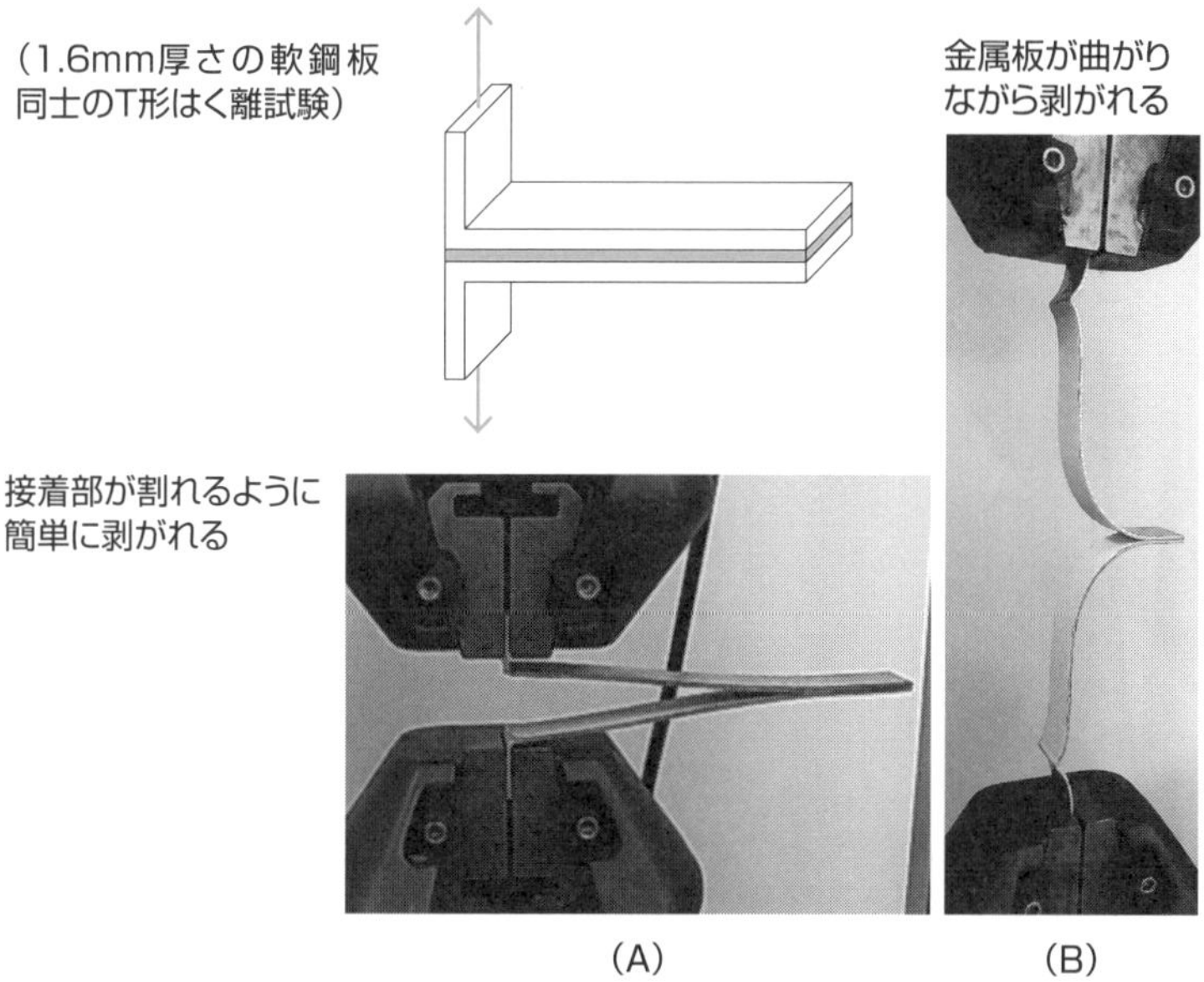

(1.6mm厚さの軟鋼板
同士のT形はく離試験)
金属板が曲がり
ながら剥がれる
接着部が割れるように
簡単に剥がれる

(A)　(B)

23 接着強さは温度で変化する

接着剤のガラス転移温度と接着強さの関係（*Tg*）

樹脂やゴムの温度と弾性率の関係について、次ページの上図に示しました。同図内の(A)は熱可塑性樹脂、(B)は熱硬化性樹脂、(C)は加硫ゴムです。

樹脂やゴムには、弾性率が大きく変化する温度があります。この温度はガラス転移温度(*Tg*)と呼ばれていて、*Tg*以下では分子の動きが少ないため弾性率は高く、*Tg*以上では分子の動きが大きくなるため弾性率は低くなります。

*Tg*以下の硬い状態をガラス状態、*Tg*以上の柔らかい状態をゴム状態と言います。ゴムは*Tg*が低温にあるので、常温ではゴム状態を示しています。複数の*Tg*を持つものもあります。*Tg*を境に、弾性率だけでなく線膨張係数や熱伝導率など、すべての物性が変化するのです。

接着強さは、せん断強さや引張強さは弾性率が高いほど強いため、低温では強く、高温では低くなる傾向を示します。そして、次ページ下図に示したように、*Tg*を境にしてせん断強さは大きく変化します。実際には、*Tg*より少し低めの温度から強度が低下していくのです。

はく離強さや衝撃強さは柔らかい(強靭な)方が強くなるため、低温では低く、高温では強くなることになります。しかし、温度が高過ぎて柔らか過ぎると強靭さがなくなるため、強度は下がってしまうのです。はく離強さや衝撃強さは*Tg*付近で最も高くなります。

接着剤の*Tg*がわかれば、接着強さの温度特性を大まかに予測することは可能です。

しかし、*Tg*の測定法やデータの取り方にはさまざまな方法があり、測定方法の違いや同じ測定法でも昇温速度や周波数など条件が異なると、*Tg*は数十℃変化することもあり得ます。したがって、データを見る際には測定方法やデータの取り方をチェックすることが求められます。

要点BOX

- ●樹脂やゴムの弾性率が大きく変化する温度をガラス転移温度(*Tg*)と言う
- ●接着強さもガラス転移温度付近で大きく変わる

ガラス転移温度(*Tg*)と樹脂の弾性率の温度特性の関係

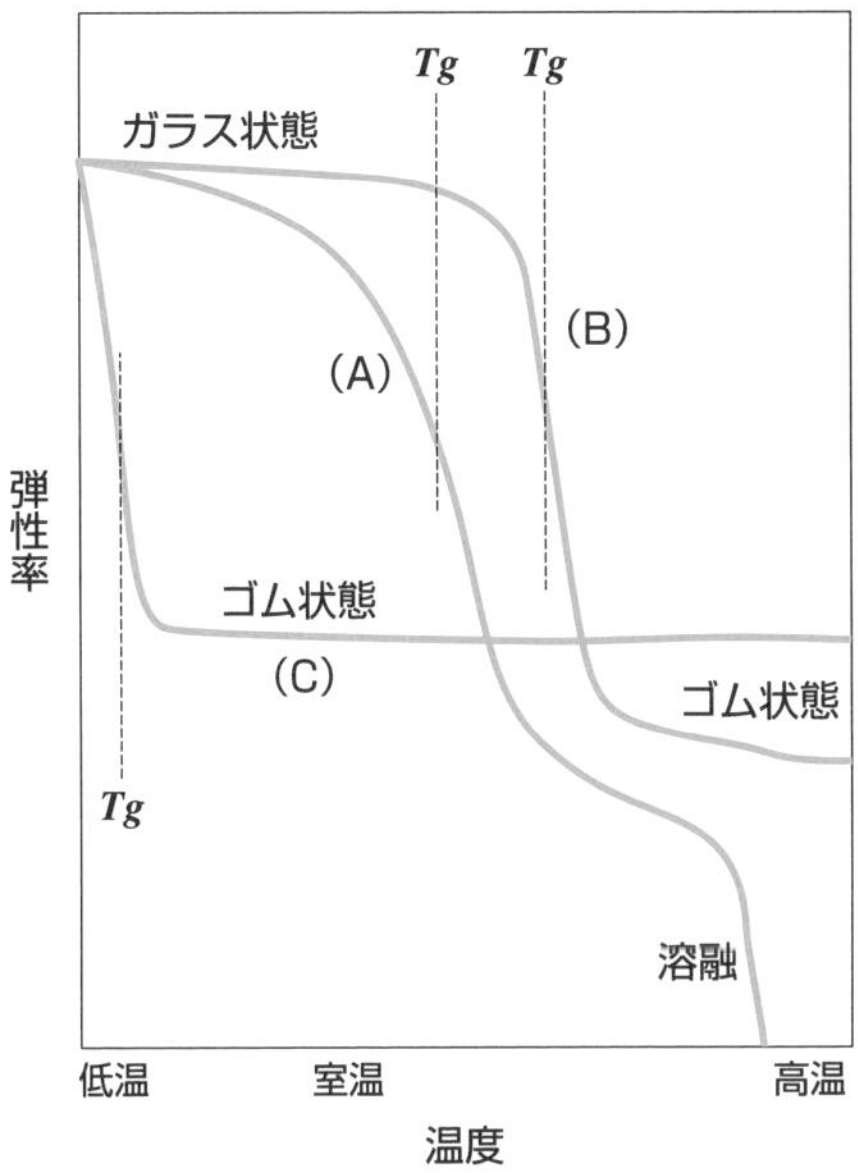

樹脂やゴムには弾性率が大きく変化する温度がある。この温度はガラス転移温度(*Tg*)と呼ばれ、*Tg*以下では弾性率は高く、*Tg*以上では弾性率は低くなる。*Tg*以下の硬い状態をガラス状態、*Tg*以上の柔らかい状態をゴム状態と言う

接着剤のガラス転移温度(*Tg*)と接着強さの関係

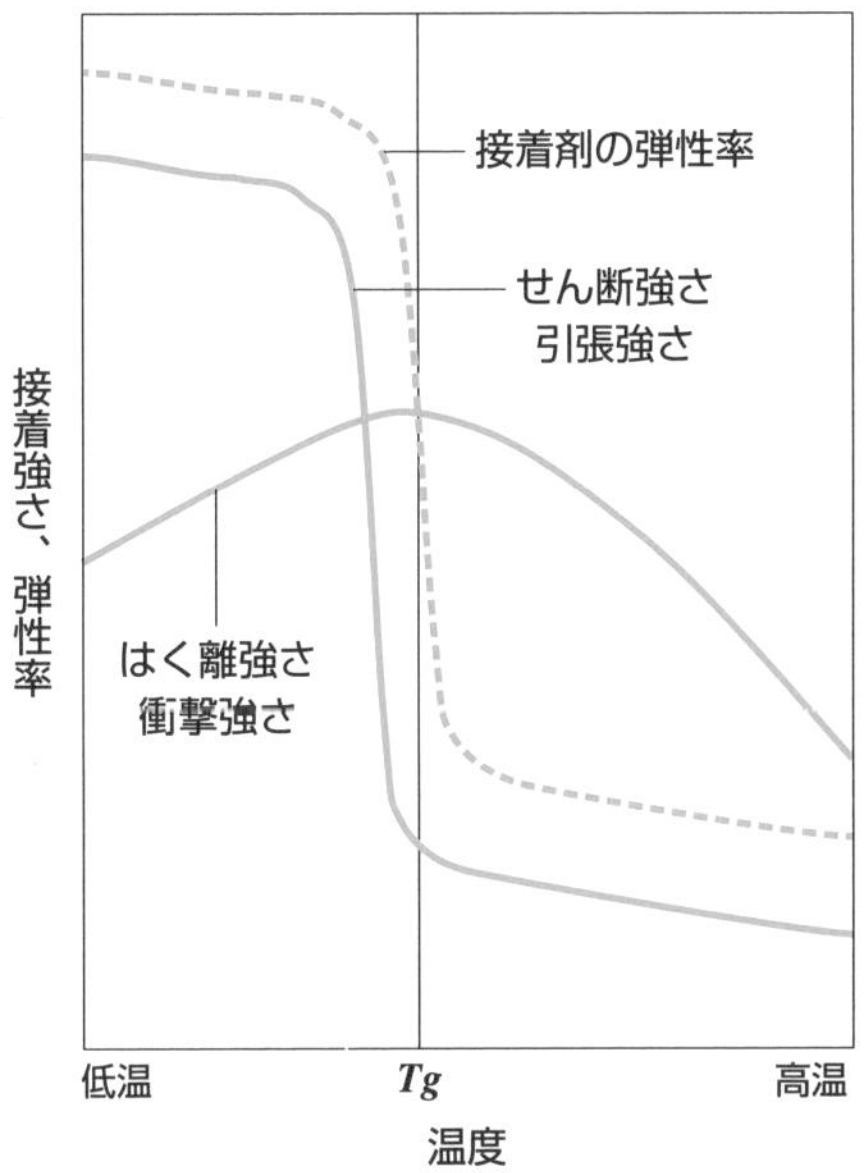

せん断接着強さは、接着剤のガラス転移温度より低い温度から強度が低下し始める。はく離強さは、接着剤のガラス転移温度付近で最大の強度になる

24 硬い接着剤では接着面全体に均一な力は加わらない

硬い接着剤での応力集中

硬い接着剤を用いる場合は、接着面全体に均一に力が加わらず、接着強さは面積に比例しません。

【応力集中】

板と板の単純重ね合せ引張せん断試験で、接着剤が硬い場合は次ページ上図に示すように、接着部の破断荷重は重ね合せ長さ*L*に比例せず頭打ちになります。その結果、単位面積当たりのせん断強さは重ね合せ長さ*L*が長いほど低くなります。

その理由は、次ページ下図に示すように試験片に引張荷重を加えると、接着部全体が均一に力を受けるのではなく、重ね合せの端部付近に大きな力が加わり、中央部には力はあまり加わらないためです。このように、接着部の場所によって負荷される応力の大きさが変わることを応力集中と呼んでいます。なお、重ね合せ部の幅方向には応力集中は生じません。

【応力集中に影響する因子】

①重ね合せ長さ

次ページ下図の(A)→(B)→(C)と重ね合せ長さが長くなるほど、端部と中央部の応力の比率（応力集中）は大きくなり、接着部の中央部付近はあまり荷重分担をしていない状態になります。すなわち、重ね合せ長さが長い場合は、中央部は接着していなくても強度はあまり変わらないことになります。

②被着材の厚さ、強度

板の材質が同じであれば、重ね合せ長さが同じでも同図(B)と(B2)のように、板の厚さが厚くなると応力集中は低減します。板の厚さが同じ場合には、板の弾性率が高いほど応力集中は低減します。

③接着剤の厚さ、硬さ

接着剤層の厚さは厚い(B3)ほど、応力集中は少なくなります。接着剤の弾性率が高くて硬いほど、応力集中は大きくなります。また、接着剤は低温では硬くなるため応力集中が大きくなるほか、引張速度が速くなることでも応力集中は大きくなります。

要点BOX

●硬い接着剤では、接着面全体に均一な力が加わらない
●接着強度は面積に比例しない

単純重ね合せせん断試験片における重ね合せ長さと強度の関係

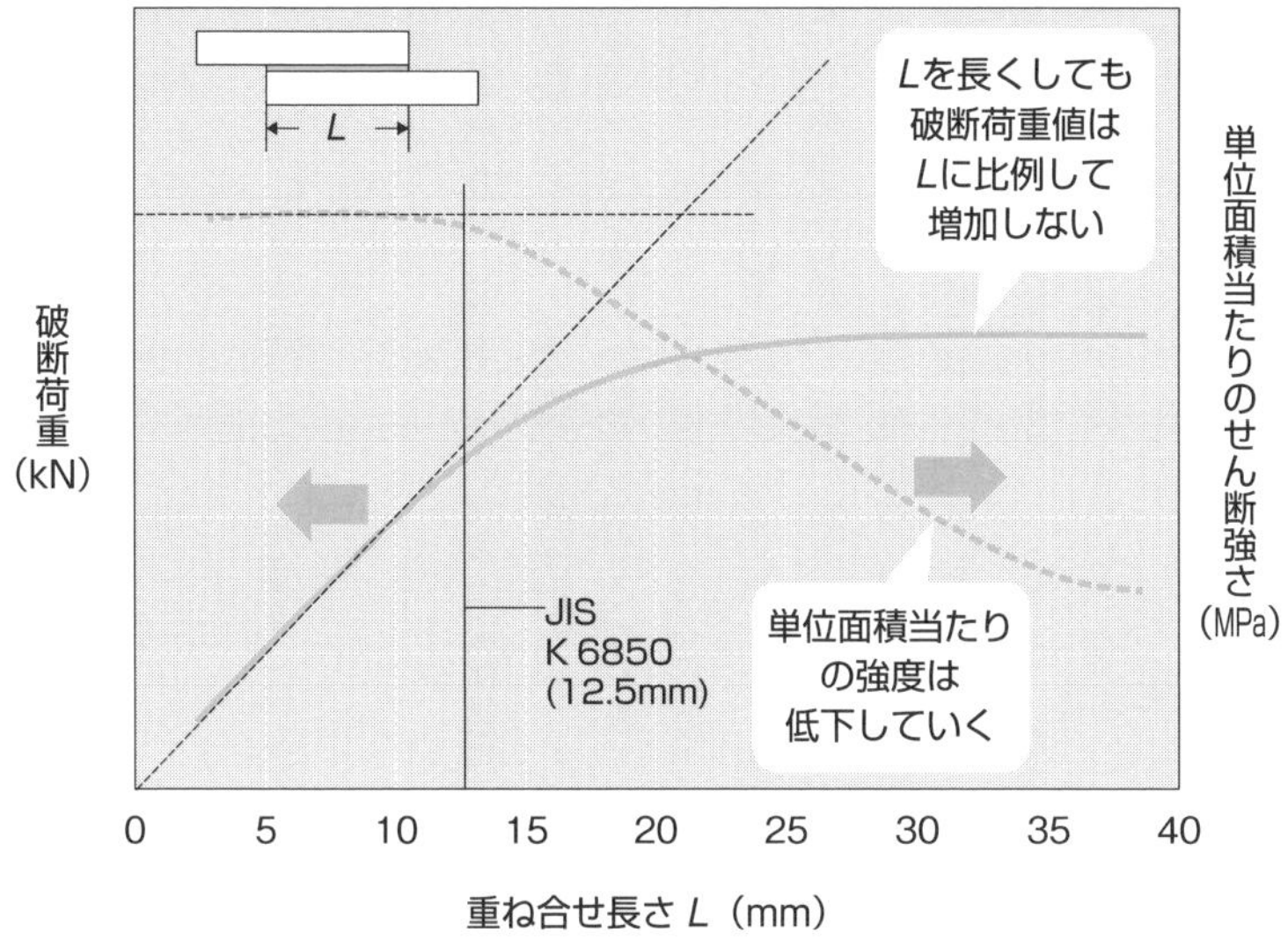

せん断試験片における重ね合せ長さLと接着部に働くせん断応力τの分布

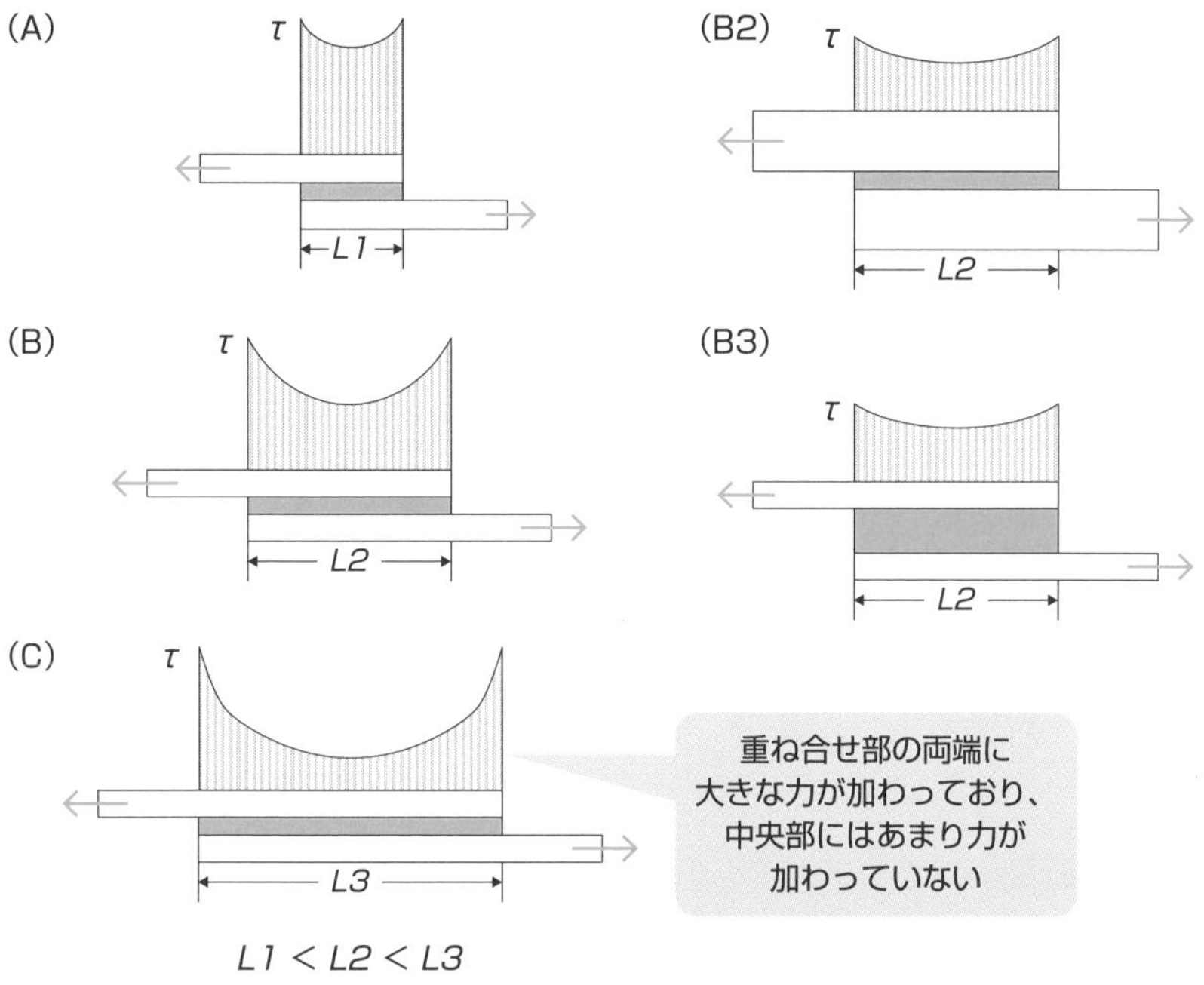

25 柔よく剛を制す

強靱で軟らかい接着剤では応力集中は少ない

強靱で軟らかい接着剤は、硬い接着剤にはない種々の特徴があります。

【せん断強さ】

硬い接着剤では、前項で述べたように接着部に応力集中が生じますが、接着剤を若干軟らかくして強靱化すると、応力集中は非常に少なくなります。次ページ上図は、爪を立てれば爪痕が残る程度の硬さの変性アクリル系接着（SGA）で鋼板同士を接着したときの、重ね合せ長さと破断強さの関係を示したものです。この結果より、重ね合せ長さの増加に比例して破断荷重が増加しています。すなわち、ほとんど応力集中がないと言えます。

同図中で、破断荷重が寝てきているところは、接着強さが板自体の降伏点を超えたため、板が伸びて破断したことが理由です。厚板でも十分な重ね合せ長さをとれば、板の降伏点を超える接着強さが得られる証です。したがって、次ページ下図に示すように重ね合せ長さが長い場合には、軟らかい接着剤の方が硬い接着剤より破断荷重は高くなります。

【はく離強さ】

軟らかめで伸びが大きな接着剤は、はく離強さの点でも有利です。曲がりやすい被着材で接着剤の厚さ方向に力が加わる場合、接着剤は垂直方向に引っ張られますが、接着剤の伸びが小さい硬い接着剤の場合は、被着材の変形に伸びが追従できないため、接着層の内部や界面で破壊が生じます。伸びが大きな接着剤では、接着剤が伸びて力を受ける面積が増加し、大きな引張力まで耐えることが可能です。

【衝撃強さ】

19項で述べたように、接着剤は粘弾性体のため瞬間的な力が接着部に加わった場合、硬い接着剤はほとんど粘性的性質は示しません。一方で、軟らかい接着剤では弾性部分も粘性部分も作用するため、衝撃のエネルギーを吸収して壊れにくくなります。

要点BOX

- ●強靱で若干軟らかい接着剤では、応力集中は非常に少なくなる
- ●接着強さは接着面積にほぼ比例する

少し柔らかめの接着剤での重ね合せ長さLと接着強さの関係の例

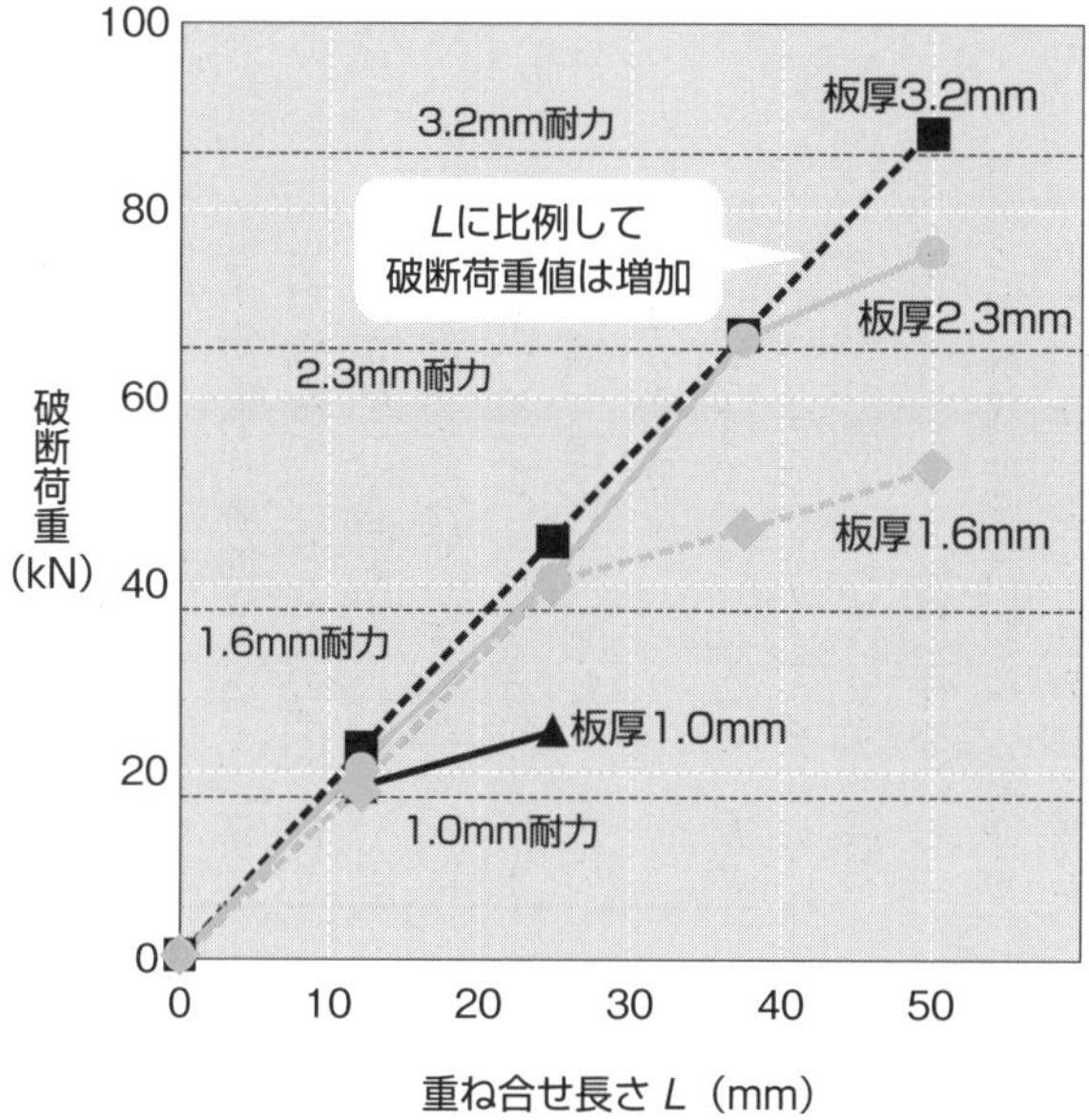

（接着剤：SGA,
板幅：100mm）

柔よく剛を制す

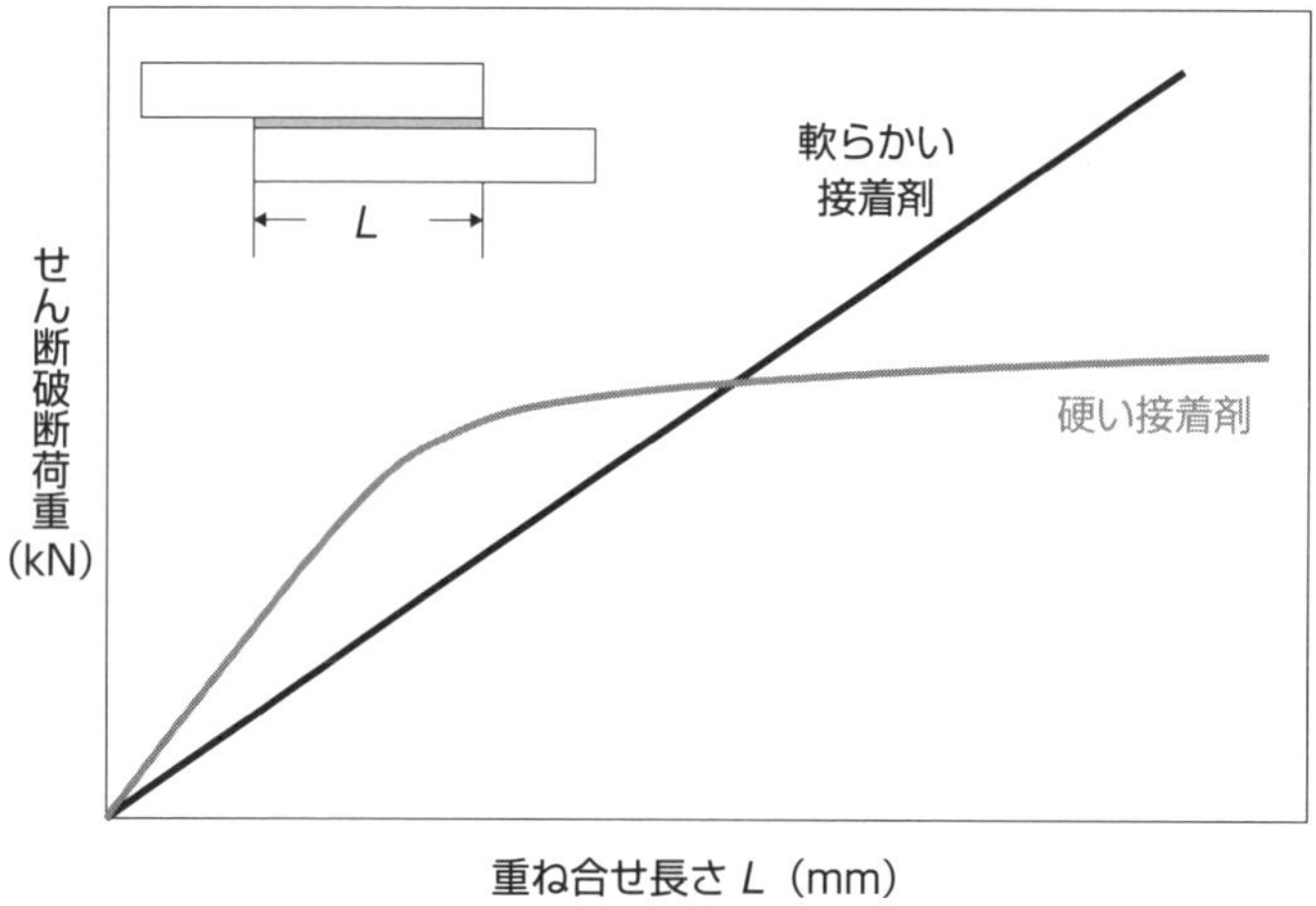

重ね合せ長さLを長くして接着強さを高くしたいときは、硬い接着剤ではなく、軟らかい接着剤を用いるとよい

Column

金属筐体の組立（接着とリベットの併用接合）

電気・電子部品を収納した制御盤、配電盤、操作盤、表示板などは、各種インフラやビル、工場などで数多く使用されています。これらの箱体（筐体）は多品種少ロット生産の代表的なもので、従来から板金や形材などの手溶接での組立が一般的です。しかし、アーク溶接の技能を有した熟練技能者の減少や、ひずみ修正作業の手間、薄板化の困難さなどの課題があります。

そこで1994年頃から、接着とリベット（ファスナー）の併用による組立が導入されています。接着化により、ひずみ修正作業の廃止や熟練技能からの脱皮、面接合での剛性向上による薄板・軽量化が図られています。リベットの併用で組立治具や接着剤硬化までの待ち時間が不要となり、接着作業の課題が解決されています。

接着剤はエレベーター部品の事例と同様に、油面接着性、簡易混合性、室温短時間硬化、強度・耐久性、焼き付け塗装耐熱性などから二液主剤型SGAが用いられています。

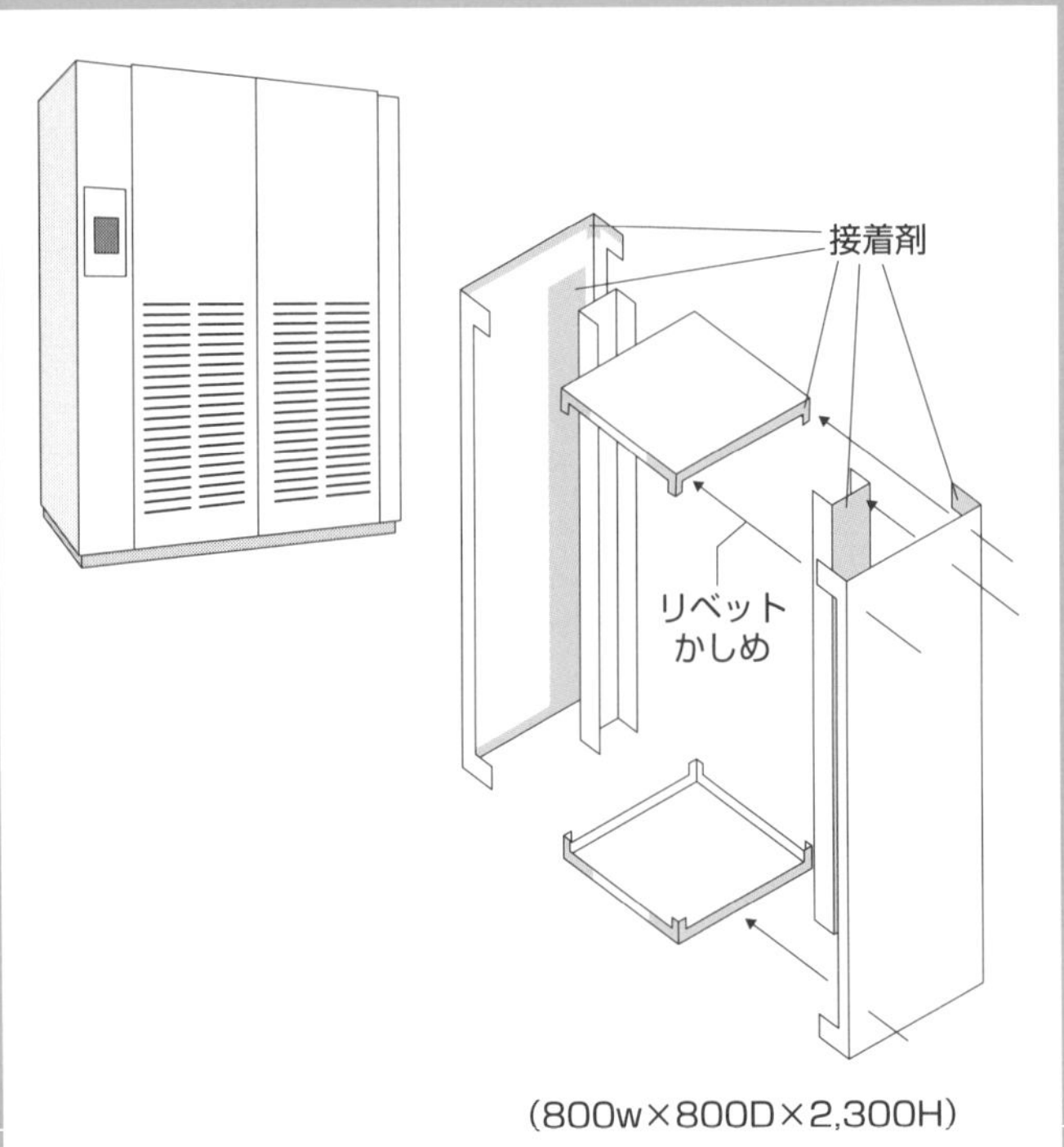

(800w×800D×2,300H)

第4章

良好な接着を行うための基本

26 目的は信頼性・品質に優れた接着の実施

高信頼性・高品質接着と特殊工程の技術

接着したものが、接着強さなどの特性や耐久性に優れていることはもちろん必要ですが、それだけで信頼性や品質に優れた接着が実現できているとは言えません。接着特性（強度など）のバラツキが小さい、不良率が低い（信頼性が高い）、さらには生産性にも優れていてコスト面でも有利、ということが問われているのです。

これらを兼ね備えた接着のことを「高信頼性・高品質接着」と呼んでいます。特に接着は、出来映えに影響する因子が多い接合方法であるため、バラツキが出やすいという特性があり、「バラツキを小さく抑える」ことは非常に重要です。

「結果が後工程で実施される検査および試験により、要求された品質基準を満たしているかどうかを十分に検証することができない工程」のことを「特殊工程」と言っています。接着は、組立後に非破壊で接着部の強度を検査して、低強度品を排除することができないという観点から、まさに「特殊工程」の接合技術という位置づけです。

特殊工程の技術で信頼性や品質を確保するためには、開発段階での品質のつくり込みと、工程ごとの作業の最適条件と許容範囲の明確化と管理がカギを握っています。

製品や部品の小型化・軽量化、高機能・高性能化の要求はますます高度化し、構造物や電気・電子・光学機器などの精密機器組立に接着が必要不可欠な要素技術となっています。その適用は、今後も拡大し続けるのは間違いありません。

そうした中で、接着部の損傷や破壊が大事故につながる可能性が懸念されています。国際的には、ISO9001の接着版とも言える規格（ISO21368）が2022年4月に改訂され、これからは「接着の品質」への取り組みが極めて重要になる時代を迎えました。

要点BOX

- ●接着特性と耐久性を追求する
- ●バラツキや不良率を極限まで小さく
- ●生産性やコスト面で競争優位に立てる

高信頼性・高品質接着の条件

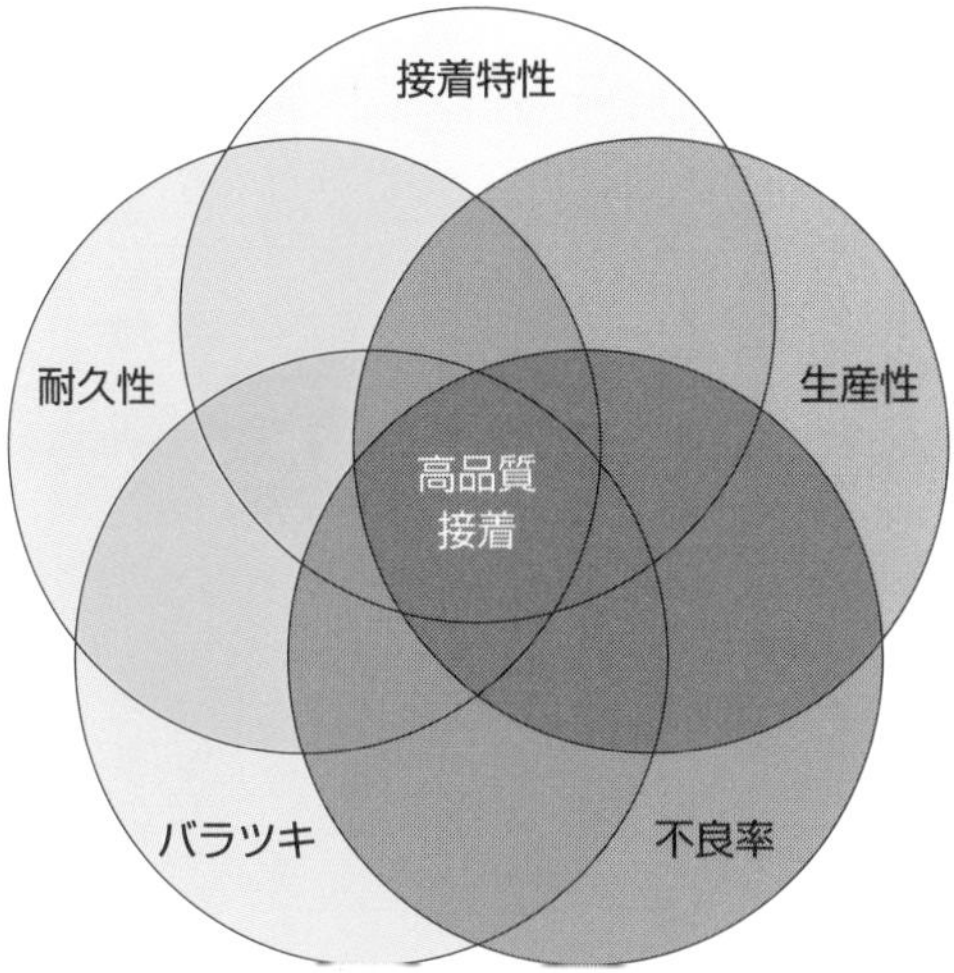

接着強さなどの特性や耐久性に優れているだけでなく、バラツキが小さい、不良率が低い(信頼性が高い)、さらに生産性にも優れ、コスト的にも有利な面を兼ね備えた接着を「高信頼性・高品質接着」と言う

接着は特殊工程の技術

「特殊工程」の定義				
「結果が後工程で実施される検査および試験によって、要求された品質基準を満たしているかどうかを十分に検証することができない工程」	⇐	接着は、組立後に非破壊で接着部の強度を検査して、低強度品を排除することができない	⇒	高信頼性・高品質を確保するためには、開発段階での品質のつくり込みと、工程ごとの作業の最適条件と許容範囲の明確化と管理が重要

27

接着面での破壊は禁物

凝集破壊と凝集破壊率

接着接合物の断面を描いたものが次ページ上図で、外力を加えた際の破壊箇所と名称を示しています。接着剤の内部での破壊は「凝集破壊」、接着剤と被着材料の接合界面での破壊は「界面破壊」と言います。

通常の接着で最も多く見られるのは界面破壊です。被着材料の接着表面付近は、次ページ中央に図示したように接着性に影響する因子が非常に多く集まった部分です。自然にできた酸化膜や水酸化膜、汚れなどの層は弱くて壊れやすく、常に同じ状態に保つことが難しいため、界面破壊の場合は接着強さが低くバラツキが大きくなり、適正な破壊状態ではありません。界面での破壊は、いったん破壊が始まると急速に伝搬します。一方、接着剤の内部で破壊する凝集破壊は接着剤の物性で決まり、接着強さのバラツキは小さく、理想的な破壊状態と言えます。

実際の接着部では、凝集破壊と界面破壊が混在して現れるのが一般的です。接着面積全体に占める凝集破壊部分の面積の比率を「凝集破壊率」と呼んでいます。筆者が測定した多数のデータと長年の経験から、強度バラツキが少ない高品質の接着を行うためには、凝集破壊率40％以上を最低限で確保することが必要と判断できます。凝集破壊率が40％以下になると低強度品が頻出するようになり、強度のバラツキが大きくなってきます。接着部にシール性が要求される場合は、より高い凝集破壊率が求められます。

せん断の繰返し疲労試験の結果を次ページ下図に示しました。表面処理を変えて界面破壊、凝集破壊率70％、同100％としたものの比較です。凝集破壊率が高いほど繰返し疲労特性が向上しています。繰返し疲労試験は外力での繰返しですが、使用中に高温低温を繰り返す冷熱サイクル試験やヒートショック試験では熱応力の繰返しとなり、外力の疲労と同様に凝集破壊率を高くすることで、冷熱繰返し特性を向上させることができます。

要点BOX

●接着界面での破壊は低強度でバラツキの元
●界面を強化して接着剤の内部で破壊させることと、凝集破壊率を高くすることがカギ

接着部の破壊箇所

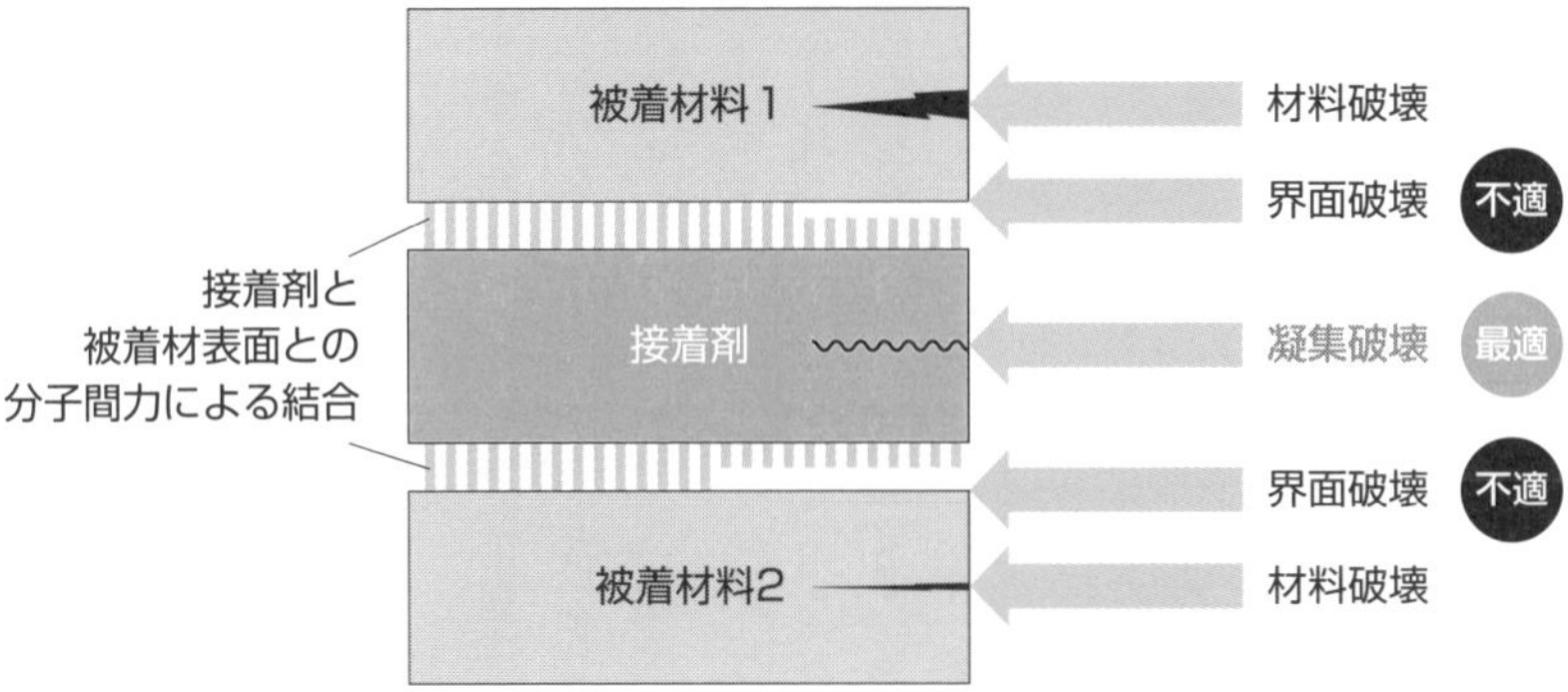

空気中にある金属表面の接着性に影響する因子

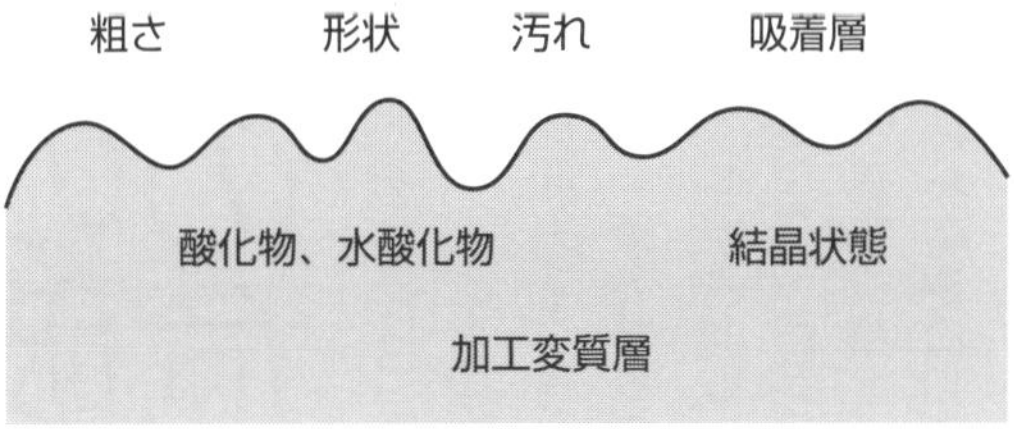

自然にできた酸化膜や水酸化膜、汚れなどの層は弱くて壊れやすく、常に同じ状態にコントロールすることはできないため、界面破壊の場合は接着強さが低くなるほかバラツキが大きくなり、適正な破壊状態とは言えない

凝集破壊率が高いほど耐久性が向上

凝集破壊率の違いによる繰返し疲労特性の差

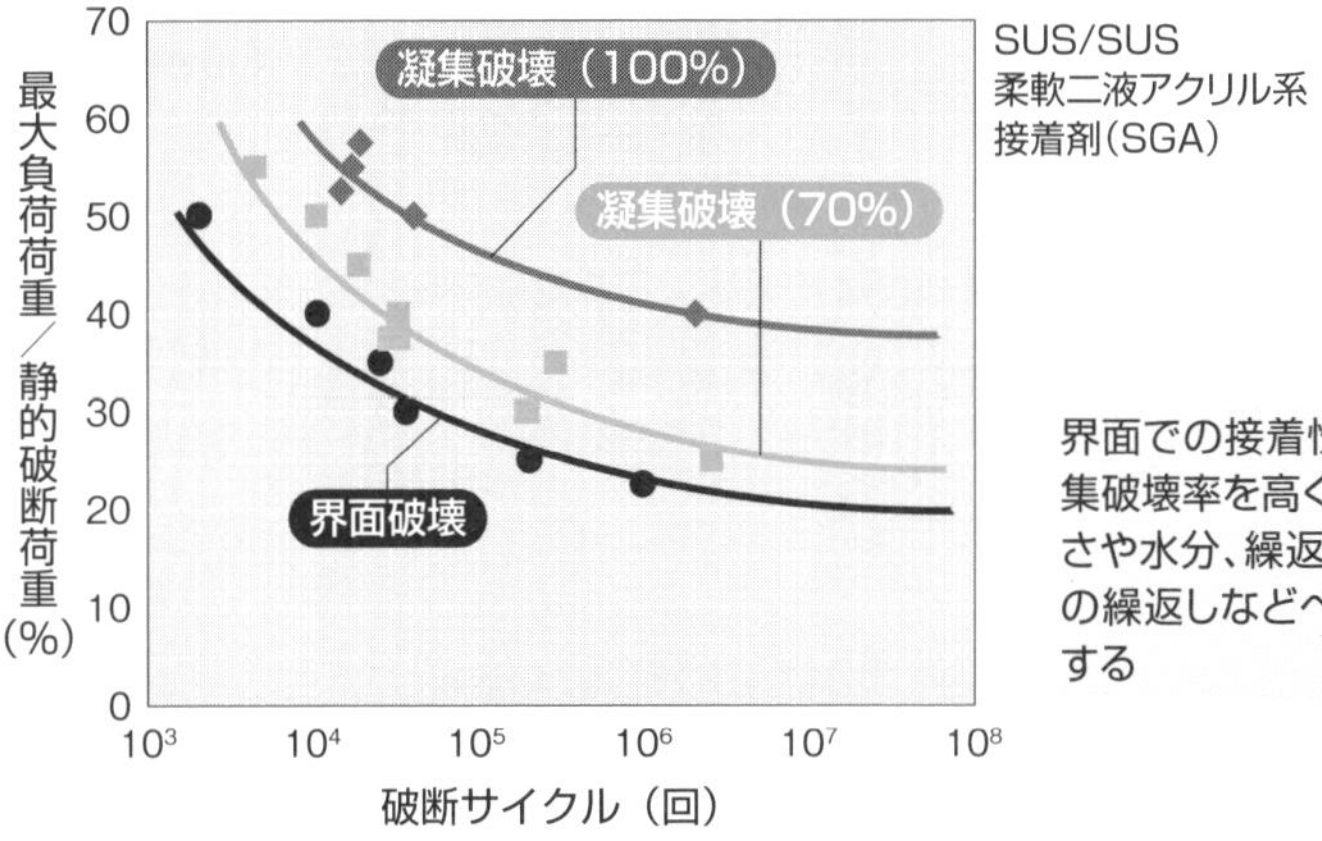

界面での接着性を向上させて凝集破壊率を高くするほど、接着強さや水分、繰返し応力、高温低温の繰返しなどへの耐久性は向上する

28 接着界面での破壊（界面破壊）の危険性

小さな力でも起こる内部破壊

接着体が破断するまでの荷重と変位の関係について示したのが次ページ上図です。一般に、破断時の荷重値や最大荷重値をもって「接着強度」と表されています。しかし、これは正しくありません。正しくは、「破断強度」や「最大強度」と表記すべきです。では、接着強さとは何を指すのでしょうか。

接着体に徐々に荷重を加えていくと、外部からは見えないものの接着部の内部では、同図に示した×印のように「内部破壊」が繰り返し発生しています。この内部破壊がある程度蓄積すると、耐え切れなくなって破断します。破断する少し前に、ピシッとかビシッとか小さな音が聞こえて、「そろそろ壊れるな」と感じたことがあると思いますが、これが内部破壊です。そうすると真の接着強さとは、内部破壊が始まるまでの強度と考えるべきでしょう。最初に内部破壊が生じる荷重を「内部破壊発生開始強度」と称しています。

それでは、内部破壊はどの程度の荷重で生じるのでしょうか。次ページ下表は、内部破壊が生じたときに発生する音を計測するAE（Acoustic Emission）法で筆者が計測した結果です。表中の「内部破壊発生開始強度比」は、最初の内部破壊が破断荷重の何％で生じたかを示しています。

界面破壊する場合には、3個中の2個は、なんと破断荷重の10％以下の荷重で内部破壊が発生しています。一方の凝集破壊では、3個中で最も悪いものでも、破断荷重の半分の荷重が加わって初めて内部破壊が生じています。また、同表には破断までに発生した大きな内部破壊の回数も示しています。界面破壊では、凝集破壊に比べて頻繁に内部破壊が生じていることがわかるでしょう。

この結果から、界面破壊する場合の接着部の信頼性は、凝集破壊する場合に比べて非常に低いと言えます。

要点BOX
- ●接着部では見えない内部破壊が繰り返し起こっている。内部破壊の蓄積で最終的に破断する
- ●界面破壊では低強度で内部破壊が発生する

接着部内部での内部破壊の発生

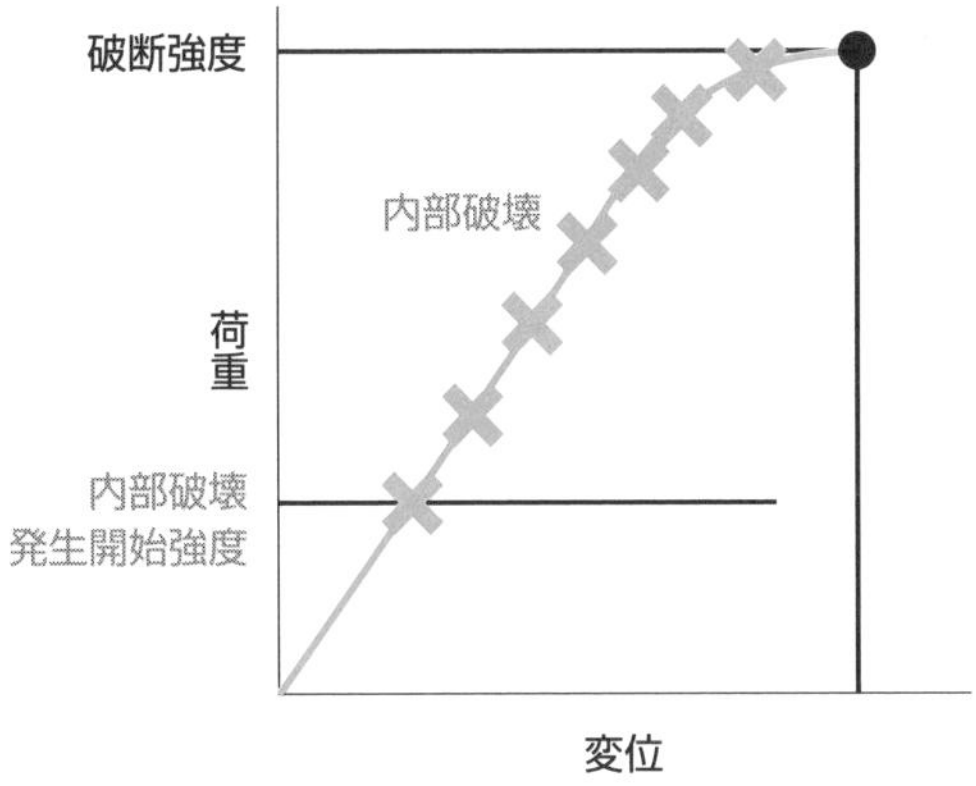

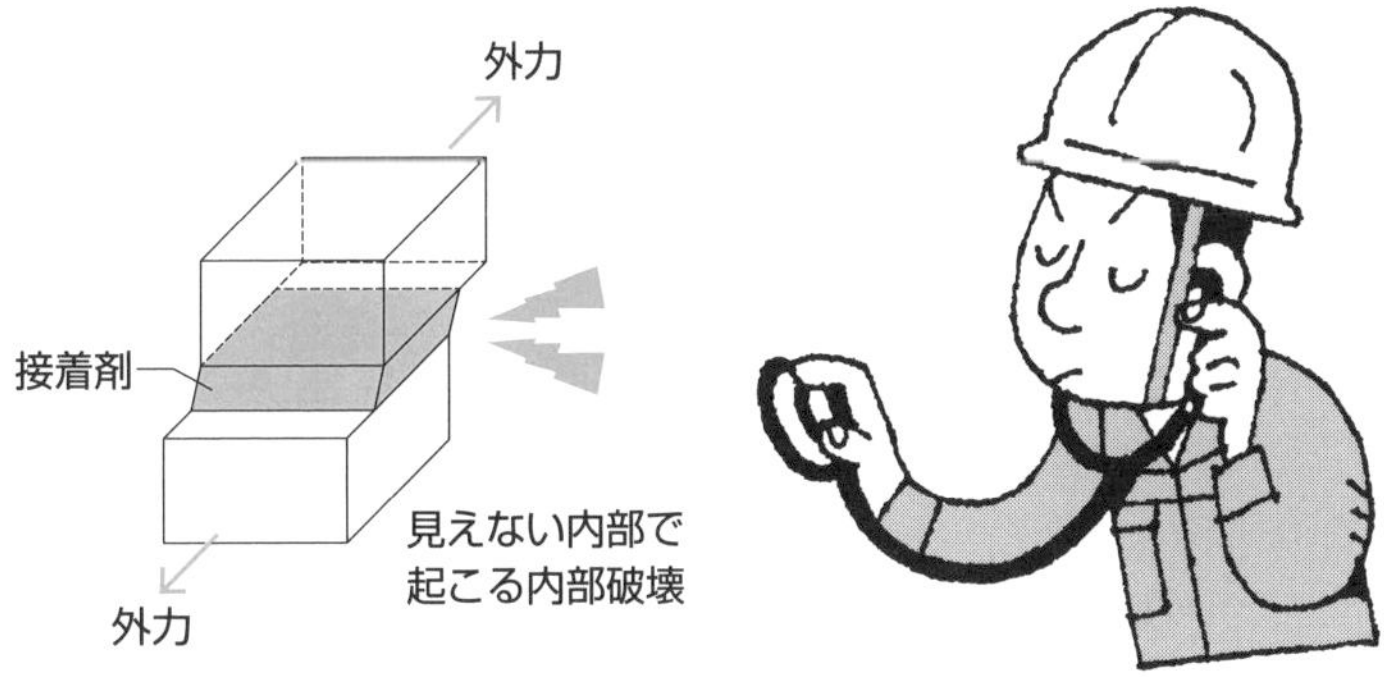

破壊状態	サンプル	AE発生開始荷重比	破断までのAE発生回数
界面破壊	1	7 %	25 回
	2	8 %	17 回
	3	31 %	117 回
	平均	15 %	53 回
凝集破壊	1	51 %	19 回
	2	76 %	11 回
	3	100 %	1 回
	平均	76 %	10 回

SUS／SUS
柔軟二液アクリル系
接着剤(SGA)

AE発生開始荷重比 ＝ AE発生強度／破断荷重

29 バラツキをどの程度に抑えればよいか

バラツキの指標「変動係数」

バラツキを表す指標としては、一般に標準偏差σが用いられます。ただし、平均値μが異なる複数の系のバラツキを比較するには不便です。そこで次ページ上図に示すように、平均値μに対する標準偏差σの割合を示す変動係数Cv（＝σ／μ）を用います。

接着剤2種のせん断接着強さの度数分布と変動係数Cvを比較した一例を、次ページ中央の図の左側に示しました。どの接着剤も平均強度は非常に高いですが、バラツキの程度は大きく異なります。二液アクリル系接着剤（SGA）は強度のバラツキが少なく、変動係数Cvは0・03と非常に小さいです。一方の一液加熱硬化型エポキシ系接着剤では強度のバラツキが大きく、変動係数Cvは0・19と大きいです。

同図の右側は、左図の横軸を凝集破壊率に変えた場合の度数分布比較です。変動係数Cvが小さい二液アクリルではほぼ完全な凝集破壊を示していますが、変動係数Cvが大きい一液加熱硬化型エポキシ系接着剤ではほぼ完全な界面破壊となっています。このように、凝集破壊率と接着強さの変動係数Cvには相関関係があるのです。

試料数が多くなるほどバラツキの範囲は大きくなります。たとえば1000万個を接着してすべて破壊試験を行った場合、下から3番目に低強度のものは、次ページ下表に示すように変動係数Cvが0・10の場合は平均値の50％の強度となり、変動係数Cvが0・16の場合は20％、変動係数Cvが0・06の場合は70％となります。この点から、バラツキが小さく品質に優れた状態を確保するには、変動係数Cvは最低限0・10以下が必要と言えます。なお、界面破壊では変動係数Cvが0・2を超える場合も頻出しますが、これほどバラツキが大きいと統計的に扱うことが困難となり、品質を論じることもはやできなくなります。25個程度のサンプルで試験を行えば、ほぼ正確な変動係数を求めることが可能です。

要点BOX

- ●変動係数Cv＝標準偏差/平均値
- ●変動係数0.10以下を目標にする
- ●凝集破壊率が高いと変動係数は小さくなる

バラツキを表す指標「変動係数」

変動係数Cv ＝ 標準偏差σ/平均値μ

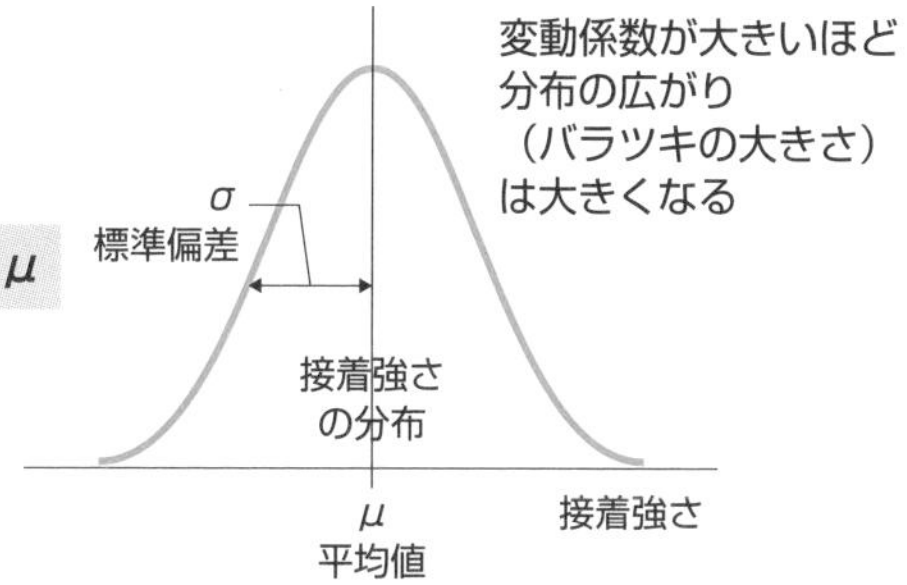

変動係数と凝集破壊率の相関の一例

接着強度の度数分布とCv値

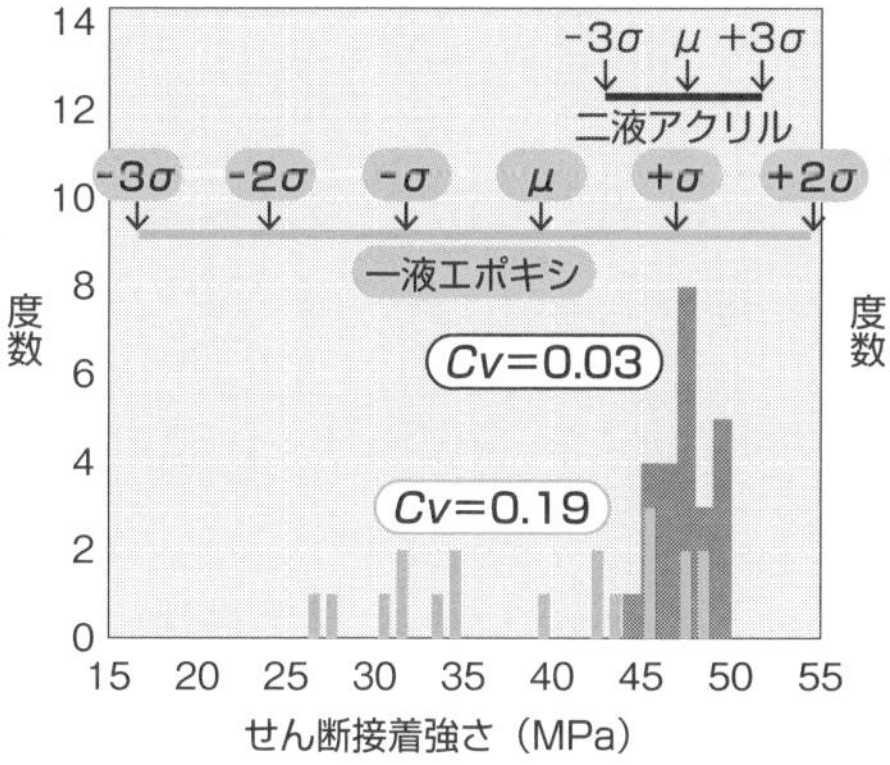

凝集破壊率の度数分布

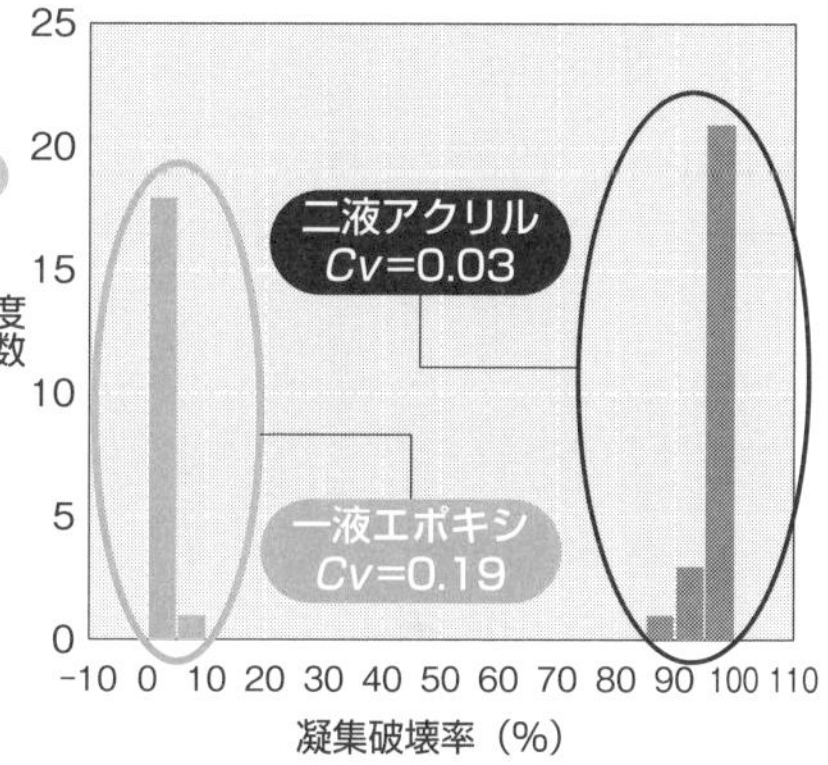

1,000万個破壊時の下から3番目の強度

変動係数 Cv	下から3番目のものの強度（平均値に対する割合）
0.20	0%
0.18	10%
0.16	20%
0.14	30%
0.12	40%
0.10	50%
0.08	60%
0.06	70%
0.04	80%
0.02	90%

30 接着部のアキレス腱はどこか

接着面端部の界面は最もやられやすい

次ページ上図は、接着部の最も弱い箇所がどこかを表したものです。

同図(A)は、接着剤の硬化中に生じる硬化収縮や、加熱硬化後の冷却過程で生じる熱収縮による応力（17・18項も参照）が最も大きな箇所を示しています。図のように最も高い応力が加わるのは、接着部の端部の界面です。

同図(B)は、使用中に低温になったときに生じる熱応力や、静的な外力や繰返し外力が加わる場合に、最も高い応力が加わる箇所を示しています。ここでもやはり最も高い応力が加わるのは、接着部の端部の界面です。

同図(C)は、使用中に接着部に水がかかる場合に、接着部に水分が浸入しやすい箇所を示したものです。接着部には、端部から接着剤の中を水分が通ったりして、接着界面に直接浸入したりします。その結果、最も劣化を起こしやすい箇所はここでも接着部の端部の界面です。

このように、いずれの場合も、接着部の端部の界面が最もやられやすい箇所になります。もともと界面破壊するような接着の状態であれば、接着部の端部の界面付近から容易に破壊や劣化が生じることが考えられます。こうして接着部の端部の界面に生じた破壊はクラックとなり、接着部の内部にまで短時間で広がっていくのです。

そこで表面処理や表面改質（33・34項で詳述）などを行い、接着剤と被着材表面の接着性を高くして凝集破壊する状態にしておくことが重要です。こうすることにより、接着部の端部の界面に大きな応力が加わったり水分がかかったりしても、容易に破壊することはなくなります。

凝集破壊率を高くすることは、接着強さのバラツキを低減するだけでなく、破壊や劣化に対する抵抗性を高くする点からも極めて重要です。

要点BOX
- ●接着部の最弱箇所は接着面端部の界面
- ●接着面の端部の界面は、内部応力や外力、水分などによって最もはく離が生じやすい

接着部の脆弱箇所

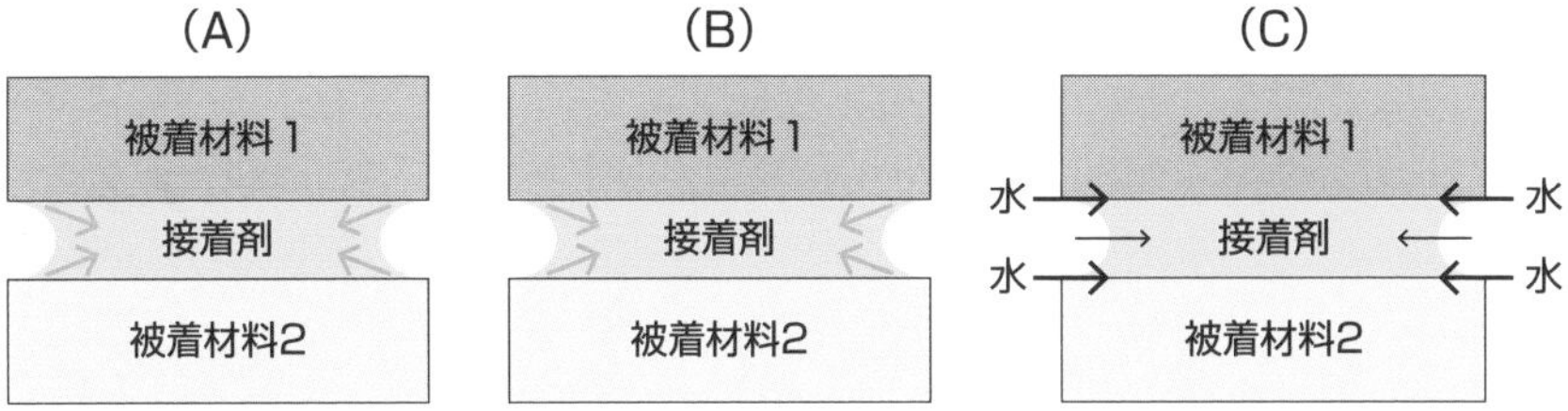

(A)
- ●硬化収縮応力
- ●加熱硬化後冷却時の熱収縮応力

(B)
- ●冷熱サイクルにおける熱応力
- ●外力、繰返し応力

(C)
- ●水による劣化（水分による界面の結合破壊）

(A)(B)：接着端部の界面に応力が集中する

(C)：水分は接着端部の界面から浸入しやすい

接着端部の界面が最もやられやすく、界面破壊は禁物

水分の侵入による界面破壊への移行の例

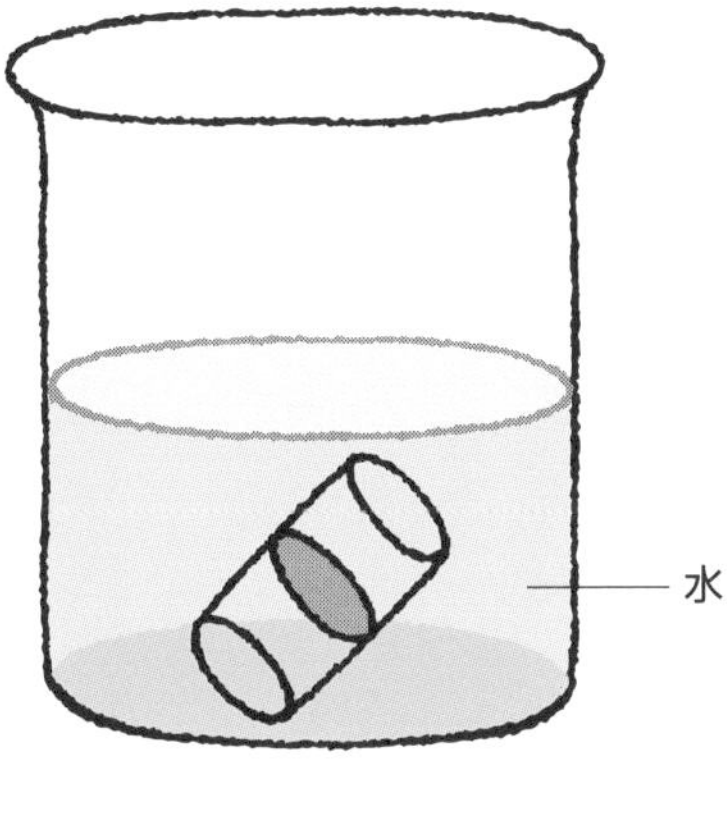

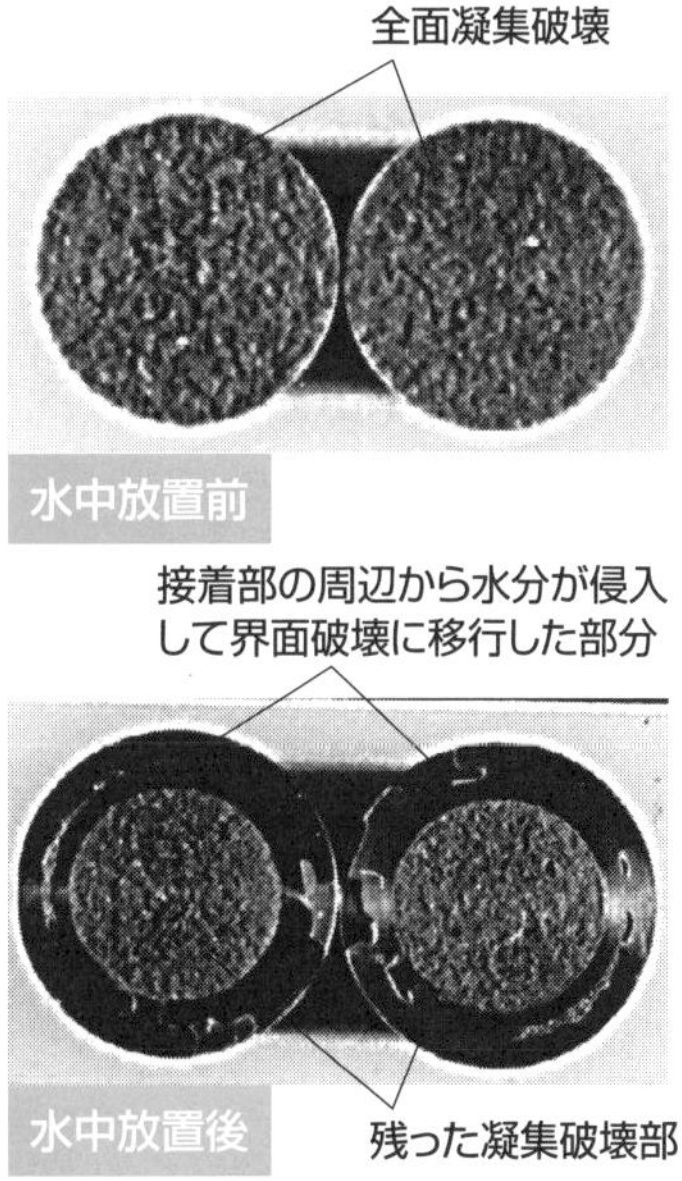

31 界面破壊を避けて凝集破壊にするには

接着面の表面張力を高くして極性を上げる

4項で述べたように、接着剤も被着材表面も分子の極性が高ければ、強い分子間力が得られます。接着剤の極性を高くするのは接着剤メーカーに任せて、接着剤を使う側では被着材表面の極性を高くする（活性化する）ことが必要です。被着材表面の極性を高くすることは、すなわち被着材の表面張力（固体の表面張力は、正確には表面自由エネルギーと言う）を大きくすることになります。

被着材の表面張力を大きくするには、表面の清浄化や表面処理による化成皮膜の形成、表面改質などを行います。表面の清浄化は接着の基本ですが、それだけではもともと表面張力が低い材料の表面張力を上げることは困難です。また、表面に酸化膜や水酸化膜などの弱い層が残っていると、高い強度は確保できないことから除去が必要です。空気中にある多くの部品の表面は接着に適した表面張力を持たず、表面処理や表面改質は必須のプロセスと言えます。

液体の表面張力は、表面積を小さくするために玉になろうとする力ですが、固体の表面張力は液体を引っ張ろうとする力になります。表面に液滴を落とすと、ある状態で釣り合います。液滴と表面のなす角度θを接触角と呼び、固体の表面張力が大きいほど接触角は小さくなります。すなわち、接触角が小さいほど接着しやすい表面になります。

被着材表面の表面張力を測る方法としては、次ページ下図に掲げるように、濡れ張力試験用混合液を表面に微量滴下して液が広がるかどうかを見る方法（滴下法）があります。筆者の経験から、この方法では一般に被着材の表面張力が36～38mN／m以上あれば、凝集破壊率が高く高品質な接着が可能と言えます。ダインペンと呼ばれるフェルトペンで線を書いて、はじきを見る方法もあり、40～43mN／m以上であれば良好な接着ができます（テフロンの表面張力は18mN／m程度と非常に低いので接着できない）。

要点BOX

- ●凝集破壊率を高くするには、接着面の表面張力を高くして分子間力を大きくする
- ●接着面の表面張力は36～38mN/m以上必要

固体の表面への水の馴染みやすさと接着のしやすさ

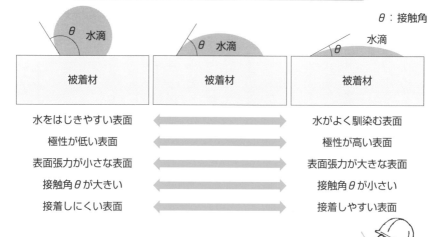

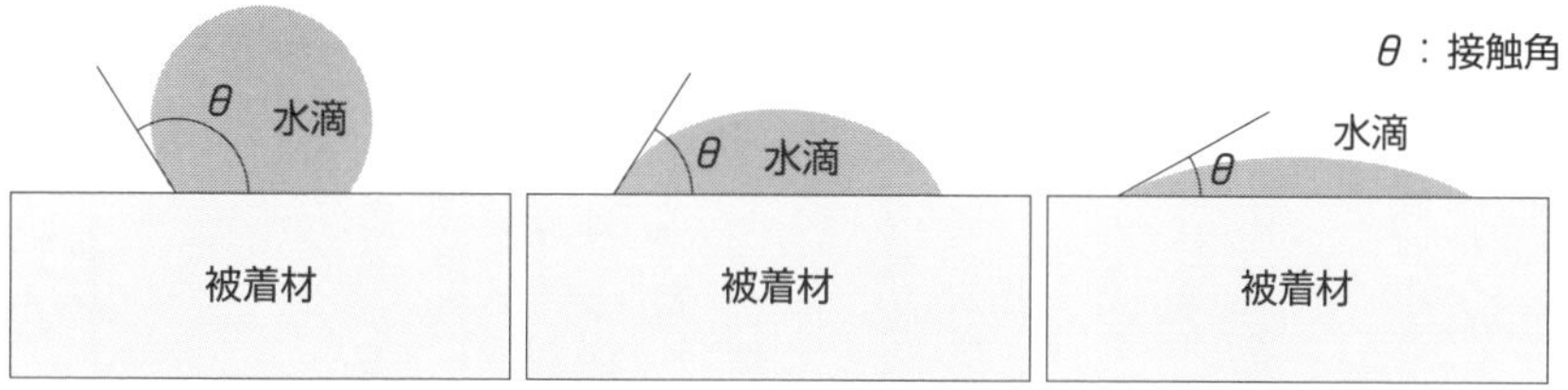

水をはじきやすい表面	⟷	水がよく馴染む表面
極性が低い表面	⟷	極性が高い表面
表面張力が小さな表面	⟷	表面張力が大きな表面
接触角θが大きい	⟷	接触角θが小さい
接着しにくい表面	⟷	接着しやすい表面

濡れ張力試験用混合液による固体の表面張力測定法

種々の表面張力の濡れ張力試験用混合液が市販されている

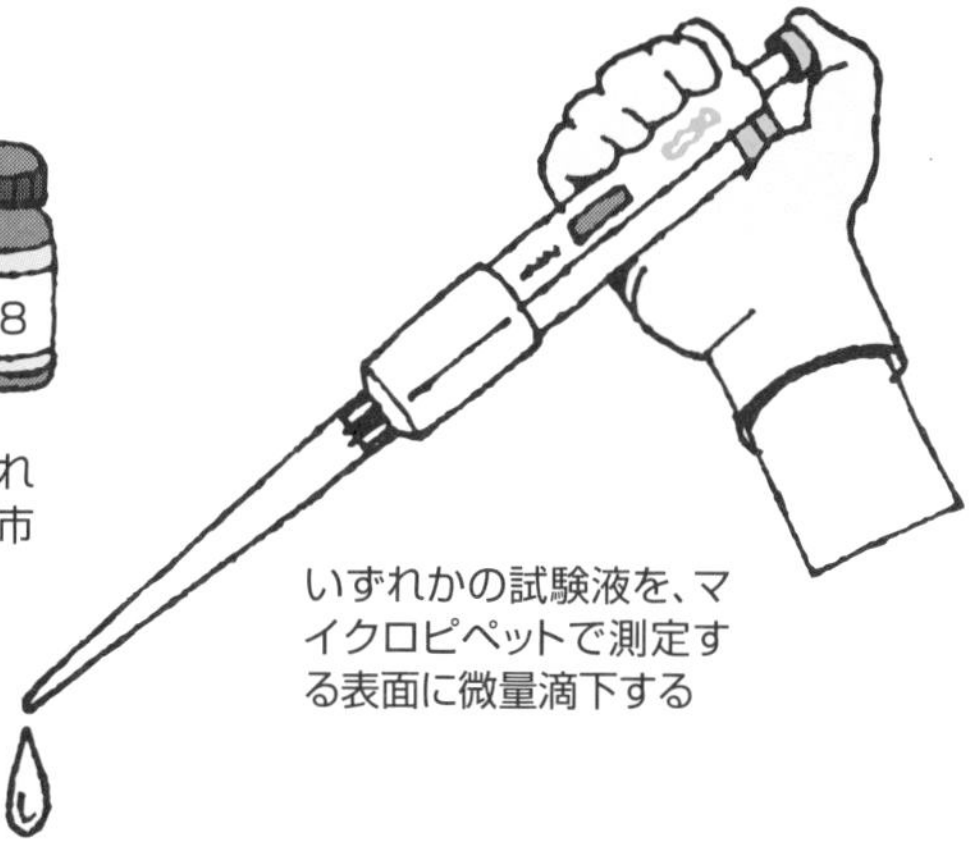

いずれかの試験液を、マイクロピペットで測定する表面に微量滴下する

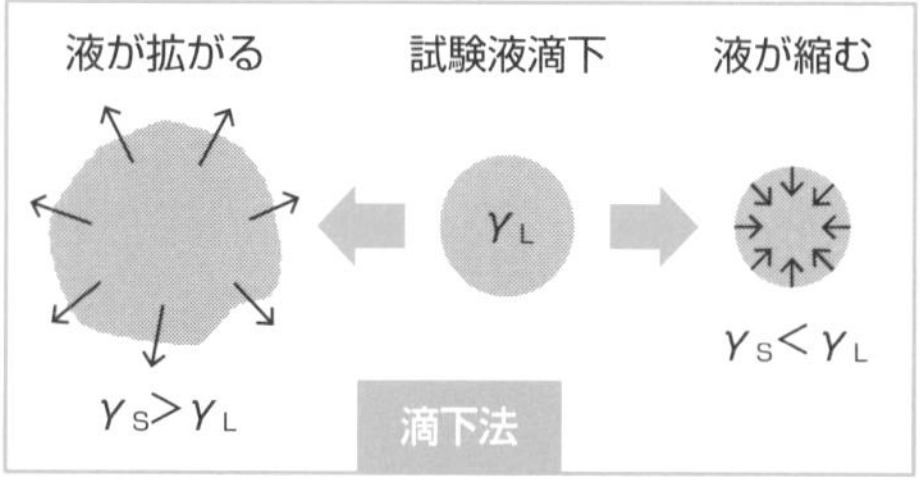

滴下した液が広がったり縮んだりせずに、釣り合ったときの液体の表面張力がほぼ固体表面の表面張力となる。液の表面張力は、瓶のラベルに表示されている

32 接着しにくい材料

被着材の素材の性質と接着性

基本的に、表面が安定な（不活性な）材料は表面張力が低く、接着性に劣ります。

【プラスチック】

プラスチックは、一般に表面張力が低いため接着しにくい材料です。特に、極性が低いプラスチックや結晶性のプラスチックは接着しにくいです。プラスチックの中で、最も表面張力が小さなプラスチックはテフロンです。極性が低いプラスチックとしては、ポリテトラフルオロエチレン（テフロン）、ポリエチレン、ポリプロピレン、シリコーンなどがあり、結晶性のプラスチックとしてはポリアミド（ナイロン）、ポリアセタール（ジュラコン）、PBT、PET、ポリエチレン、ポリプロピレン、PPS、PEEK、液晶ポリマーなどがあります。

【金属】

イオン化傾向が小さく、金属自体が安定な貴金属（金、白金、イリジウム、ロジウム、パラジウム）などは接着性が悪い材料です。また、不動態膜で覆われたステンレス鋼、チタン合金、クロム、ジルコニアなども接着が難しい材料です。チタンの不動態膜はステンレスより安定なため、非常に接着しにくいです。逆にイオン化傾向が大きく、表面が活性で腐食などを起こしやすい金属は、表面張力は高くて接着しやすい材料と言えます。ただし、空気中では表面に弱い酸化膜や水酸化膜などが生成しやすいため、接着できても弱い力で壊れてしまいます。表面に強固で表面張力も高い皮膜をつくる必要がありますが、皮膜の安定性と表面張力は相反するため、どのような化成処理やめっきを行うかがポイントです。

【ガラス】

ガラスは分子の構造的に接着がしやすい材料で、清浄な面では良好な接着ができます。しかし、接着前にガラスの表面には各種の汚染物が強固に付着し、簡単な洗浄では汚染物を除去できないため、UV−オゾン洗浄やプラズマ洗浄などが行われています。

要点BOX

- ●プラスチックは一般に接着しにくい
- ●イオン化傾向が小さい金属、不動態膜が生成している金属は接着しにくい

接着しにくいもの

フライパンのテフロン面

食品チューブ

PETボトル

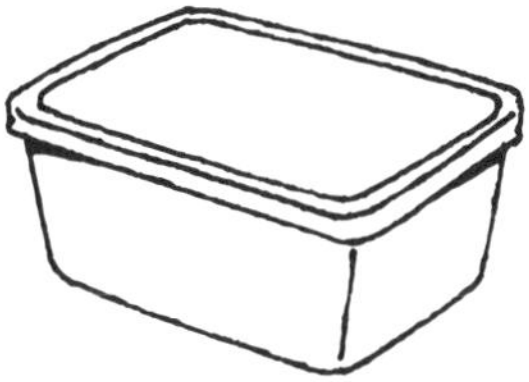
食品容器

金

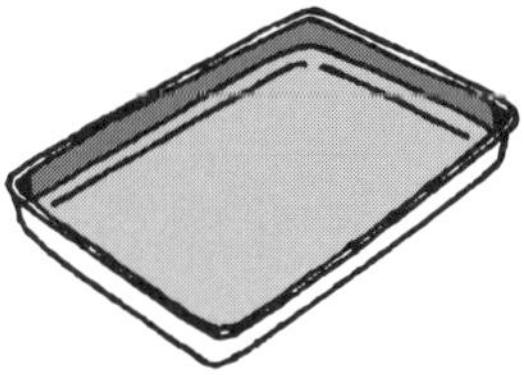
ステンレストレー

チタン製はさみ

難接着性プラスチックのいろいろ

極性が低い材料	ポリテトラフルオロエチレン(PTFE)(テフロン) ポリエチレン(PE)、ポリプロピレン(PP) シリコーンなど
結晶性の材料	ポリアミド(PA)(ナイロン) ポリアセタール(POM)(ジュラコン) ポリブチレンテレフタレート(PBT) ポリエチレンテレフタレート(PET) ポリエチレン(PE)、ポリプロピレン(PP) ポリフェニレンサルファイド(PPS) ポリエーテルエーテルケトン(PEEK) 液晶ポリマーなど

33 接着性を上げるための表面処理

面を粗らす、汚れを落とす、接着しやすい皮膜をつくる

【粗面化】

粗面化によって次のような効果が得られます。①表面に生成している酸化膜や水酸化膜、ブリードアウト物などの脆弱層、プラスチックの表面内部に拡散浸透した永久汚れなどを除去、②凹凸による接着面積の増加、③アンカー効果、④極性の高い材料の表面は時間とともに極性が低下するため、表面を除去して内部の極性基を表面に露出、などです。

粗面化の方法は、機械加工による研削やブラスト、エッチング、レーザー照射などが用いられます。硬くて脆い接着剤を用いる場合、粗面化した凹凸の凸部が尖った粗し方は、クラック発生の原因となるため注意が必要です。

最適粗さは数μmから数十μm程度ですが、接着剤との相性もあるので事前にテストしておきましょう。なお、粗面化しても素材自体の接着性が向上するわけではありません。

【清浄化】

表面に付着している各種の汚染物を除去するもので、溶剤や表面活性剤、アルカリ、酸などが使われます。塩素系やアセトン、トルエンなどの溶剤は洗浄効果が高いものの、現在は環境衛生上使えなくなりアルコールが増えていますが、アルコールでは鉱物系の油は除去できません。拭き取りでは完全な清浄化は困難です。また、洗浄剤の残渣は接着を阻害するため完全に除去します。

【被覆(化成皮膜処理・めっき)】

接着面に、安定で接着性に優れた皮膜を形成させる方式です。ちなみに表面の「接着性」と「安定性」は相反する関係にあり、航空機のアルミ合金の接着前処理が、従来のクロム酸処理（FPLエッチング法）から現在のリン酸陽極酸化に変わるまで多大な研究と時間がかかったように、最適な皮膜を見つけるのは大変なことです。

要点BOX

- ●粗面化は表面の弱い層を除去し凹凸を付与
- ●洗浄は表面汚染物を除去
- ●被覆は化成処理膜やめっき層などを創成

接着の前処理

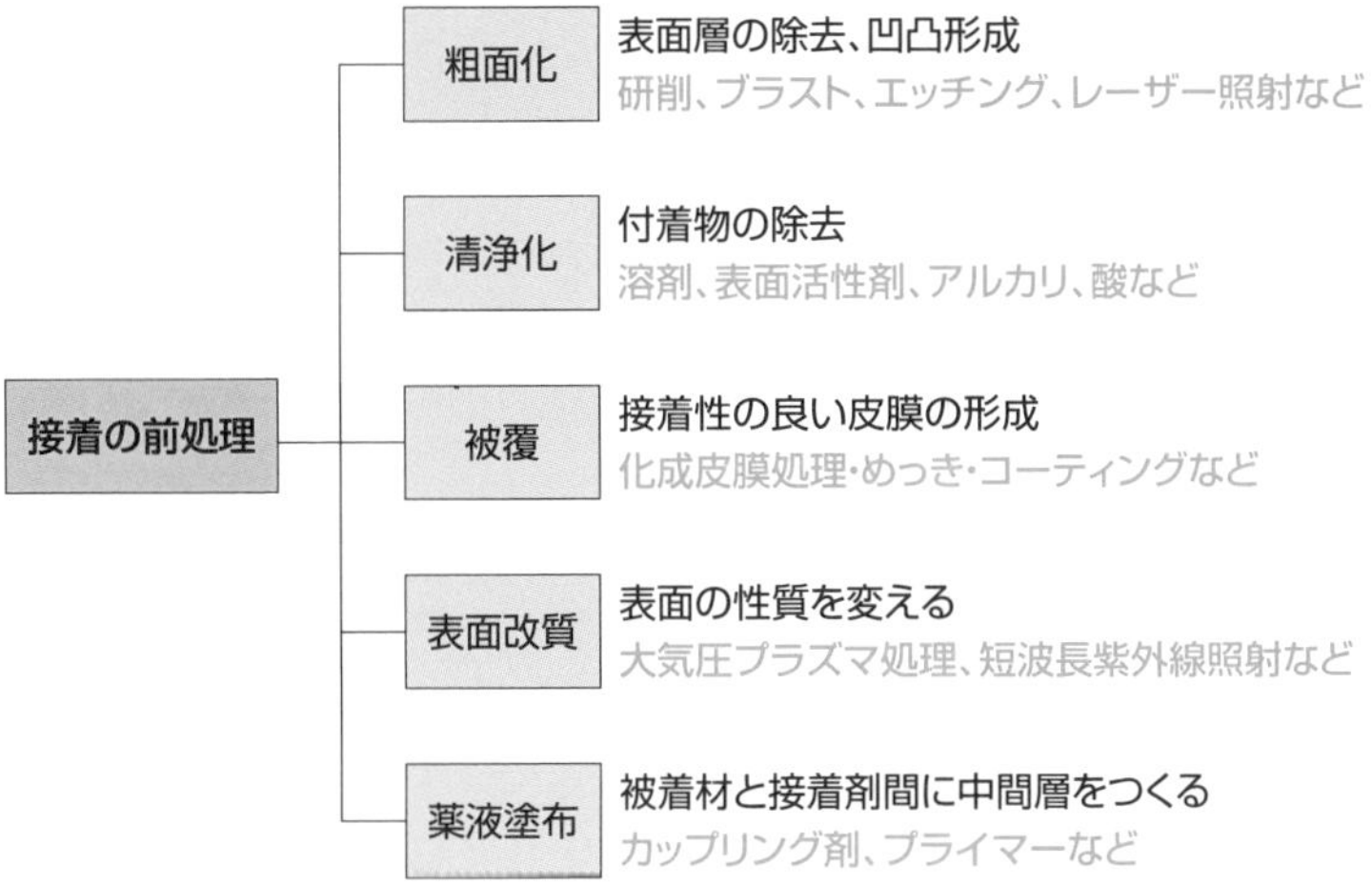

相反する接着性と安定性

表面の耐食性が高いほど(表面が安定なほど)接着しにくい

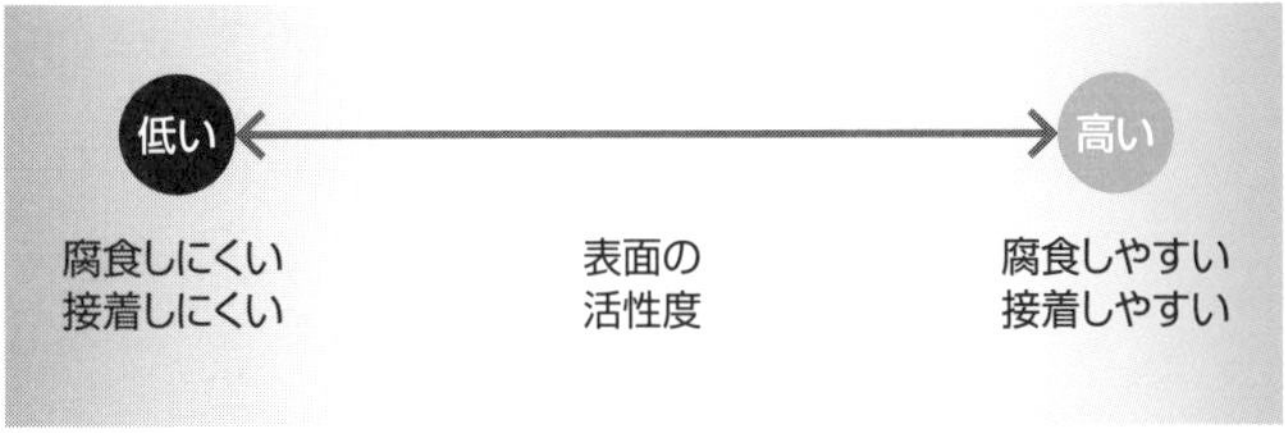

34 接着しやすい表面に変える表面改質

ドライ処理による表面改質

表面改質は、表面に極性基を生成させて表面張力を高くし、接着剤と強い分子間力（水素結合）で結合させる処理です。水素結合は、分子間力の中で最も強い結合で、表面に強く吸着した水（H—O—H）や酸素（=O）、カルボキシル基（—COOH）などと接着剤の水酸基（—OH）との間で形成されます。

薬品を用いないドライ処理には、火炎処理やコロナ処理、短波長紫外線照射（低圧水銀ランプの253nmや185nm、エキシマランプの172nmの波長）、大気圧プラズマ処理などがあります。液体を使わないため接着部のみの部分処理が可能、かつ組立ライン中で接着直前の処理が可能などの特徴があります。ドライ処理による表面改質技術の進歩は、技術進化の少ない接着の世界での革新的技術と言えます。

短波長紫外線照射によるプラスチックの表面改質のメカニズムを、次ページ上図に示しました。大気圧プラズマ照射や火炎処理でも原理は同じです。紫外線のエネルギーと紫外線によって発生したオゾンにより、表面の有機汚染物は二酸化炭素と水に分解されて除去され、露出したプラスチックの表面の結合が切断されて活性な状態となり、空気中の水や酸素などと簡単に結合を起こします。この面に接着剤を塗布すると、接着剤との間で強い水素結合が起こり結合します。これらの方法は、金属やガラス・セラミックスなどでも接着性向上の効果が得られます。

次ページ下図は、成形用樹脂のPPSおよびPBTにおける紫外線照射時間と表面張力、接着強さの向上効果の例です。30秒程度の照射で表面張力は36mN/m（滴下法）を超え、接着強さも大きく上昇し、破壊状態は界面破壊から凝集破壊へと変化しています。照射し過ぎると表面が劣化するため、長時間の処理は禁物です。大気圧プラズマ処理では、より短時間に処理ができます。薬品による表面改質は、テフロンの金属ナトリウム処理が代表的です。

要点BOX

- ●接着しにくい素材表面に極性基を生成させ、表面張力を高くして分子間力を高くする
- ●大気圧プラズマ処理や短波長紫外線照射など

表面改質のメカニズム

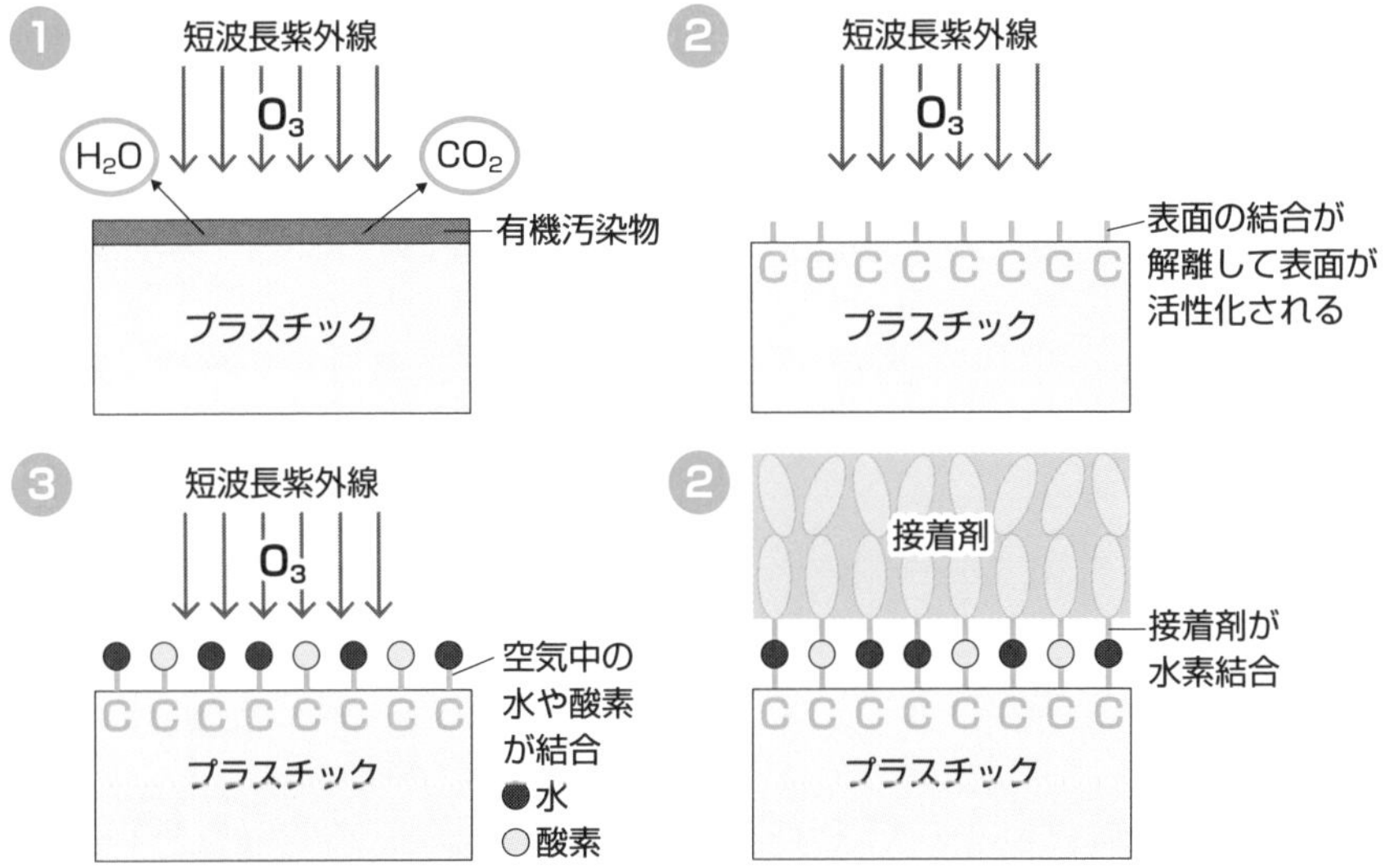

紫外線照射時間と表面張力、接着強さの変化の例

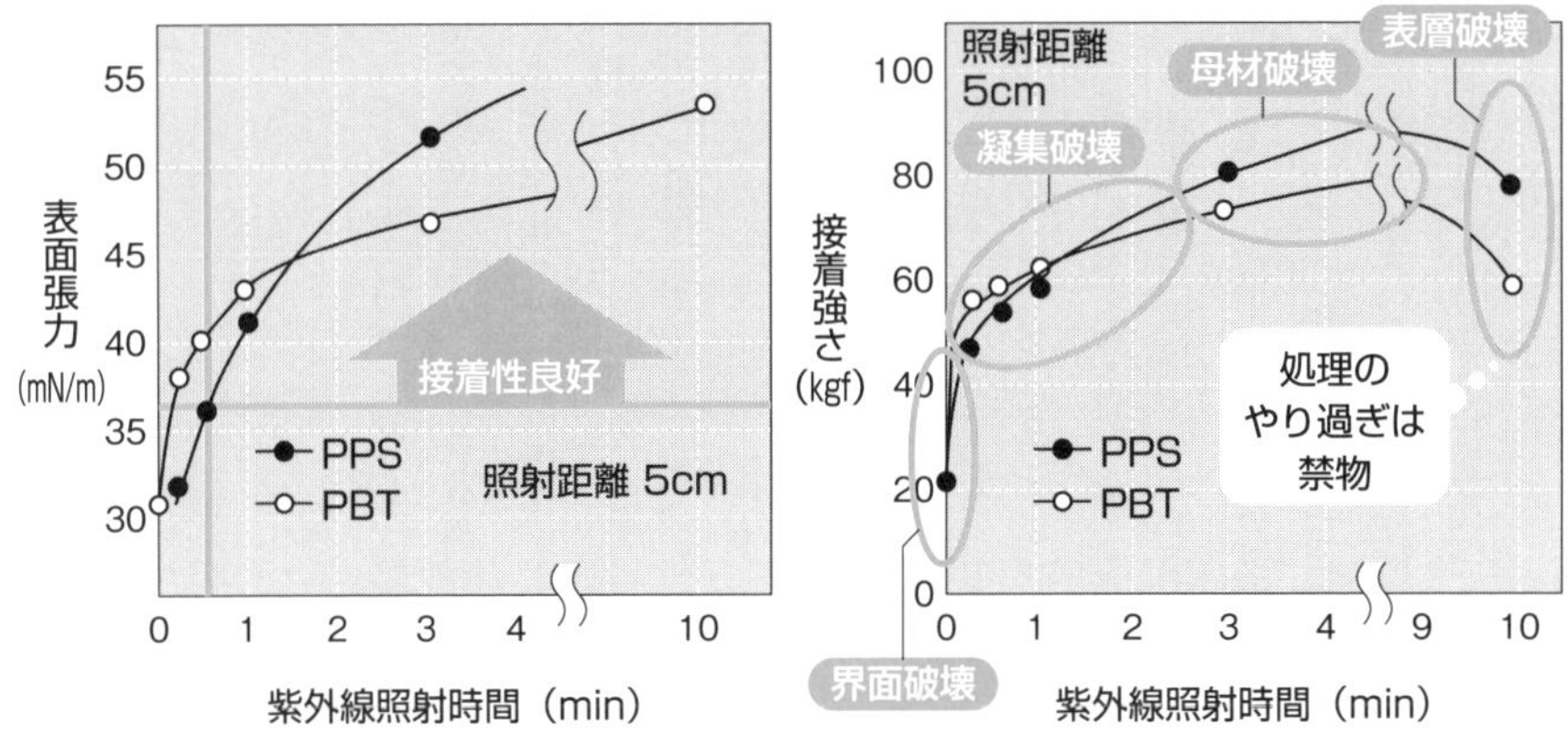

出典:　寺本和良、岡島敏浩、松本好家、栗原　茂、「紫外線による表面改質」、
日本接着学会誌, V0l.29, No.4, P.180 、1993年

35 接着剤と被着材表面をつなぐ中間層

カップリング剤・プライマー・コーティング材の活用

カップリング剤やプライマーなどの下地処理剤や、被着材との密着性に優れた塗料のようなものを被着材表面に塗布し、中間層をつくって接着性を高くする方法があります。

【カップリング剤】

カップリング剤は、被着材表面と接着剤の双方と結合しやすい分子構造を持った低粘度の液体で、接着面に薄く塗布して使います。シランカップリング剤が代表的です。被着材料と接着剤の組合せに合わせて多数の種類があり、ガラスやセラミックスなどの無機物の接着では多用されています。被着材表面に直接塗布する以外に、接着剤中にあらかじめ数%のカップリング剤を混合しておく方法もあります。

【プライマー】

ステンレスなどの接着しにくい金属には、リン酸塩系のプライマー（下塗り剤）が使用されます。塗布するだけで、高強度で凝集破壊率100%にまで改善されます。プライマーやカップリング剤は極力薄く塗布することが大事で、塗り過ぎると次ページ下図に示すように、かえって接着性能が低下します。理想的には一分子層だけ塗布することですが、容易ではありません。溶剤で数十倍程度に薄めたものを塗布すれば、乾燥後に残る成分はわずかです。

【コーティング】

被着材表面との密着性に優れた溶剤系の塗料のようなものを塗布し、乾燥皮膜をつくる方法もあります。エポキシ系やフェノール系などが中心です。

極薄層のコーティングとしては、カップリング剤を大気圧プラズマでプラズマ化し、nmオーダーの皮膜をつくるプラズマプラス[7]という方法が代表的です。このほか、火炎処理にシラン化合物などを導入し、その火炎で被着材表面に主にSiO_2を構成成分とするナノレベルの皮膜をつくるイトロ処理[8]という方法も実用化されています。

要点BOX

- ●カップリング剤は、被着剤表面と接着剤の双方と結合しやすい分子構造を持った低粘度の液体
- ●プライマーは接着表面に活性な層をつくる

カップリング剤の役割

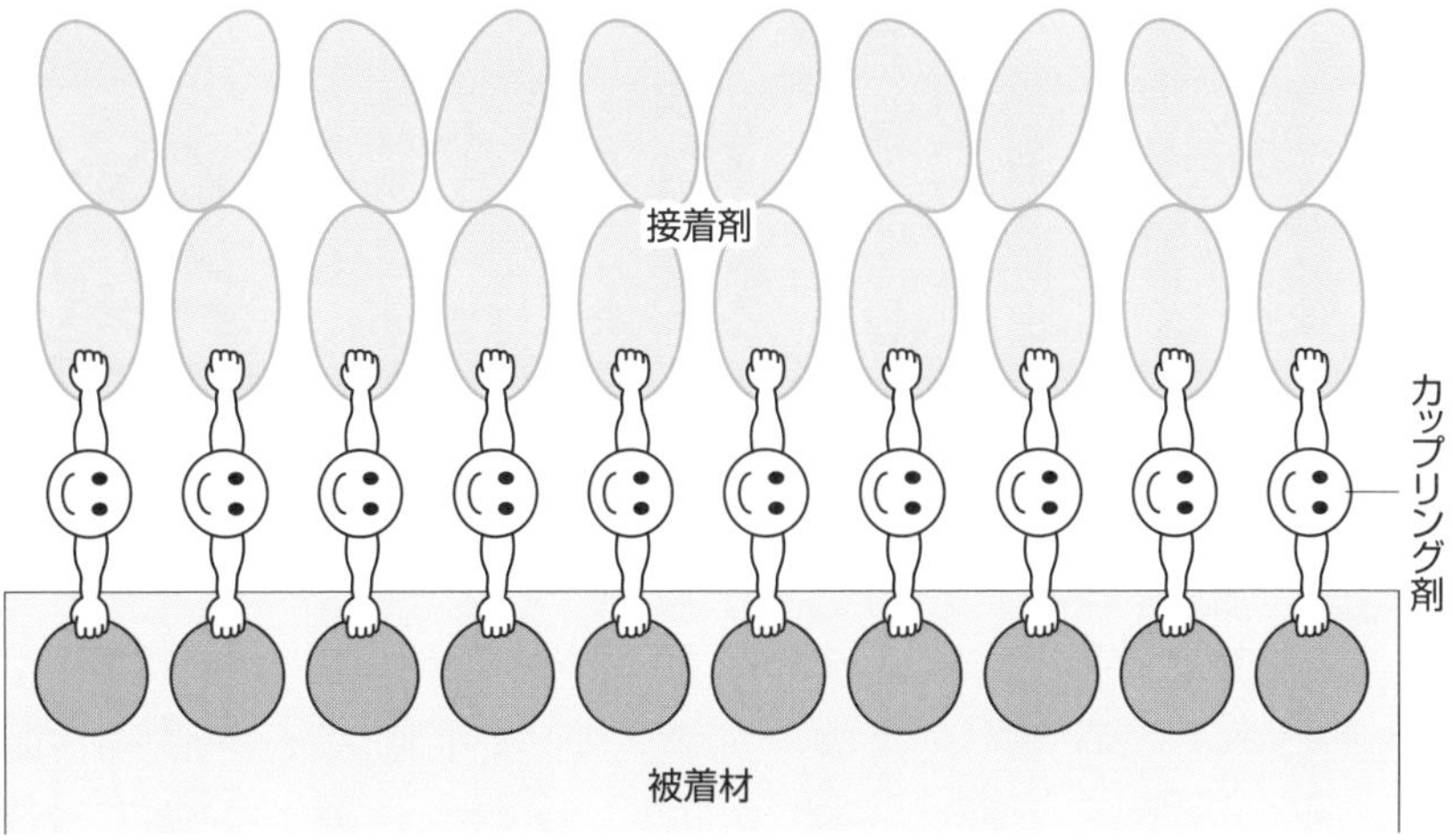

カップリング剤は、接着剤と被着材とに結合する手を持っている

プライマーやカップリング剤は薄く塗布

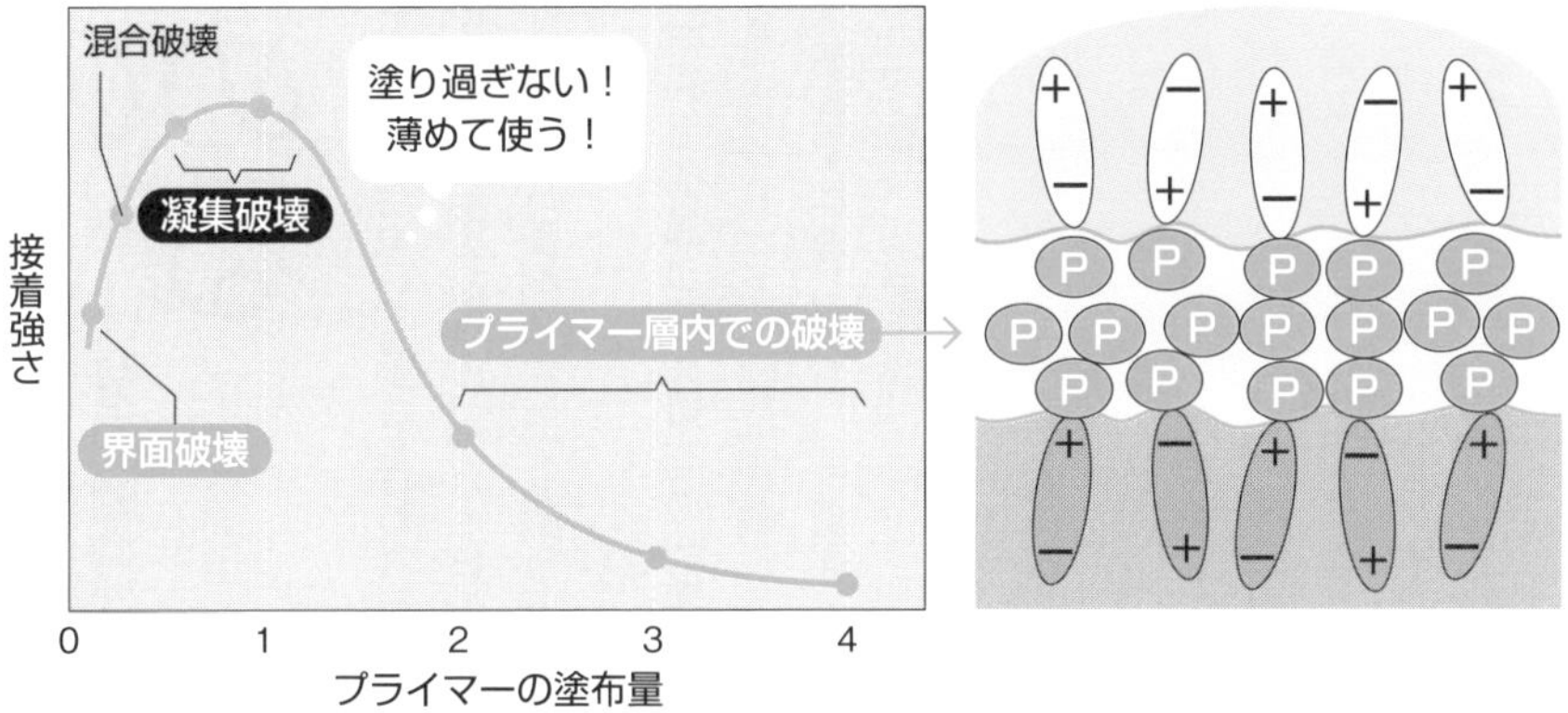

プライマーやカップリング剤同士は結合力が弱いため、塗り過ぎると接着強さは低下する

36 接着剤と接着面の分子の距離を縮める

分子間の距離が離れると分子間力は弱くなる

4項で述べたように、分子間力による接着では、接着剤も被着材表面も分子の極性が高ければ強い分子間力が得られます。しかし、接着剤と被着材料表面の分子の距離が3～5オングストローム以上に離れていると、ほとんど引き合いの力は生じません。

被着材表面には細かい凹凸があり、凹凸の内部は空気で満たされています。一般の接着剤のように粘度が高い液体が、分子間力だけで空気を押しのけて凹凸の内部に流入するのは難しく、次ページ上図に掲げたように凹凸の内部には多くの欠陥部が生じます。その結果、被着材表面と接着剤が近距離で接触している面積は非常に少なくなり、表面の極性が高くても強い接着はできないのです。

そこで、凹凸の内部にまで接着剤を押し込んで表面に接着剤をよく馴染ませるためには、力をかけて塗布することが基本です。面同士の接着では、接着剤を塗布・貼り合せ後に加圧固定するためかなり押し込まれます。一方、精密部品などで行われる隅肉接着では、高粘度の接着剤を隅部に盛りつけるだけのため面圧はかからず、接着剤と表面の馴染みは悪くなります。

接着剤や被着材料を加温して接着剤の粘度を低下させると、粘度が低くなって表面に馴染みやすくなります。ただ接着剤を加温しても、接着面に薄く塗布するとすぐに冷やされて粘度は再び高くなるので、次ページ下図のように加温した接着表面に常温の接着剤を塗布し、表面の熱で粘度を低下させるのが効果的です。

用いようとする接着剤を溶剤に薄く希釈し、プライマーとして被着材表面に塗布すると、凹凸の内部まで流入します。溶剤を乾燥させると、接着剤が残って凹凸が浅くなります。そこに、再び接着剤を塗布します。筆者の経験では、隅肉接着でもこの方法により接着強さが約5割上がりました。

> **要点BOX**
> ●接着剤と被着剤表面の分子の距離は3～5Å（オングストローム）以下にしなければならない
> ●接着剤の面圧と粘度が影響する

分子同士の距離を近づけるのは難しい

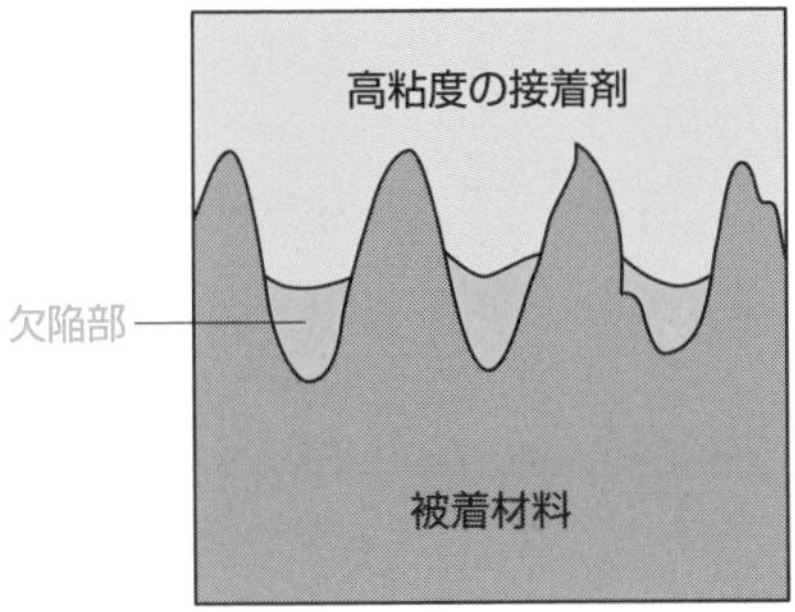

粘度の高い接着剤を細かな凹凸のある面に塗布しても、凹部の内部まできれいに入らず、欠陥部が生じる

隅肉接着のイメージ

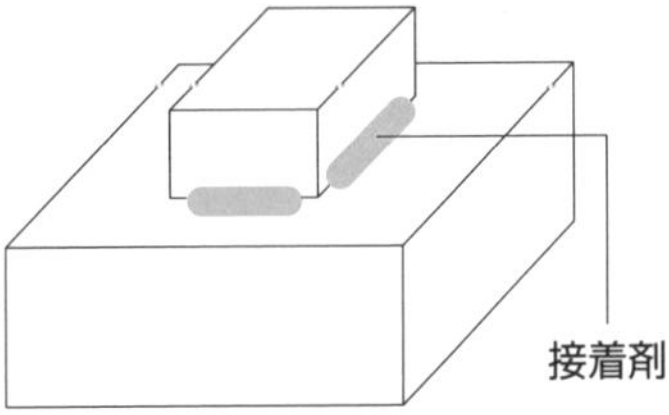

加熱した部品表面への塗布

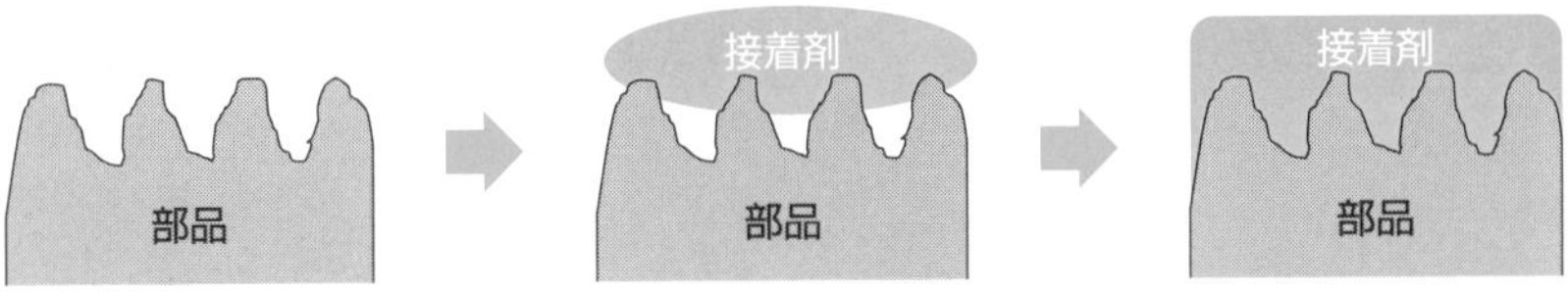

(A) 加温された部品　(B) 室温の接着剤を塗布　(C) 接着剤に熱が伝わり低粘度になって流入

車輌空調装置枠体（接着とスポット溶接の併用接合）

新幹線などの高速車輌では、車輌の床下に空調装置が搭載されています。長さ3m、幅2m、高さ1m弱程度の大きなもので、筐体（主枠）はすべてステンレス鋼板で組み立てられています。

高速車輌における軽量化対策は非常に重要で、ステンレス鋼板の厚さも極力薄いものが使用されます。筐体は室外側と室内側に区分され、室内側では高い水密性や気密性が求められます。また、走行時の振動や加速度での荷重に対する強度はもちろん重要です。

このような要求に対し、接着接合は非常に有効ですが、複雑な大型部品を組み付ける際の接着剤硬化までの固定方法が問題となります。そこで接着剤硬化までの固定治具の代用として、スポット溶接が併用されています。部品に接着剤を塗布して貼り合わせた後に、接着剤が硬化するまでの間に接着剤の上からスポット溶接が行われます。

接着剤は短時間で硬化するものより、溶接作業時間が十分に確保できるように硬化時間が遅いものの方が適当です。ただし、冬期の低温時にも数時間で硬化する速度が要求されます。そこで、ラジカル連鎖反応による長可使時間性と短時間硬化性を有する二液主剤型SGAが使用されています。

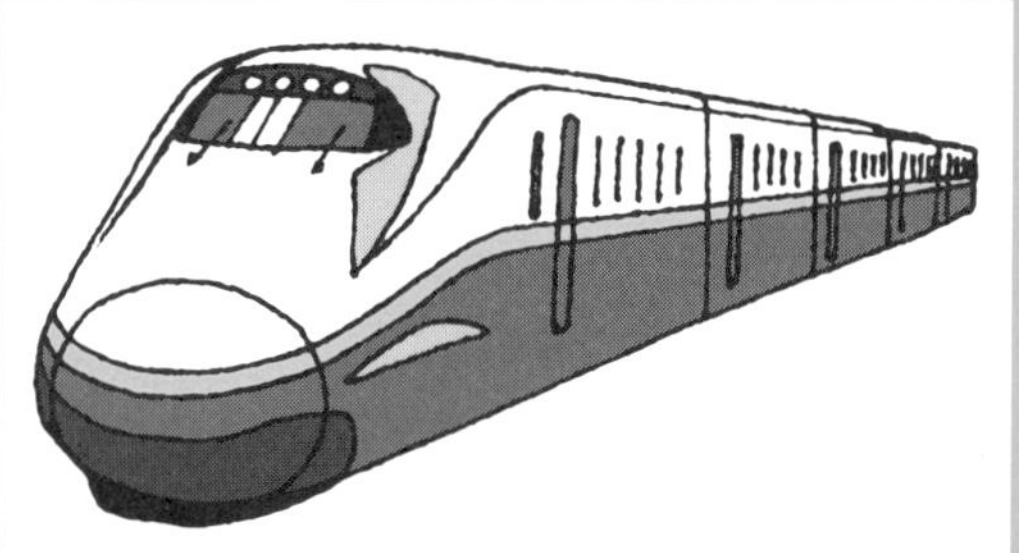

出典：原賀康介、上山幸嗣、青木福次郎、眼龍裕司；「海外生産での高信頼性接着技術」，三菱電機技報、Vol.83, No.8, P.19-23(2009)

第5章 接着部の劣化について知る

37 接着部の劣化因子と劣化箇所

接着剤自体か界面か被着材表面かを見極める

接着したものを種々の環境や力が加わる状態で長期間使用していると、接着部が劣化して強度などの特性が低下します。

劣化に影響を及ぼす因子には、大きく分けると環境的因子と力学的因子が挙げられます。また、環境と力学的因子の複合作用もあるほか、微生物による生物的因子もあります。環境的因子は、熱（高温長期間、極低温）や水分（液体、蒸気、氷）、薬品（酸、アルカリ、塩水、各種の水溶液、溶剤、界面活性剤、各種の食品、その他）、光（紫外線、X線・γ線などの放射線）、ガスなどです。一方の力学的因子には、繰返し応力の負荷と継続荷重の負荷があります。高温低温の繰返しによる劣化は、熱応力によるものであるため、応力劣化に分類しています。

接着部の強度が低下したときに、よく「接着剤が劣化した」と言われることがあります。確かに接着剤は樹脂やゴムが主成分であるため、「接着剤自体」が劣化する場合も考えられます。ただ、接着部には、接着剤と被着材表面が分子間力で結合している界面という、単体材料にはない部分があることが特徴です。

この分子間力で結合している界面には、硬化収縮応力や熱収縮応力などの内部応力や、接着部に加わる外力による応力も加わっています。さらに、接着剤とは異なる材料が被着材として存在しています。環境や外力により、被着材料自体が変化するという問題もあります。

接着部の劣化では、接着剤や界面での結合部、被着材料の劣化を考えなければならない点が、単体の材料の劣化と異なる点です。劣化を少なくするには、どこが原因で劣化しているかを見極め、そこを改良することが重要です。

ただし、接着部は被着材料にはさまれているため、液体やガス、光などが直接当たりにくいという有利な面を持っていることも、単体の材料と異なる点です。

要点BOX

- ●環境劣化、応力劣化、複合劣化がある
- ●劣化箇所は接着剤自体とは限らない。界面や被着材表面の劣化が主要因であることも多い

代表的な接着部の劣化要因

環境劣化

1. 熱
2. 水分 … 接着するまでは、あって欲しいもの
   接着後は、あって欲しくないもの
3. 薬品
4. 光（可視光、紫外線、X線、γ線など）

応力劣化

5. 継続荷重（クリープ）
6. 繰返し荷重（疲労）
7. ヒートサイクル、ヒートショック（熱疲労）

8. その他

接着部の劣化箇所

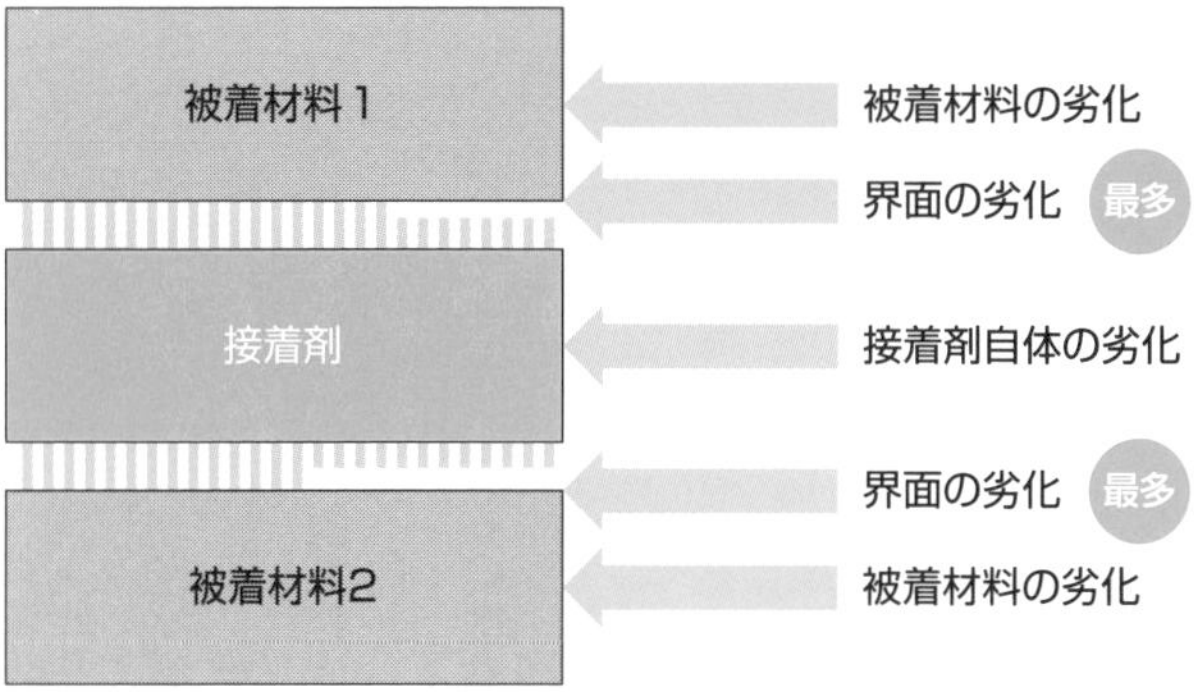

38 熱劣化の3つのモード

酸素による接着剤の分解、界面結合の切断、被着材の変質

接着したものを高温で長期間使用していると、接着強さの低下や接着剤が変色して脆くなるなどの劣化が生じます。熱劣化のパターンとしては、次の3つのモードが挙げられます。

①酸素により接着剤自体が酸化分解を起こし、接着剤自体が脆くなって強度が低下

②酸素により、接着界面における分子間力での結合が切断されて強度が低下

③被着材が金属の場合は、酸素により接着表面が酸化されて弱い酸化層が生成し、被着材料自体の表面の強度が低下。被着材が樹脂の場合は、樹脂内に添加されている内部離型剤や可塑剤が界面に析出し、界面に弱い層ができることで強度が低下

したがって、接着剤が同じでも接着部の熱劣化は、被着材料の種類や表面処理に大きく依存します。たとえば、表面を粗面化・脱脂してすぐに接着した銅やアルミでは、高温で使用中に接着している表面に弱い酸化膜が生成します。これに力が加わると、酸化膜が接着剤にくっついて剥がれますが、強固な化成皮膜処理を行えば熱劣化はしにくくなるのです。

金属同士の接着のように、酸素を通さない被着材を接着した部分にどこから酸素が来るのか、疑問に思われる方も多いでしょう。空気は接着剤の中や、被着材表面にできた凹凸内の欠陥部の中など随所に存在します。また、接着剤は分子鎖が絡んだ状態や網目構造になっていて、酸素が通る空間は多数あります。界面での結合も点状に結合している状態のため、結合点の間を通り抜けることが可能です。

熱劣化は、高温で分子が動きやすくなった状態で起こりやすく、逆に分子が動きにくいガラス転移温度*Tg*（23項を参照）以下では起こりにくいことがわかっています。また同じ温度・時間でも、空気中ではなく窒素中や真空中では熱劣化は少なくなります。

要点BOX

- 空気中での熱劣化の原因は酸素
- 酸素により接着剤の分解、界面結合の切断、被着材の変質（腐食、弱境界層の生成）が発生

熱劣化の3つのモード

▶接着剤自体の劣化

①酸素により接着剤自体が酸化分解し、接着剤自体が脆くなって強度が低下する

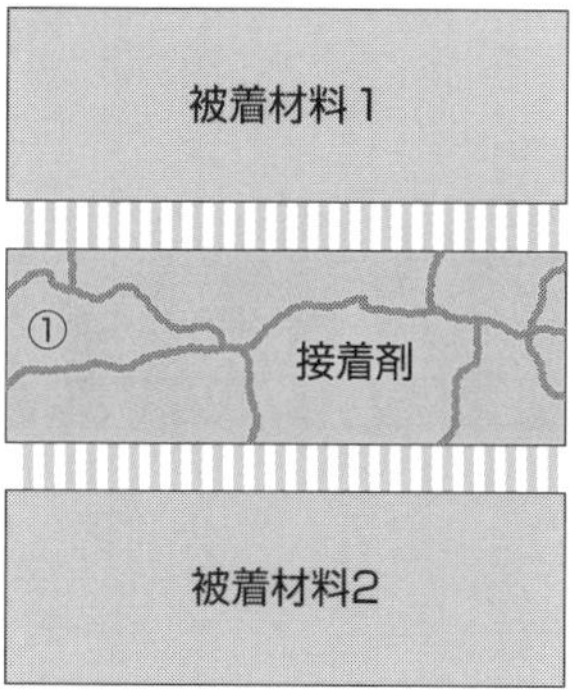

▶接着界面の劣化

②酸素により、接着界面における分子間力での結合が切断されて強度が低下する

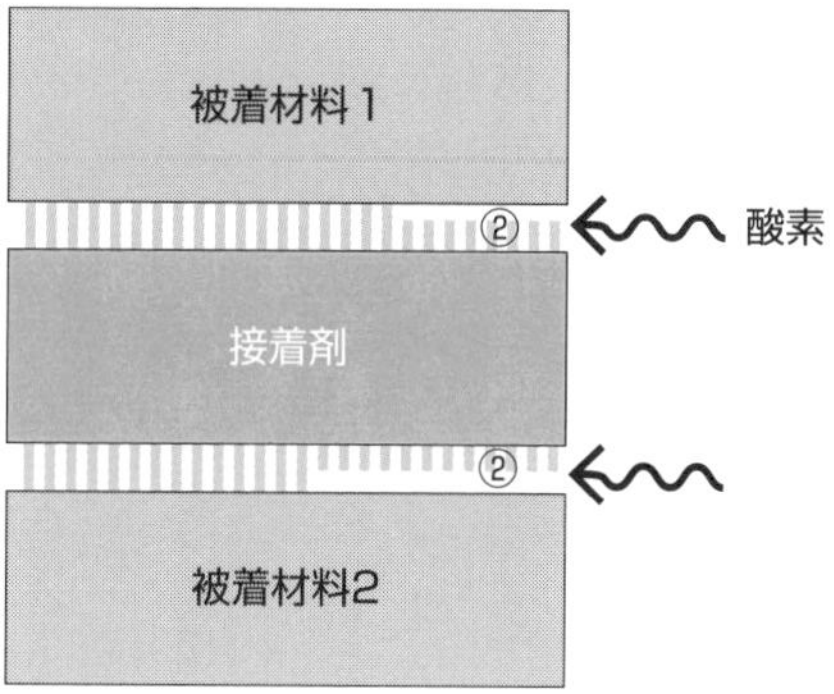

▶被着材表面の劣化

③被着材の接着面に弱い層が生成し、被着材自体の強度が低下する
→熱劣化は被着材料の材質に大きく影響される

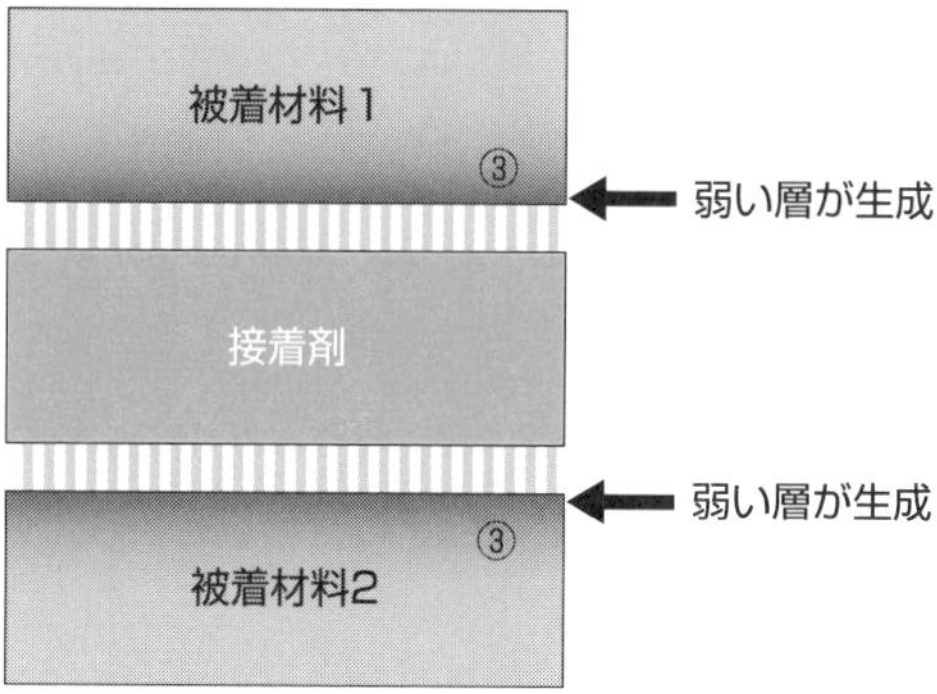

39 水分劣化の4つのモード

界面結合の破壊、被着材表面の変質、加水分解、吸水膨潤

水は極性が非常に高い分子であるため、接着の劣化に最も影響の大きい因子です。水分での劣化のパターンは、次の4つのモードがあります。

①接着界面に水分が浸入し、接着剤と被着材表面の分子間力による結合を破壊します。これは、極性の高い水が水より極性の低い分子間力での結合を破壊し、水が結合するためです。界面は、接着剤中に含まれる充填剤と接着剤の結合部にもあり、接着剤中に侵入した水によって充填剤と接着剤の結合も切られます。界面に水が浸入するのは、界面の結合は接着剤の極性部分と被着材表面の極性部分が点状に接合し、接合点の間は空間になっているためです。

②界面に浸入した水により被着材表面が腐食や変質を起こし、弱い層を形成します。たとえば、鋼板の接着部に水が浸入すると、鋼板の接着表面に赤錆の弱い層が形成されることです。

③接着剤が水によって加水分解します。一部のポリウレタン系接着剤などで起こります。

④接着剤が水を吸うと、体積の増加（膨潤）と弾性率の低下（可塑化）が起こります。接着剤が柔らかい状態でせん断強さや引張強さを測定すると、低い強度になります。接着剤が③の加水分解を起こしていない場合は、乾燥すると接着剤は元の体積と弾性率に戻ります。

接着剤が水分を吸収するのは、接着剤は分子鎖が絡み合ったり架橋したりして網目構造となり、内部に空間があるためです。接着剤は、飽和状態までに数%程度の水を吸います。被着材が水を通さない場合は、水は接着部の周辺から内部に拡散してくるため、接着剤や被着材が同じでも耐水性は「接着部の寸法や形状」に大きく影響されます。接着剤や界面に水が侵入した状態で低温になって水が凍ると、膨張して界面ではく離が進行することもあり、吸水状態での低温環境は要注意です。

要点BOX
- ●水分は劣化の最大の要因
- ●界面や被着材表面で特に劣化しやすい
- ●劣化速度は接着部の形状・寸法により変化

水分劣化の4つのモード

▶接着界面での結合の破壊

①接着界面に水が浸入拡散し、分子間力による結合を破壊する(極性の高い水が、分子間力での結合を破壊して結合する)

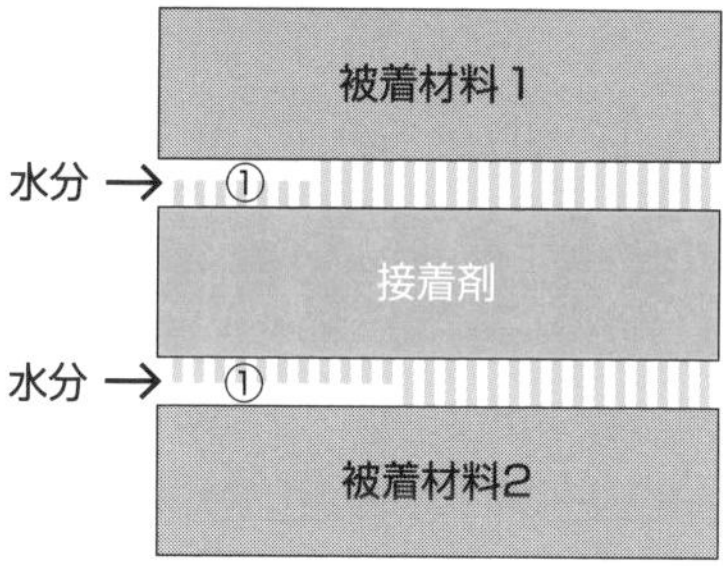

▶被着材表面の変質

②接着部に浸入した水分により被着材料の接着面が腐食(変質)する

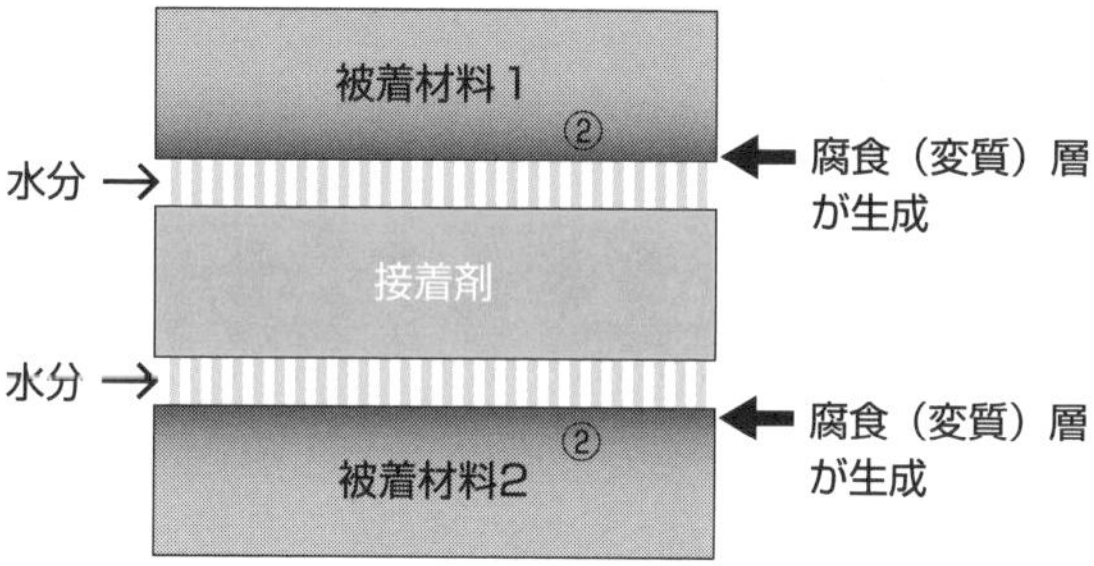

▶接着剤が加水分解

③接着剤が水分によって加水分解する

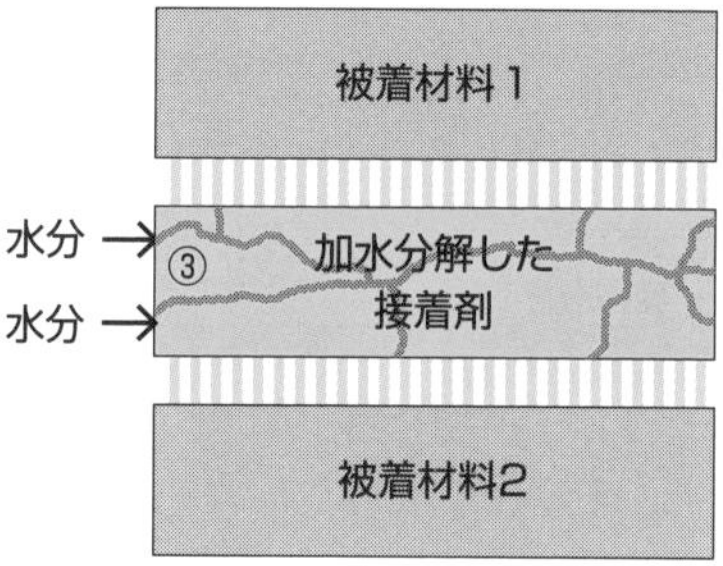

▶接着剤の吸水による可塑化

④接着剤中に水が拡散し、接着剤が吸水膨潤や可塑化して柔らかくなり、接着剤自体の強度が低下する

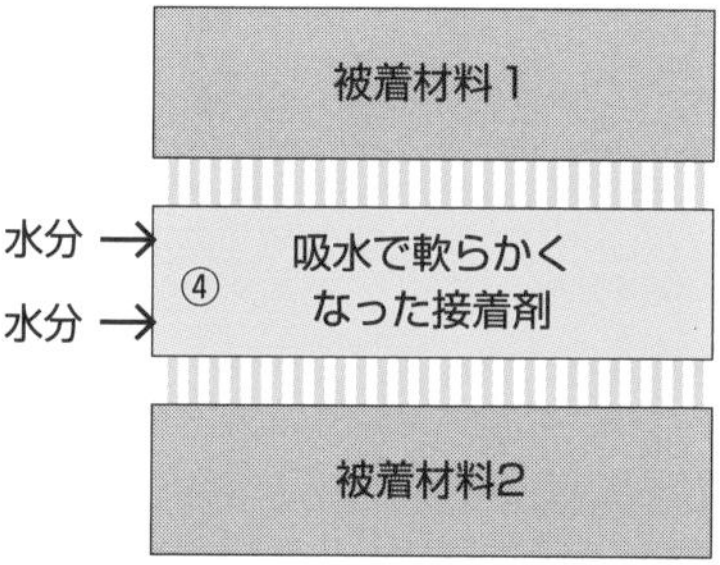

水分は接着部の周囲から内部に向かって浸入してくるため、接着接合物の耐水性は「接着部の寸法、形状」に大きく影響される

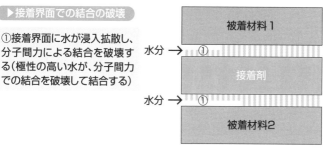

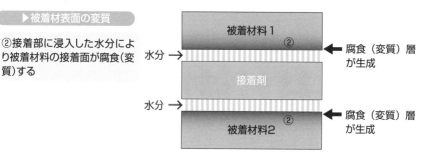

40 耐水性向上のための接着部の寸法設計

水分劣化への接着部の形状・寸法の影響

前項で述べたように被着材が水を通さない場合、水分は接着部の周囲から内部に向かって拡散して侵入していきます。同じ時間で侵入する水分量は、接着部の外周の長さLに比例します。接着面積Sが同じ円形・正方形・正三角形であれば、外周の長さLは、正三角形＞正方形＞円形であるから、正三角形が最も水分の侵入量が多く、劣化が大きくなります。

接着部の形状が同じで接着面積Sが異なる場合は、面積が大きいほど外周の長さLも長くなるため、侵入する水分量は増加します。一方で面積Sは長さの2乗で増加するため、接着部全体での平均吸水率は小さくなり、劣化は少なくなります。接着面積S／接着部の外周長さLをパラメータとすると、S／Lが大きいほど耐水性に優れることになります。

引張せん断試験片の重ね合せ長さを変化させた際の水分劣化例を、次ページ中央の左図に示します。S／Lが大きいほど、水分での劣化が少ないことがわかります。また次ページ下図は、円柱同士の接着で円柱の径を変えずに耐水性を向上させる例です。面同士の突合せから穴に差し込む嵌合に変えると、接着面積が増加して耐水性は大きく向上します。

パネル裏面に細長い補強材を接着するほか、パッケージなどで容器に蓋をする場合、接着部は幅（糊しろ）が一定で細長い形状になります。このとき水分による劣化速度は、接着部の幅Wで変化します。幅Wを2倍にすると劣化速度は1／4、3倍にすると劣化速度は1／9に低下します。逆に、幅を半分にすると劣化速度は4倍になります。次ページ中央右図に屋外暴露試験結果を示しましたが、幅50㎜では確かに1／4の速度になっています。

このように耐水性は接着部の形状や寸法で変化するため、試験片と製品の接着部とのS／LやWの大小を確認しておくことが必要です。設計時は少しでもS／LやWを大きくとるようにしましょう。

要点BOX
- ●水分は接着部の周囲から内部に拡散してくる
- ●接着面積/接着部外周の長さを大きくする
- ●細長い接着部では糊しろの幅を大きくする

接着面積が同じなら外周の長さが長い方が耐水性に劣る

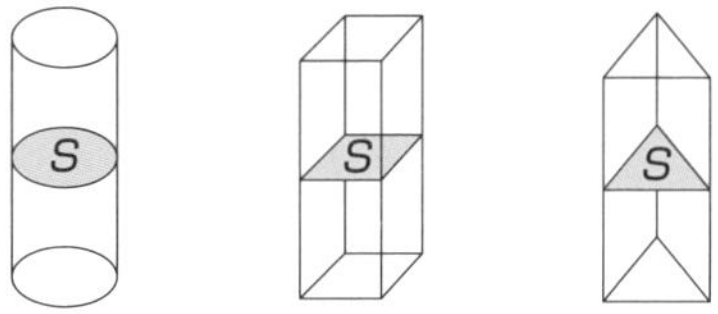

良 ⟵	耐水性、耐湿性	⟶ 劣
同じ ＝	接着面積*S*	＝ 同じ
短 ⟵	外周の長さ*L*	⟶ 長
少 ⟵	水の浸入量	⟶ 多

S/*L*が大きいほど、耐水性に優れる

ラップ長を変化させた せん断試験片の耐湿性の比較

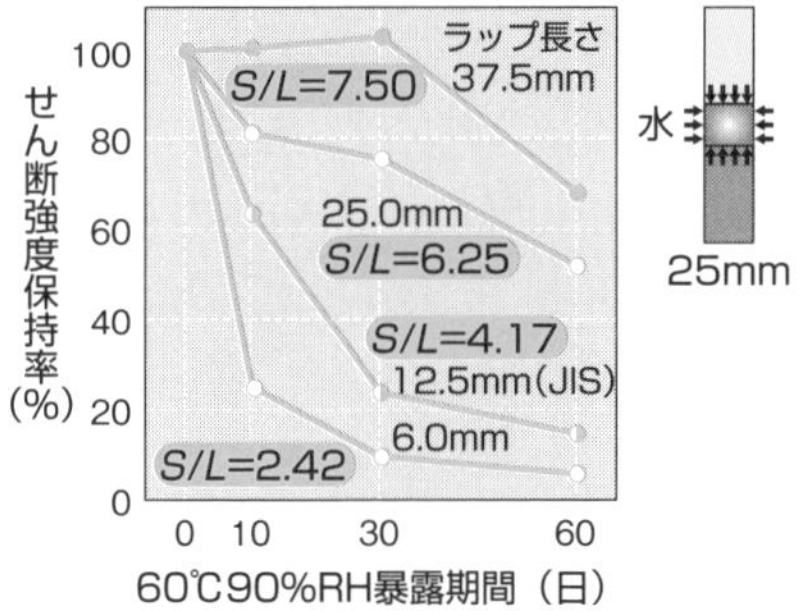

[接着面積*S*/接着部外周の長さ*L*]が大きいほど水分での劣化は少なくなる

細長い接着部における 接着部の幅と屋外暴露耐久性

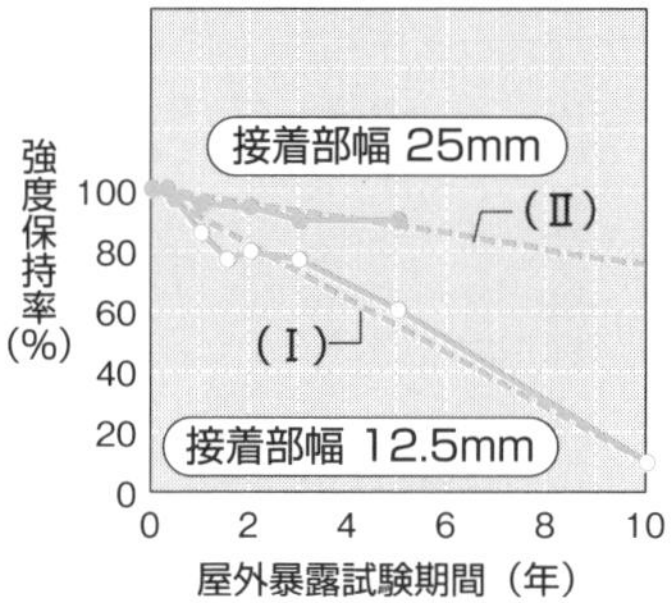

接着部の幅（糊しろ）が2倍になると、水分による劣化速度は1/4になる

S/*L*を大きくして耐水性を向上させる継手設計の一例

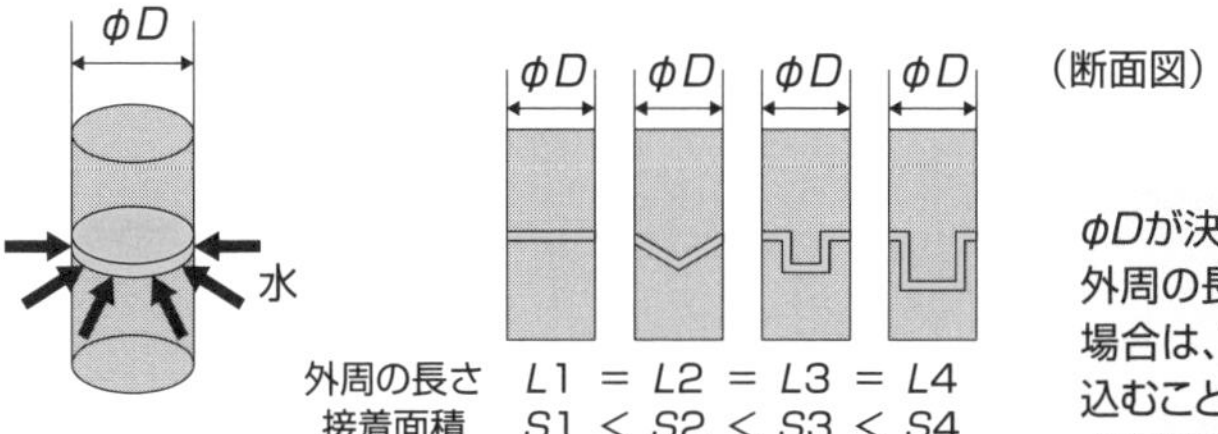

外周の長さ	$L1$	=	$L2$	=	$L3$	=	$L4$
接着面積	$S1$	<	$S2$	<	$S3$	<	$S4$
$\varepsilon = S/L$	$\varepsilon 1$	<	$\varepsilon 2$	<	$\varepsilon 3$	<	$\varepsilon 4$

*φD*が決まっていて接着部の外周の長さ*L*を長くできない場合は、内部にテーパや彫り込むことで接着面積*S*を大きくすれば、耐水性は向上する

41 樹脂は水分を吸って変形する

接着剤は、吸水すると体積膨張（膨潤）を起こします。次ページ上図に示すように、薄い金属板に接着剤を厚めに塗布して硬化させると、接着剤の硬化収縮により(B)のようにたわみます。

これを水の中に浸けておくと、(B)→(C)→(D)とたわみ量が減っていき、最後には逆反りします。乾燥させると(B)の状態に戻ります。このように接着剤が吸水や乾燥を繰り返すと、接着剤は膨張や収縮を繰り返します。

被着剤にはさまれた接着剤は、界面では分子間力で結合しているため自由に膨張や収縮ができず、接着部には吸水膨潤応力が生じます。高温と低温を繰り返すヒートサイクルでも、接着剤の線膨張係数は被着材料と異なり、界面では結合しているため温度変化により熱応力が発生します。吸水・乾燥の繰返し回数が多くなると、界面での結合の破壊が生じて接着強さが低下します。

また次ページ下図に掲げたように、被着材としてプラスチック材料が使用される場合は、吸水によってプラスチック部品が伸びます。プラスチック部品がある程度厚い場合は、水に触れている表面から厚さ方向に吸水率の分布ができ、吸水率が高い表面付近が大きく伸びます。その結果、同図に示すようにプラスチック部品が反り、接着部の中央付近に引張力が働くことになります。

界面での接着力が弱かったり接着剤の破断伸び率が小さかったりする場合には、接着部で破壊が生じます。破壊しない場合でも、吸水乾燥の繰返しで引張力が繰り返し加わっていると、やがて破壊につながります。吸水して伸びやすいナイロンやアクリルなどでは、吸水により数%程度膨張します。

そこで、破断伸び率が大きくて柔らかい接着剤を用い、接着層の厚さをできるだけ厚くすることを検討すべきです。

要点BOX
- ●樹脂の接着剤は水を吸って体積膨潤する
- ●被着材のプラスチックも水を吸って変形する
- ●吸水膨潤や変形で接着層に応力が生じる

接着剤の吸水膨潤応力による変形

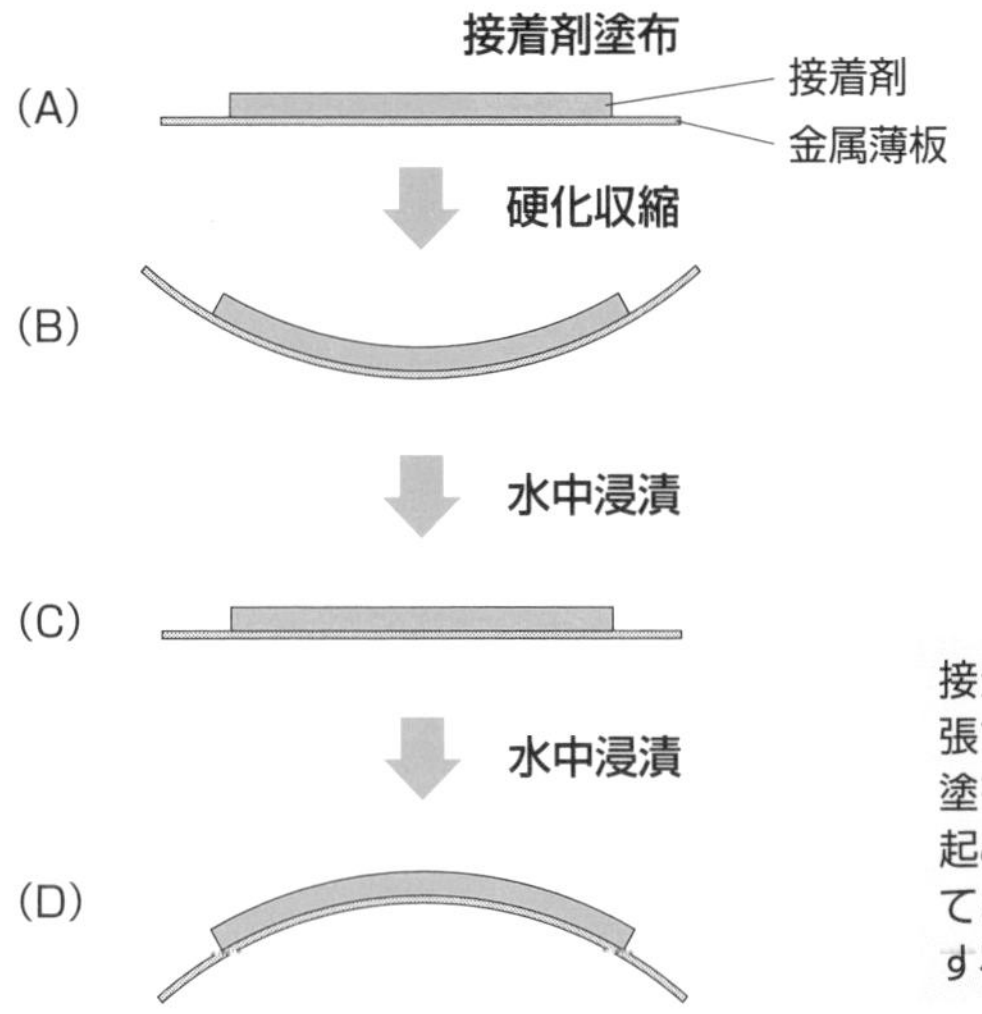

接着剤は、水分を吸うと体積が膨張する。薄い金属板上に接着剤を塗布して硬化すると、硬化収縮を起こして板が反るが、水中に浸漬しておくと、接着剤が吸水して膨張するため、板が逆方向に反ってくる

プラスチック板の吸水膨張による反り

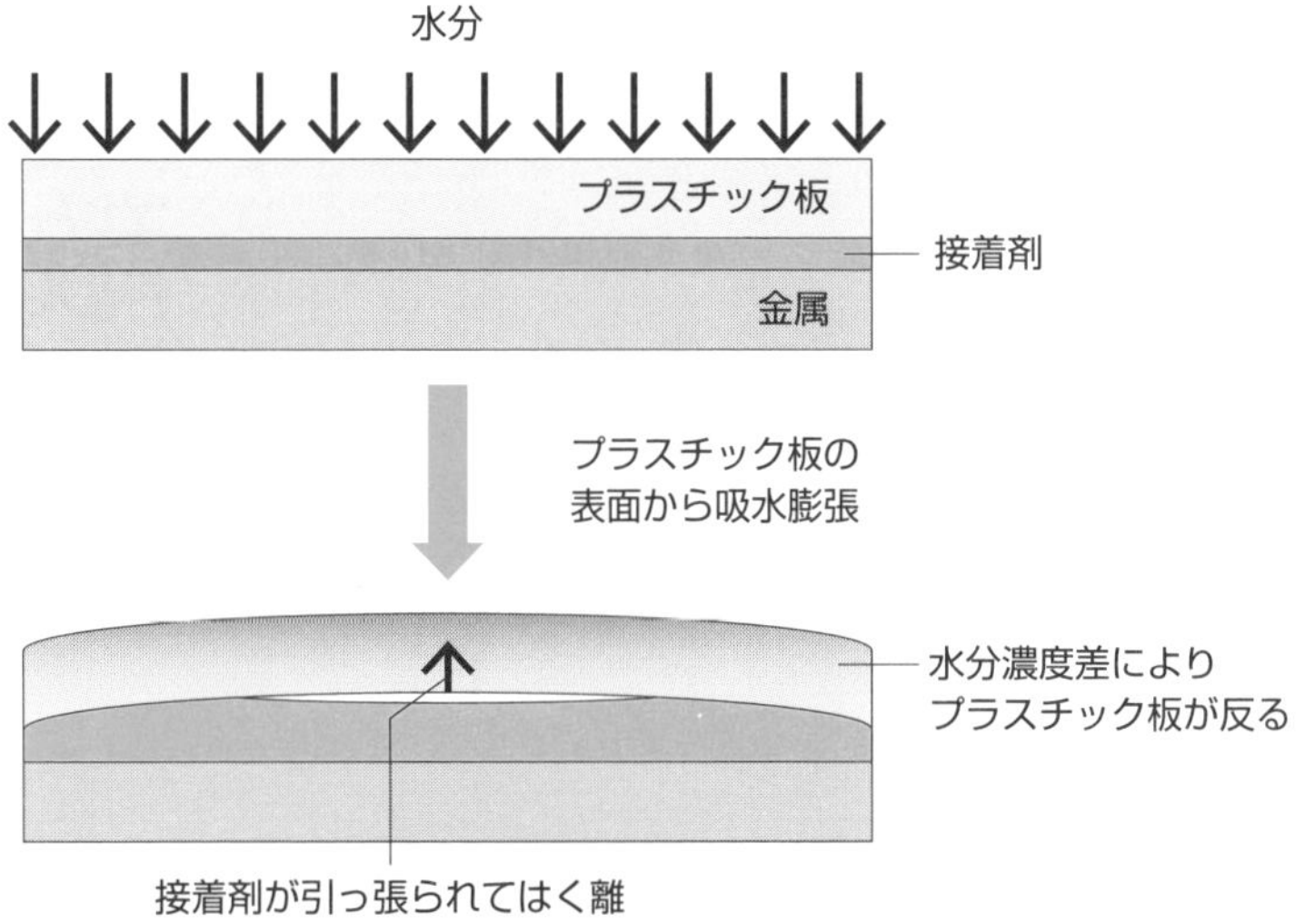

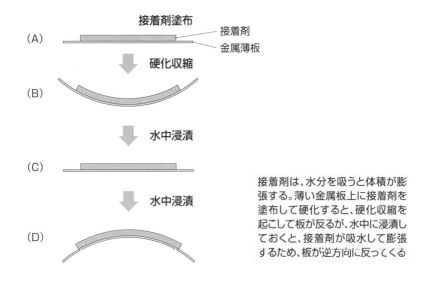

42 接着部に加わる継続荷重は劣化の大敵

クリープによる劣化

19項で解説していますが、接着剤は粘弾性体であるため、20項で紹介したようなクリープ現象を示します。接着剤が柔らかいほど、また温度が高いほど、荷重が大きいほどクリープ変形の速度は大きく、クリープ破断時間は短くなります。

このクリープによる劣化は、接着部の劣化の中でも影響の大きい因子です。回転体で接着部に常に遠心力による引張力が加わっていたり、接着された部品の重さが下向きに加わっていたりするなど、目立たない力でもクリープは生じます。

柔らかい変成シリコーン系接着剤（弾性接着剤）のクリープ破断特性の一例を、次ページ上図に示しました。Larson-Millerのマスターカーブと呼ばれるもので、縦軸は接着部に加えられる応力値、横軸のTは環境温度の絶対温度（°K）で摂氏に273を加えた値、tは破断時間（hr）、Cは材料定数と呼ばれるものでここでは30です。

この結果から、40℃で10年間壊れない負荷できる応力値の上限値は0・07MPa、60℃で15年間壊れない負荷できる応力値の上限値は0・03MPa程度となります。これらの応力値は、この接着剤の室温での静的せん断破壊強さは3・4MPaのため、室温強度の約1／50、約1／100となります。

硬い接着剤ではこれほど小さな値にはなりませんが、クリープは生じるので十分な注意が必要です。

クリープ劣化を防止する手段としては、接着部にクリープ応力が加わらない構造にするしかありません。次ページ下図に、接着剤とリベットやスポット溶接を併用した複合接着接合法（9項を参照）を用いた場合のクリープ破断特性を紹介しました。金属締結の併用で、クリープ特性が大きく改善されることがわかります。ちょっとした引っかかりができるような簡単な構造でもよいので、クリープ力が加わらない構造を考えてください。

要点BOX
- ●クリープ劣化は接着劣化の重要因子
- ●柔軟な接着剤では低荷重でクリープを起こす
- ●クリープは構造的に回避すること

変成シリコーン系弾性接着剤のクリープ破断試験結果

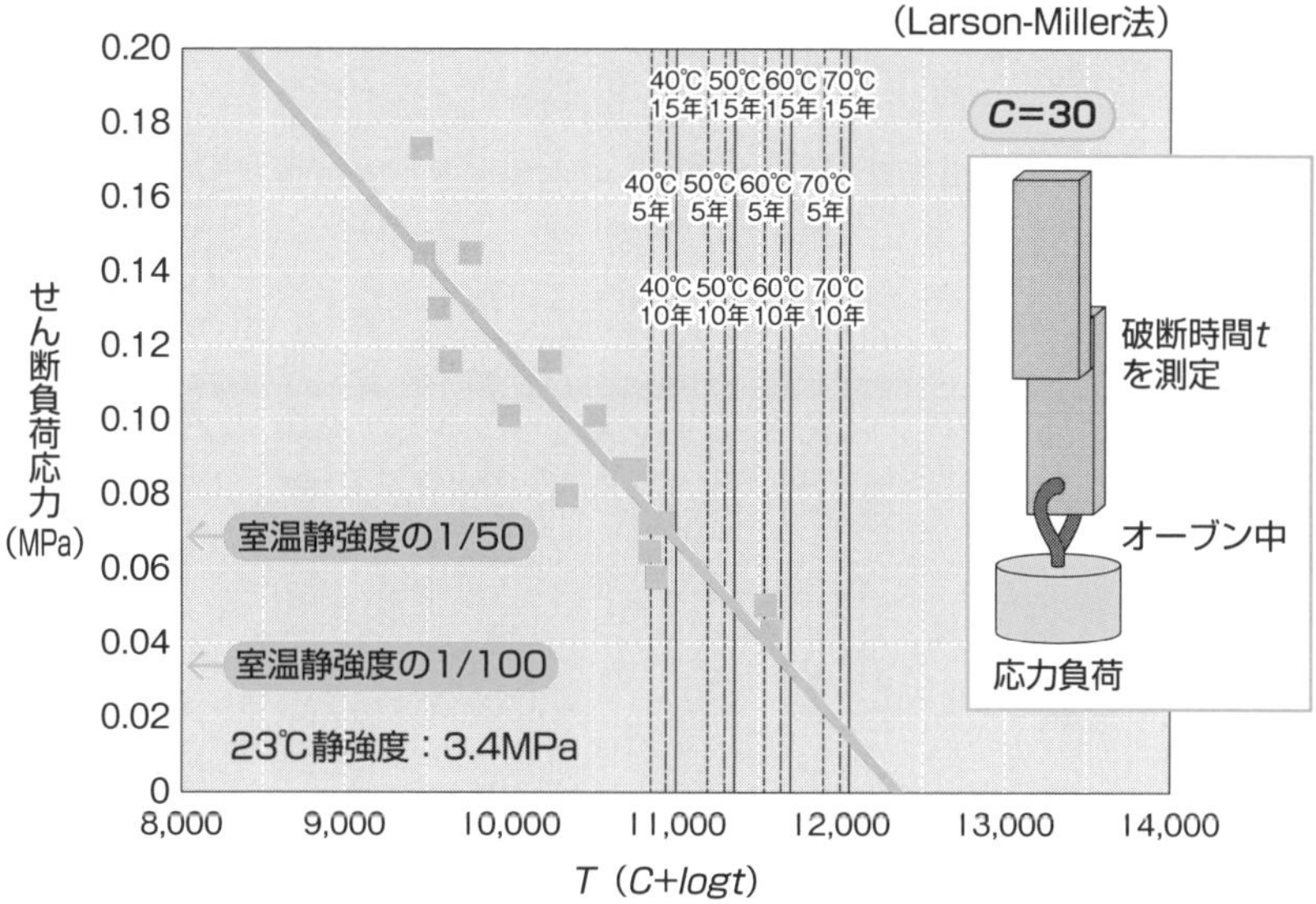

複合接着接合法による耐クリープ性の向上

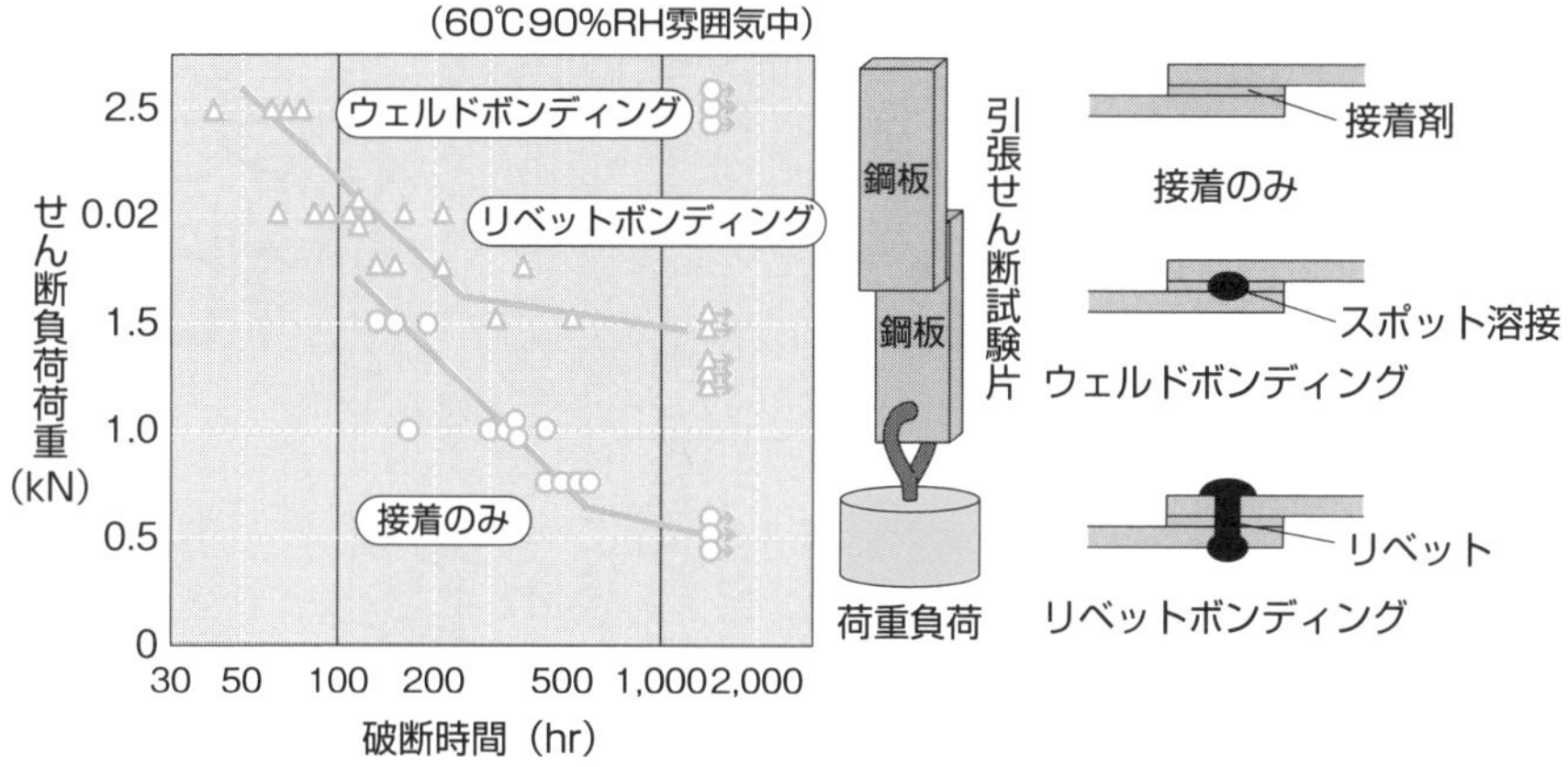

43 接着部に加わる繰返し力による劣化

繰返し疲労耐久性に注目しよう

疲労耐久性は、一般に引張せん断試験片で評価します。応力は、応力比R（$=\tau_{min}/\tau_{max}$）が一定となるよう最大応力τ_{max}と最小応力τ_{min}を設定し、応力比Rは0・1が一般的です。最小応力も引張とするのは、板材での座屈を避ける目的です。応力は正弦波で負荷され、周波数は30Hz程度とします。

疲労試験の結果は、縦軸を応力値S、横軸を破断までのサイクル数Nで示したS-N線図と呼ばれるグラフで表されます。縦軸・横軸とも対数軸とした場合は一般に直線となります。縦軸は応力振幅や応力範囲、最大応力で表示されますが、応力範囲と応力振幅では数値が2倍変わり、最大応力ではもっと大きな数値を示します。S-N線図を見る際は縦軸の表示に注意してください。

鉄鋼などの金属材料では、10^7サイクルでの疲労強度を疲労限と言い、それ以上の回数では疲労強度は低下しません。ただし、プラスチックや接着剤では疲労限は観察されないのが一般的です。

接着剤や被着材が同じでも、温度、周波数、片振りと両振り試験などによって疲労特性は変化します。次ページに示すように、温度の上昇に伴って疲労特性は低下します。周波数を高くすれば試験時間は短縮できますが、接着剤やプラスチックなどの樹脂では分子摩擦による発熱で温度上昇するなど、粘弾性体としての特性が変化するため、高周波数での試験は不適当です。次ページ下図は、周波数の低下につれて疲労特性が下がることを示しています。接着剤は粘弾性体であるため、低い周波数では応力の負荷速度が遅くなり、粘性的な性質が強く表れることが理由です。また、同図では引張―引張を繰り返す片振り試験と、引張―圧縮を繰り返す両振り試験の比較も行い、片振りの方が両振りより疲労特性が劣ることを示しています。片振りは、平均応力に相当するクリープ応力の負荷による影響と考えられます。

要点BOX

- 接着剤には疲労限はないと考える
- 疲労特性は温度や周波数で変化する
- S-N線図を見るときには縦軸の表示に注意

繰返し応力の負荷状態と名称

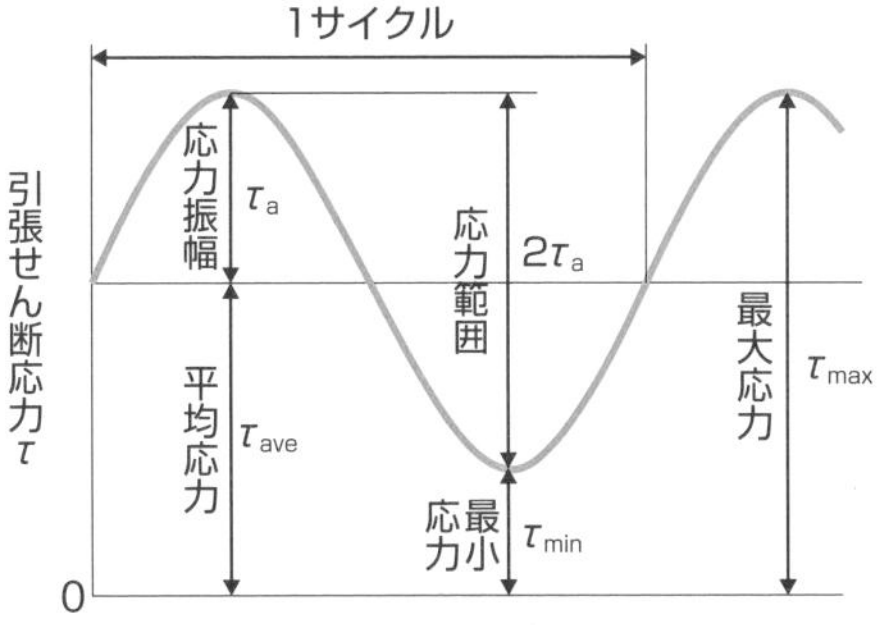

温度による疲労特性の変化

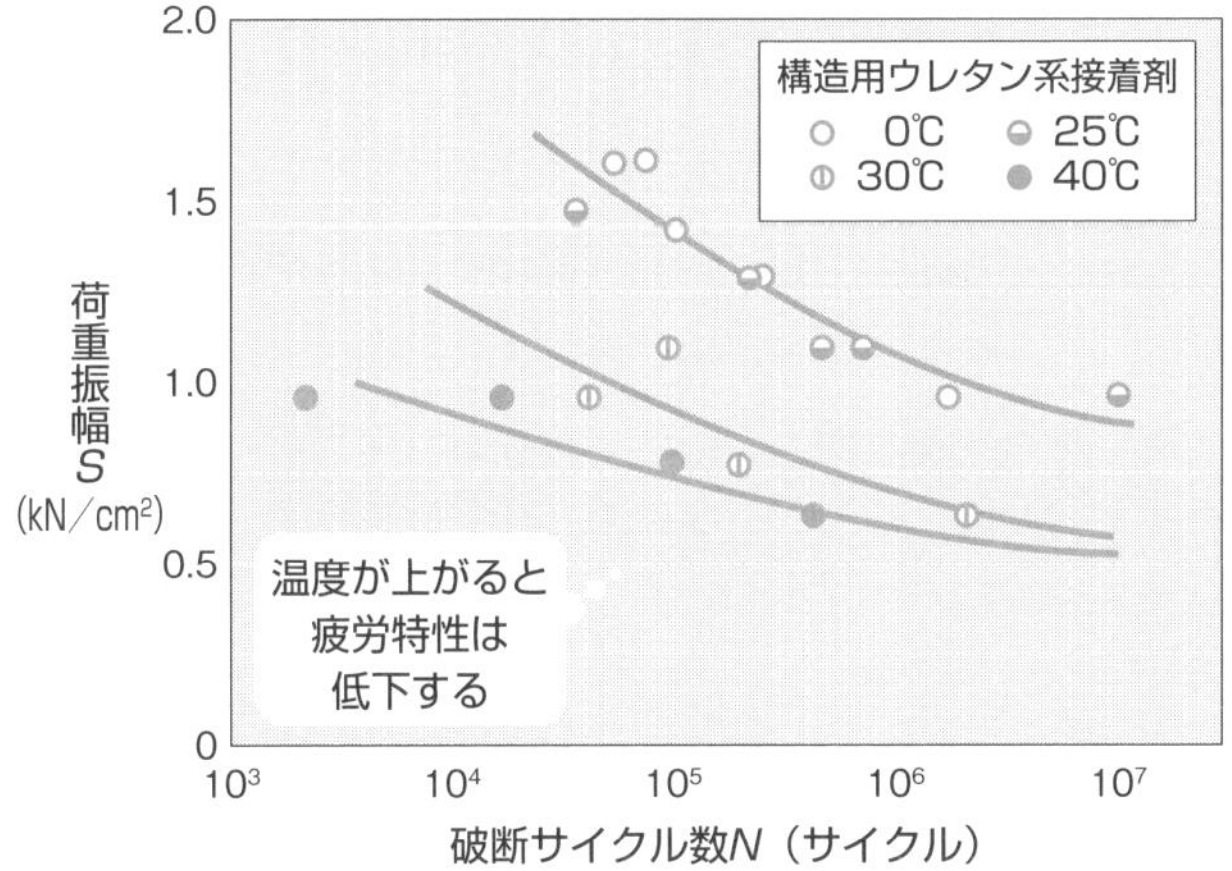

温度、周波数、負荷方向による疲労特性の変化

（二液室温硬化型変性アクリル系接着剤）

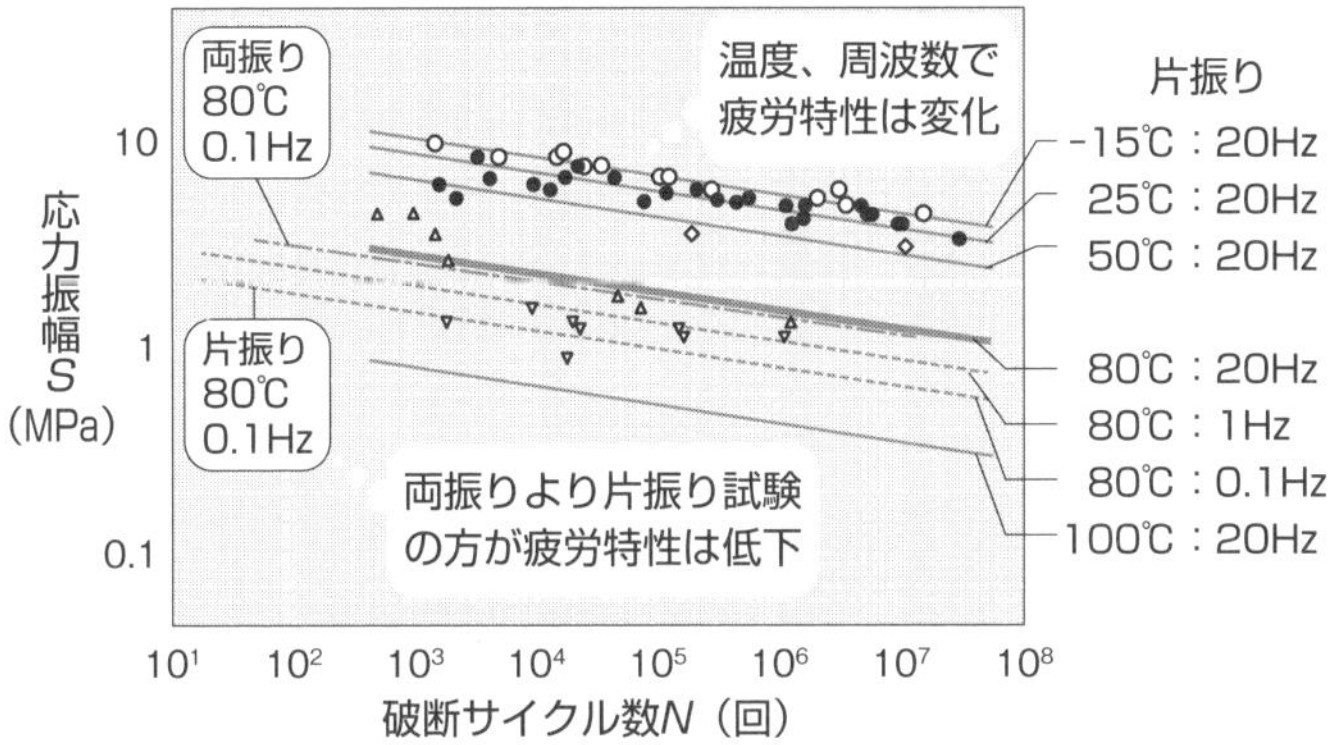

44 疲労耐久性の向上策

複合接着接合法の活用

疲労耐久性を向上させるためには、どのようにすればよいでしょうか。凝集破壊率を高くすることと、複合接着接合法を活用することの2つの方法を紹介します。

【凝集破壊率を高くする】

30項で説明しましたが、接着部に繰返し応力が負荷されると、接着部の端部の界面付近に応力が最も集中します。また28項の内部破壊で触れたように、界面破壊する場合は、内部破壊の発生開始強度が凝集破壊する場合に比べて非常に低くなります。

疲労破壊は内部破壊の蓄積によるものと考えると、27項で図示したように、凝集破壊率を高くすれば疲労特性の向上につながります。低荷重で繰返し回数が多い場合には、疲労による亀裂の進展が接着剤と被着材料の界面で起こりやすくなるとされ[9]、界面での接着性を上げて凝集破壊率を高くすることは重要と言えます。

【複合接着接合法を活用する】

接着とスポット溶接、ウェルドボンディングの疲労特性を比較すると、次ページ上図のような傾向を示します。被着材料はステンレス鋼板、接着剤は軟らかい二液室温硬化型ウレタン系です。接着だけの場合はスポット溶接よりもかなり劣りますが、接着とスポット溶接などの金属による接合を組み合わせることによって、スポット溶接を上回る疲労特性を得ることが可能です。

また、次ページ下図は軟らかいエポキシ系接着剤の例です。ここでも、接着とリベットの併用によりリベット単独を上回る疲労特性が得られています。

これらのように、金属接合などを併用することで疲労特性が向上するのは接着剤が軟らかい場合で、接着剤が硬い場合は接着剤単独の疲労特性以上には向上しません。使用温度範囲の最低温度環境下でもある程度軟らかい接着剤を用いるのがよいでしょう。

要点BOX
- ●凝集破壊率向上で疲労特性は向上する
- ●複合接着接合法により疲労特性は向上する
- ●応力集中が大きい硬い接着剤の使用を避ける

複合接着接合法による疲労特性の向上①

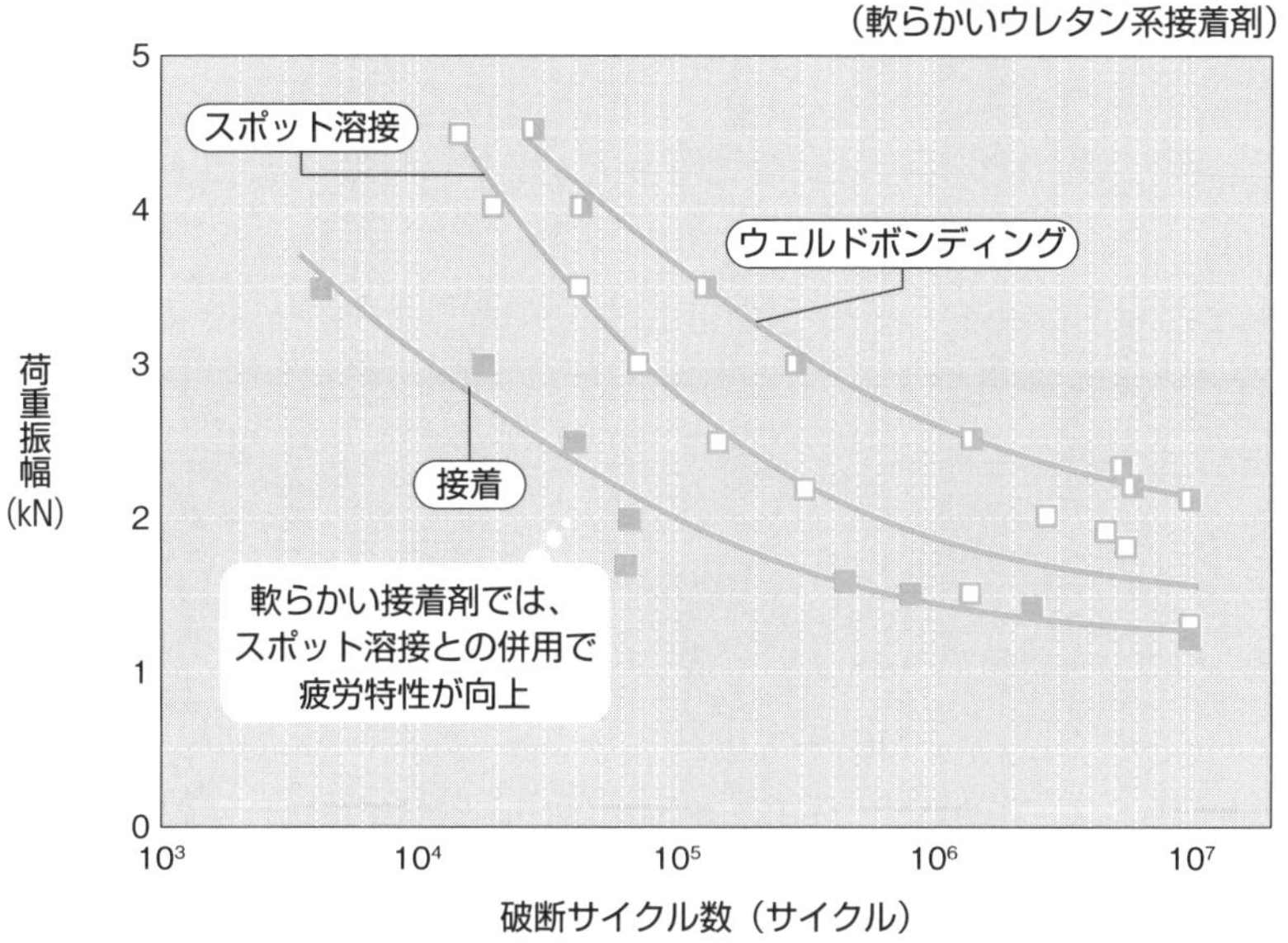

複合接着接合法による疲労特性の向上②

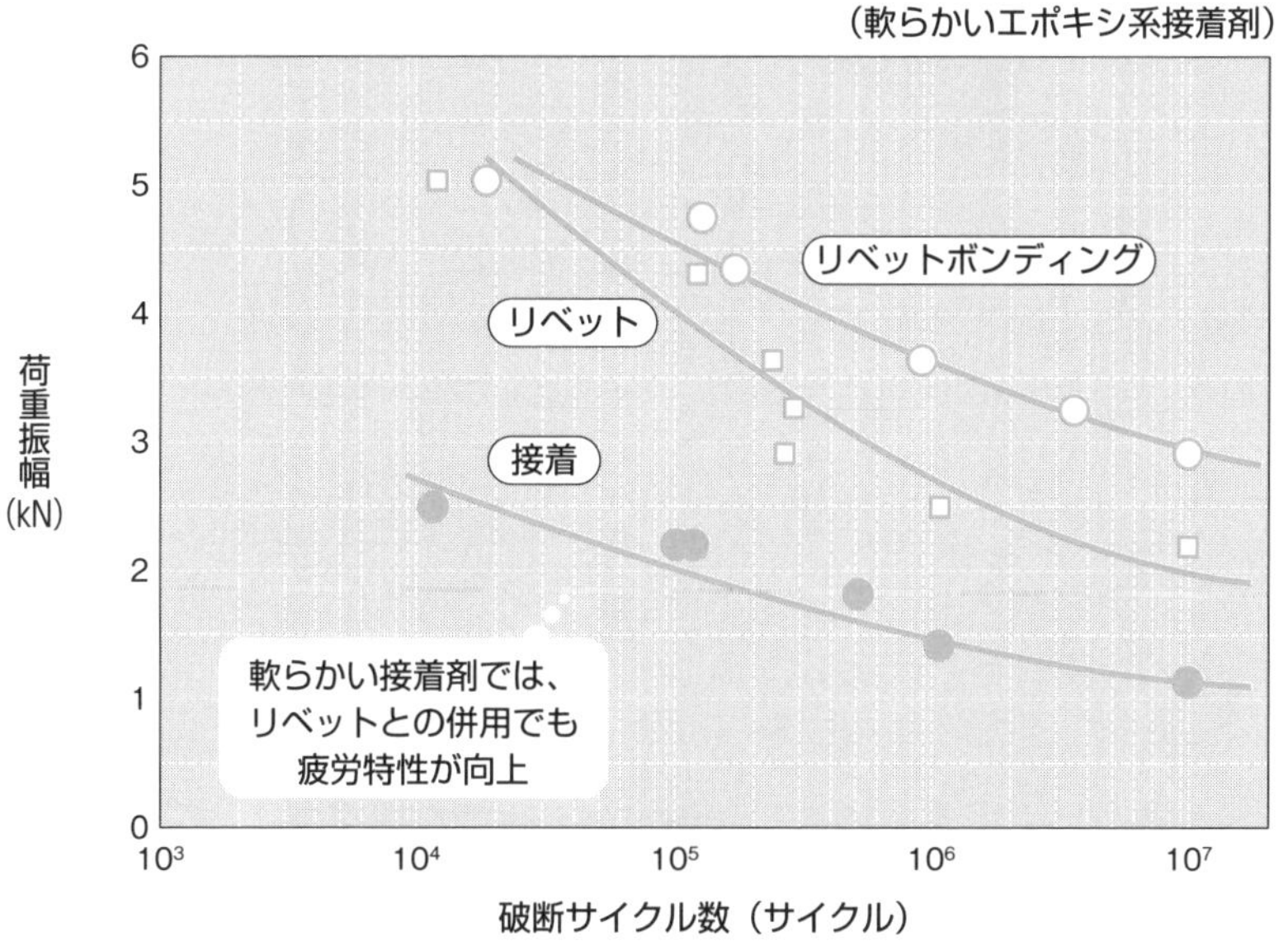

45 環境と応力の複合は劣化を促進する

クリープ変形やクリープ破断は温度が高いほど、負荷応力が高いほど短時間で起こります。しかし、温度や負荷応力が一定であっても、湿度が高い環境ではより短時間で起こると言われます。

60℃において相対湿度を5％RHから90％RHまで変化させた各雰囲気中で、クリープ破断試験を行った結果を次ページ上図に掲げました。被着材料は軟鋼板、接着剤は二液室温硬化型変性アクリル系接着剤です。

この結果から、負荷応力が同じであっても、相対湿度が高くなるほどクリープ破断時間が短くなることがわかります。これは次ページ下図のように、①クリープ応力が負荷される前の接着剤と被着材料との界面の結合力、②応力負荷による結合力の低下分、③①から②を減じた残存結合力、④水分が界面での結合を破壊する力の関係、によるものと考えられます。

接着部に水分が作用しない場合は、③の残存結合力で耐えますが、水分が作用すると③の残存結合力は⑤に低下してしまいます。相対湿度が高いほど④は大きくなり、⑤は小さくなります。その結果、相対湿度が高いほど短時間で破壊するのです。

上記のほかにも39項で説明したように、接着剤は水分を吸収すると、可塑化して弾性率が低下します。クリープ変形は接着剤の弾性率が低いほど起こりやすいと言われており、同じ温度・同じ負荷応力でも湿度が高くなると、クリープ耐久性が低下することも要因です。

応力と水分の複合劣化は、クリープ耐久性に限ったことではなく、繰返し疲労でも起こります。このように、応力による耐久性は湿度に大きく影響されるため、可能であればクリープ試験や繰返し疲労試験などの応力耐久性試験は高湿度環境で行うことが理想的です。

要点BOX

- ●クリープ力や繰返し応力が加わっている状態で、水分が作用すると劣化が促進される
- ●複合接着接合法は複合劣化の低減に効果的

応力と水分による複合劣化

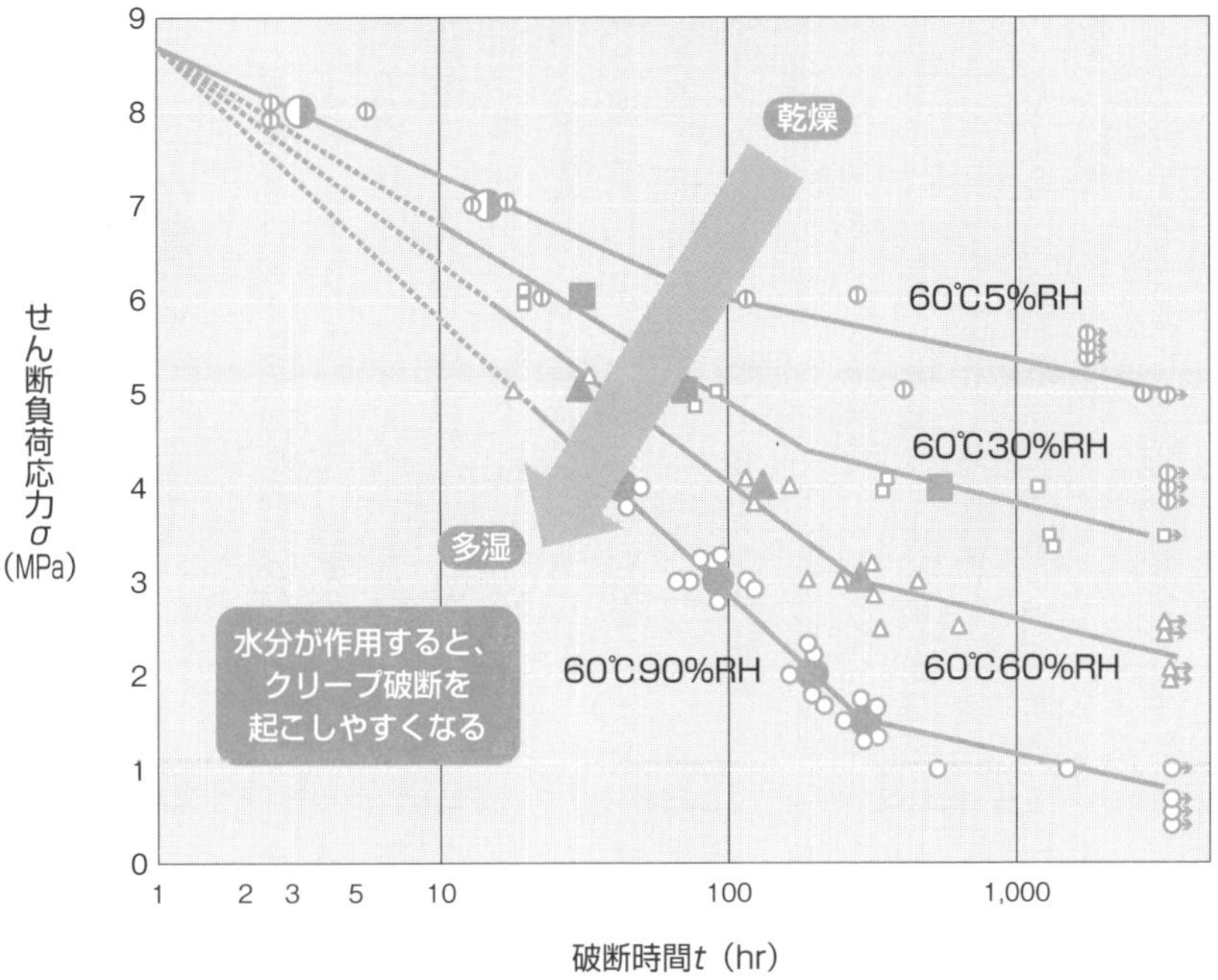

湿度が高くなると応力劣化が起こりやすくなる理由

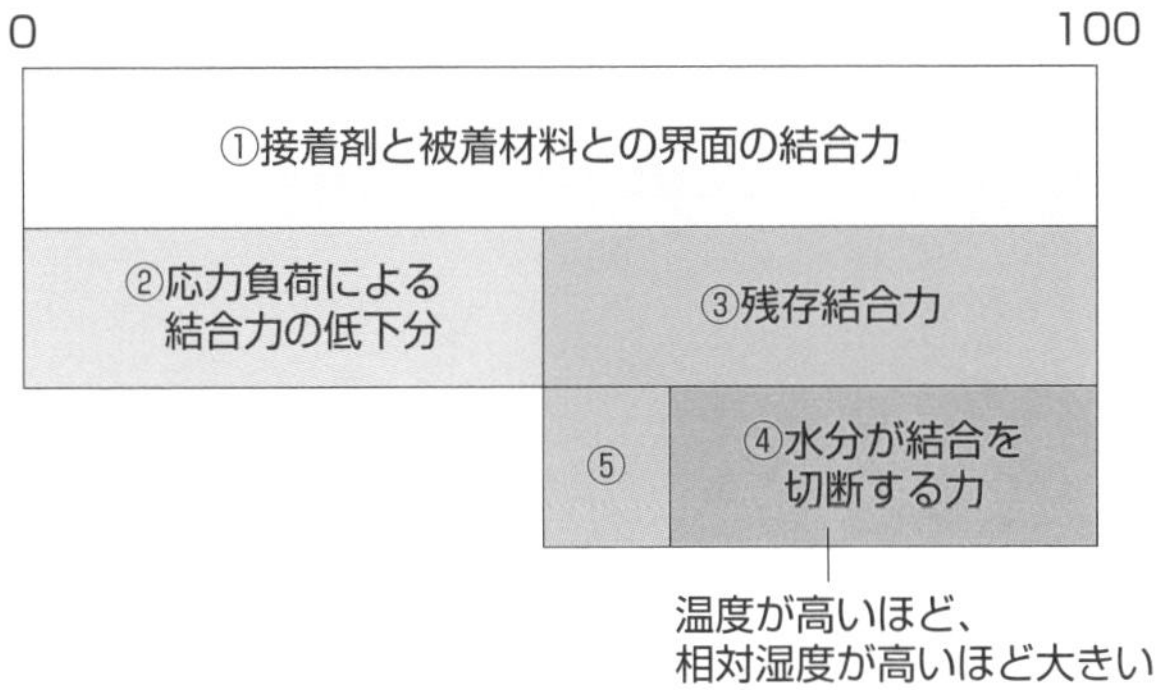

46 高温・低温の繰返しによる劣化

ヒートサイクルとヒートショックの違い

高温と低温を繰り返す環境で接着体が使用されると、劣化を起こすことがあります。温度変化による劣化のため環境的因子に含められることも多いですが、劣化の原因は、接着剤と被着材は線膨張係数が異なり界面で結合していることで、接着剤が自由に伸び縮みできず接着部に熱応力が生じるためです。したがって、温度変化による劣化は力学的因子による劣化と考えてよいでしょう。

冷熱サイクル試験には、ヒートサイクル試験とヒートショック試験があります。ヒートサイクル試験は温度をゆっくり上げ下げする試験で、ヒートショック試験は接着体を高温から低温環境に、低温から高温環境に直接投入するため、温度変化が急激な試験です。一般に、ヒートサイクル試験よりヒートショック試験の方が厳しい試験と言われます。

ヒートサイクル試験では、温度が徐々に変化するため接着体内部の温度勾配は緩やかで、部品はあまり変形しません。ヒートショック試験では、次ページ下図に示すように低温から高温環境に移されると、被着材の表面は短時間で高温になるものの部品内部はまだ冷たく、接着体に温度勾配が生じて部品が太鼓状に反ります。もし、接着層の厚さが10μmで、一方の部品に10μmの反りが生じると、接着層は20μm引っ張られます。接着剤の伸びが部品のたわみに追従できないと、接着部中央ではく離が生じます。

高温から低温環境に移されると、部品表面から冷却され、部品は両端が反り上がるように変形します。この状態では、接着部の端部ではく離が生じやすくなります。また、19・20項でも触れたように接着剤は粘弾性体であり、接着部に応力が加わると応力緩和を起こします。温度変化が急激で短時間の場合は、温度変化が緩やかで長時間の場合よりも応力緩和する時間が短いため、応力が高くなることが一因とも考えられます。

要点BOX
- ●ヒートショックはヒートサイクルより厳しい
- ●急激に温度変化するヒートショックでは、被着材内部の温度勾配で部品が変形する

ヒートサイクルとヒートショックの違い

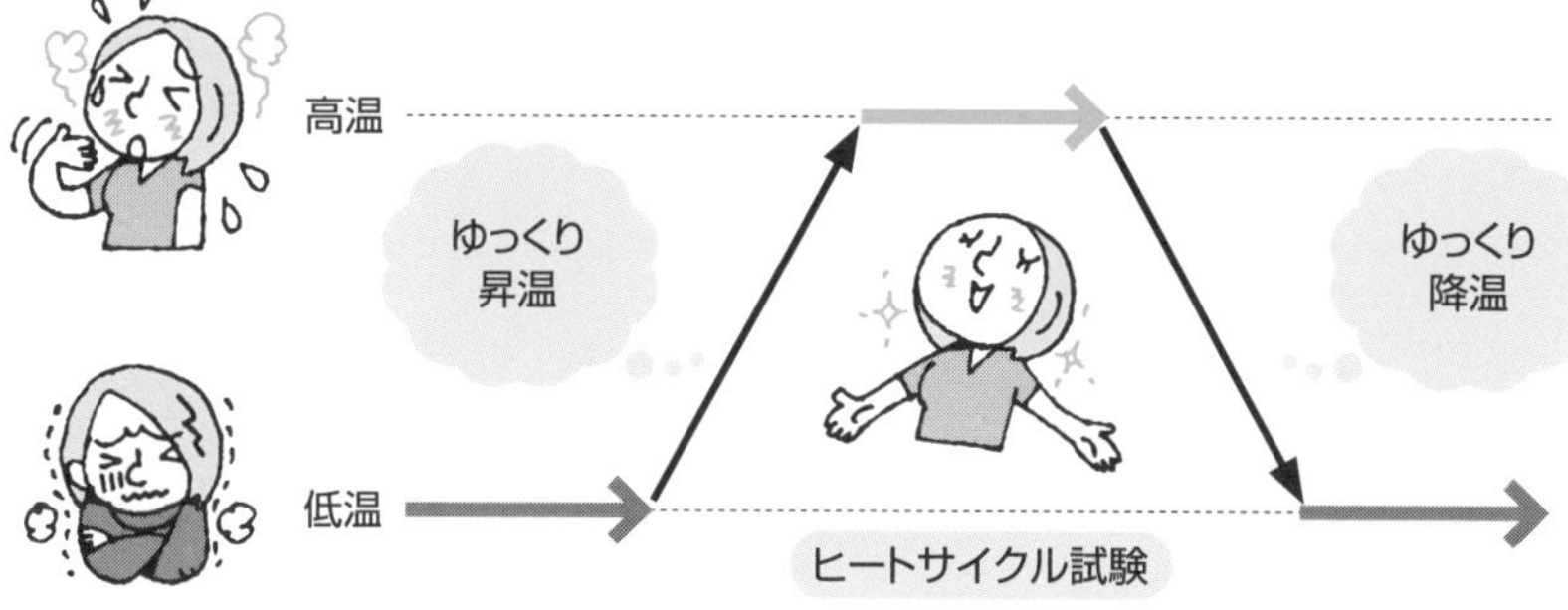

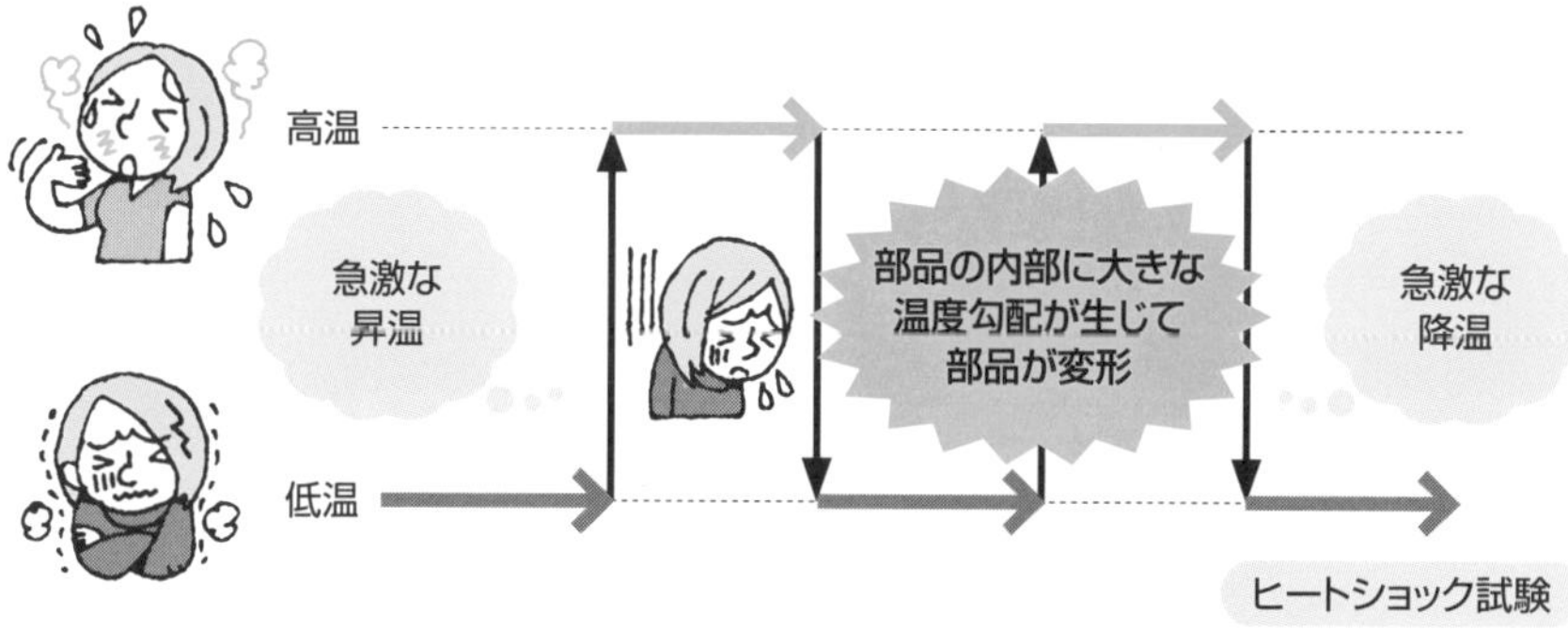

急激な温度変化で部品内部の温度勾配が大きくなる

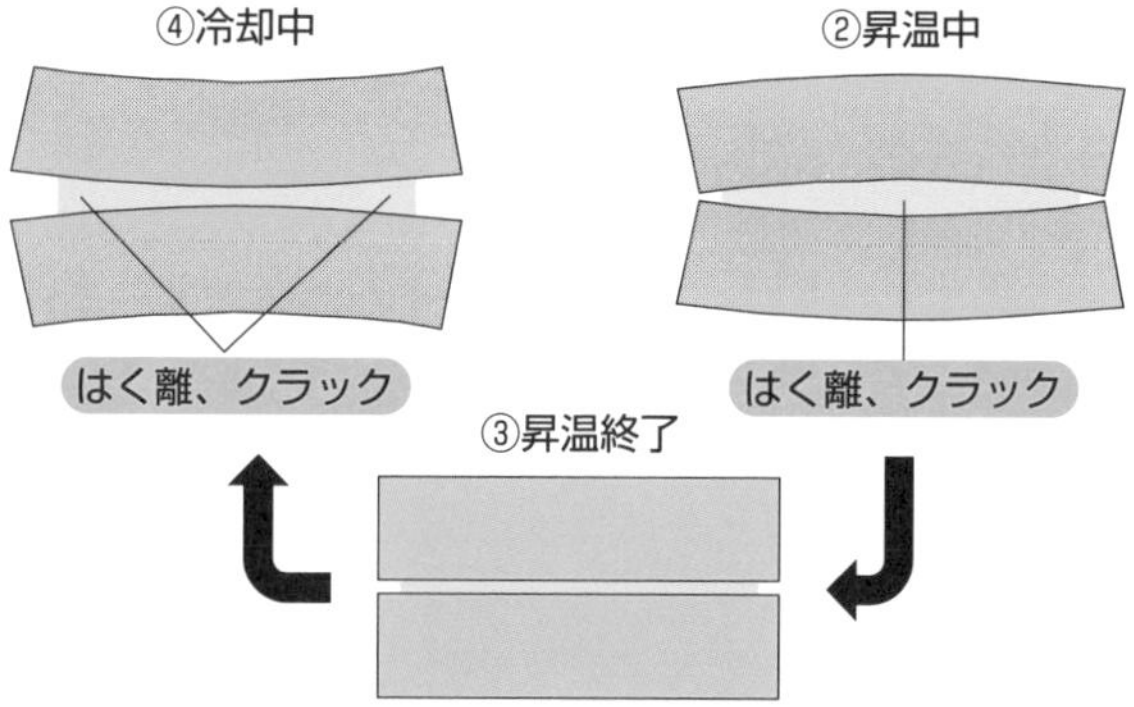

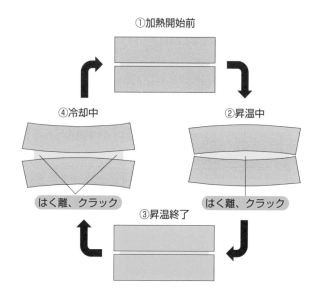

Column

人工衛星の太陽電池パネル組立

人工衛星の太陽電池は、軽量で剛性が高いハニカムパネルの上に搭載されています。ハニカムパネルは、1枚の大きさが約2・5m×約3m、厚さ25㎜程度で、蜂の巣状のアルミ製コアにCFRP製のスキン材をフィルム状のエポキシ系接着剤で接着してつくられています。接着剤は、面密度が小さい軽量なものが使用されています。

パネルの表面には太陽電池（約4㎝×6㎝、厚さ200㎛）が接着されています。個々の太陽電池の表面には低エネルギープロトンによる放射線劣化を低減させる目的で、カバーガラス（厚さ100㎛）が透明な接着剤で接着されます。

カバーガラスおよび太陽電池の接着には、低温（マイナス150℃）から高温（200℃）域で15年間にわたって特性が変化せず、温度変化による熱応力を低減するために、柔軟な二液付加型シリコーン系接着剤とプライマーが使用されています[10]。

また太陽電池パネルの他に、アンテナや各種機器が搭載される構体のパネルにも、ハニカムサンドイッチパネルが使用されているのです。

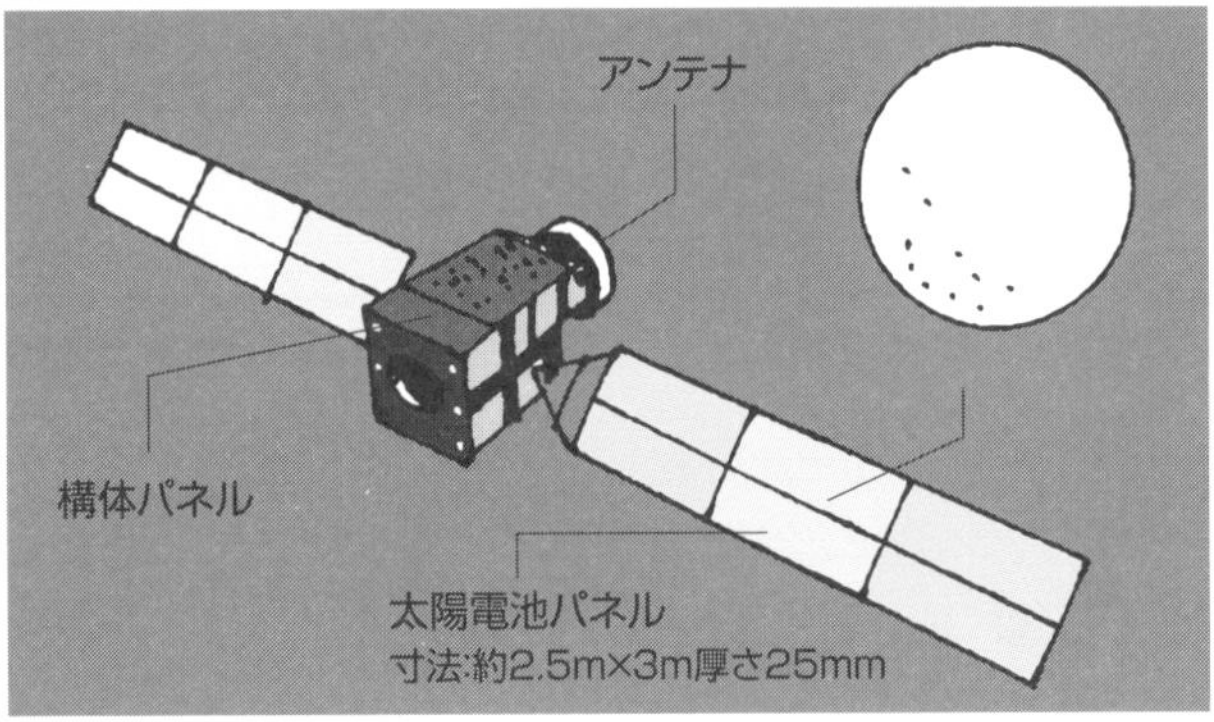

人工衛星のソーラーアレーパネルの構成の一例

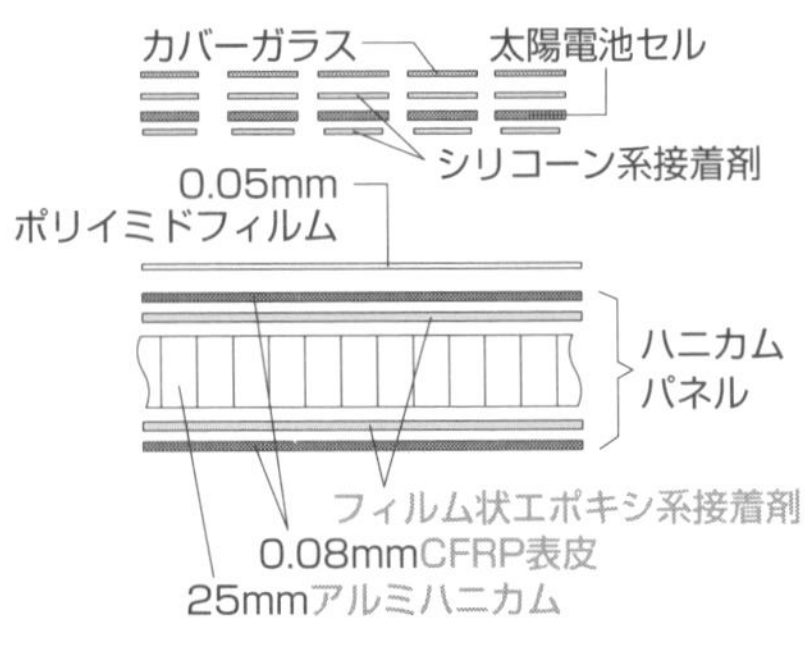

第6章

設計・施工時に留意すべきこと

47 接着層の厚さで強度や壊れやすさは変化する

接着層の厚さと強度、変形追従性

信頼性とともに品質に優れた接着を実現するためには、施工はもとよりその前段階から配慮すべき事項が多数待ち受けています。本章では、その対策アプローチについて取り上げていきます。

【接着層の厚さと強度の関係】

接着剤層の厚さと接着強さの関係を示したものを次ページ上図に示します。せん断強さや引張強さは、一般に接着層が10㎛程度で最大となり、厚くなるにつれて低下します。極端に薄くなると内部応力が高くなったり、被着材同士の接触で有効接着面積が減ったりするなどで、強度は低下します。一方、はく離強さや衝撃強さは、㎜オーダーのところで最も高い強度になります。

【最適な接着層の厚さはどの程度か】

せん断強さとはく離強さのバランスがとれた接着層の厚さは、一般に0・1～1・5㎜程度です。接着層の厚さが薄過ぎると、種々の方向の力に対して変形できる許容ひずみ量が小さくなり、よいことはありません。接着は隙間埋めと接合を同時に行うことも多く、接着層の厚さが5㎜や10㎜になる場合も多々見られます。接着層が厚いと変形に対する追従性は上がり、厚くて問題となることはないでしょう。

【接着層が厚くなるとはく離強さが向上する理由】

接着剤の伸びが、破断伸び率を超えると破壊します。次ページ下図に示す通り接着層が厚くなると、接着剤の破断までの伸び量は大きくなるため、荷重を受ける面積が増加します。たとえば、接着層の厚さが0・1㎜で接着剤の破断伸び率が100％の場合は、0・1㎜伸ばされたところで破壊しますが、接着層の厚さが1㎜であれば1㎜までの伸びには耐えることになります。すなわち、被着材の反りへの追従性は接着層が厚い方が大きく、接着層が厚ければ広い面積で力を受けることができるため、はく離強さが高くなるわけです。

要点BOX
- ●接着層が厚いとせん断・引張強さは低下する
- ●接着層が厚いとはく離・衝撃強さは高くなる
- ●接着層は厚い方が壊れにくい

接着層の厚さと接着強さの関係

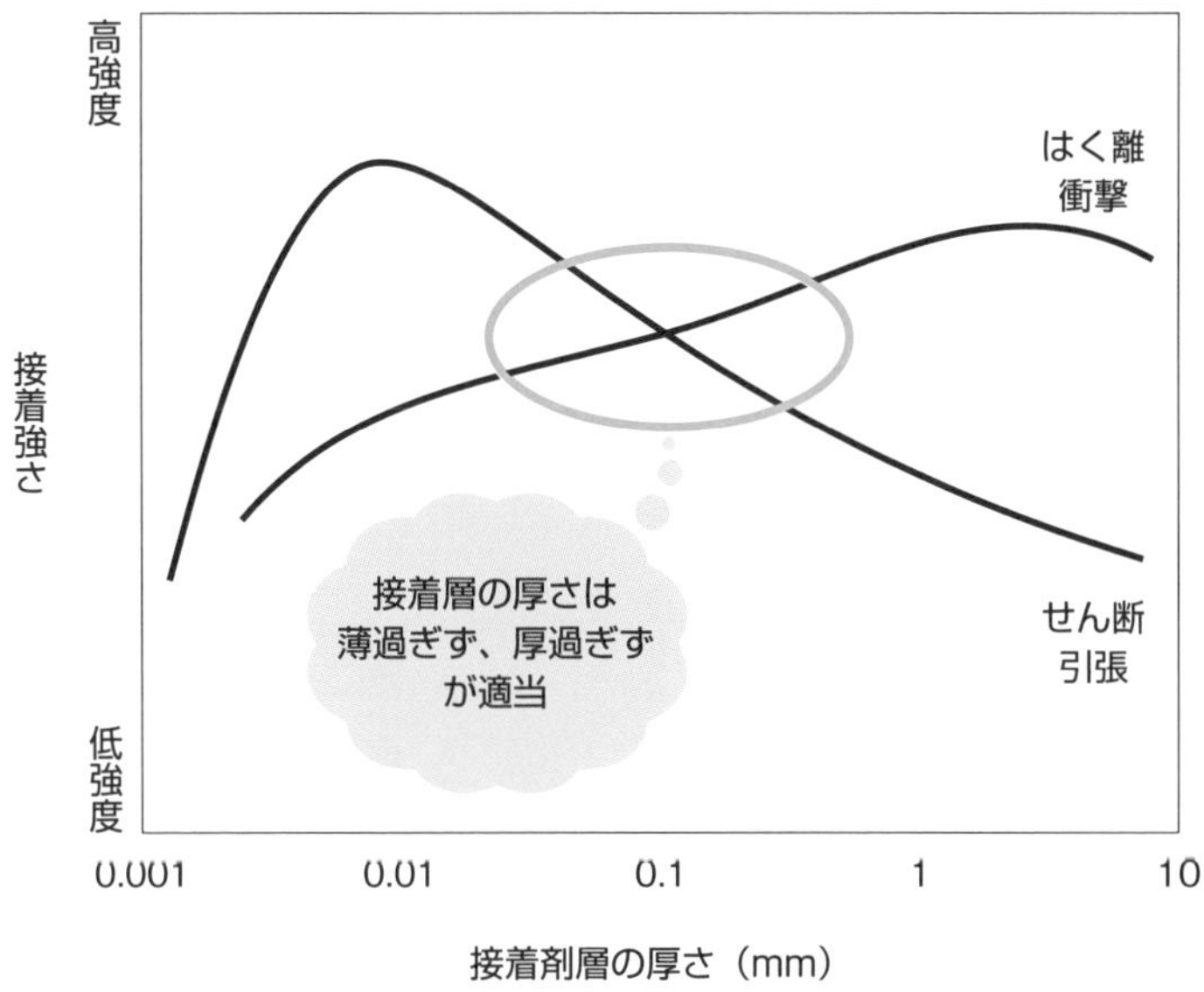

接着層が厚くなるとはく離強さが高くなる理由

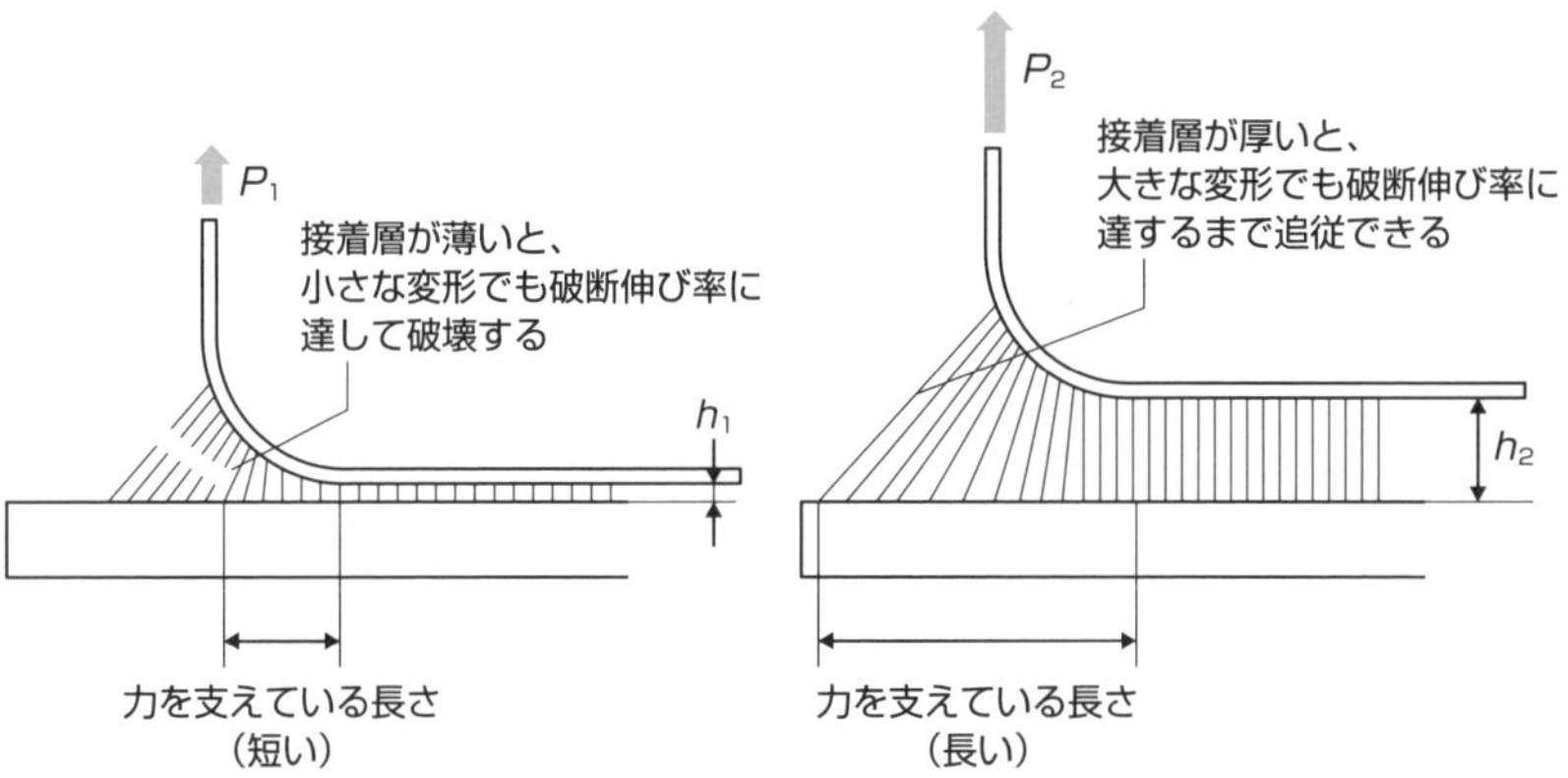

(A)接着層が薄い場合

(B)接着層が厚い場合

48 接着層の厚さは出来映え次第ではいけない

接着層の厚さ基準での設計・施工

接着される部品の寸法公差は図面に明記されていますが、接着後の接着層厚さや厚さの公差が記載されていることは稀です。接着層の厚さが変わると、前項で述べたように接着強さは変化し、50・51項で触れるように温度変化によって破壊が生じることもあります。したがって、接着層厚さを考慮した設計と施工は高信頼性接着を達成するために重要です。

軸Aを穴Bに差し込む嵌合接着の例を次ページに図示しました。軸Aの直径はφ10㎜で公差はマイナス0・10からマイナス0・00㎜、穴Bは直径がφ10㎜で公差は+0・00から+0・10㎜です。これらの部品を組み合わせると、クリアランス（両側）は0・00〜0・20㎜となり軸は穴に入りますが、クリアランスが0・00㎜のように小さい場合、AとBの線膨張係数が異なると温度変化で剥がれが生じます。また、クリアランスが0・20㎜と大きいと、嫌気性接着剤や瞬間接着剤では未硬化につながります。

部品の寸法公差は、接着層厚さの範囲を決めた上で、任意の組合せでも範囲内に収まるよう決めます。たとえば次ページの図で、軸の公差をマイナス0・00からマイナス0・05㎜、穴の公差を+0・05から+0・10㎜とすれば、任意に組み合わせてもクリアランス（両側）の範囲を0・05〜0・15㎜に収めることが可能です。ただし、加工精度が上がるため加工コストも増えてしまいます。そこで、部品を寸法でランク分けし、組合せを決める方法があります。

たとえば上記の例で、両側クリアランスを0・05〜0・15㎜で嵌合接着したいとします。加工されたすべての軸部品Aと穴部品Bの寸法を計測し、測定値によって何段階かにランク分けするのです。同じランクの部品同士を組み合わせれば、加工精度を上げずに指定された接着層厚さに収めることが可能です。ランク数を増やすとクリアランスの公差は小さくなります。

要点BOX

- 接着層厚さを考慮した設計と施工は、高信頼性接着を達成するための重要事項
- 量産部品ではランク分けで基準内に納める

軸Aを穴Bに差し込んで接着する嵌合接着の例

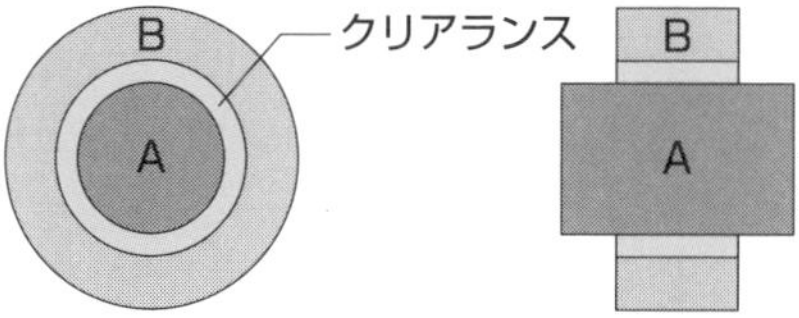

部品の寸法によるランク分け

ケース	ランク分け	軸外径寸法	穴内径寸法	クリアランス（両側）	最適値からの最大ズレ（両側）	合否
ケース1	なし（高精度加工）	10 -0.00 -0.05	10 +0.05 +0.10	0.05〜0.15	0.05	合格
ケース2	なし（加工精度低減）	10 -0.00 -0.10	10 +0.00 +0.10	0.00〜0.20	0.10	不合格品発生
ケース2-1	ランク1	10 -0.00 -0.05	10 +0.05 +0.10	0.05〜0.15	0.05	合格
	ランク2	10 -0.05 -0.10	10 +0.00 +0.05	0.05〜0.15	0.05	合格
ケース2-2	ランク1	10 -0.00 -0.03	10 +0.06 +0.10	0.06〜0.13	0.04	合格
	ランク2	10 -0.03 -0.07	10 +0.03 +0.06	0.06〜0.13	0.04	合格
	ランク3	10 -0.07 -0.10	10 +0.00 +0.03	0.07〜0.13	0.03	合格
ケース2-3	ランク1	10 -0.00 -0.02	10 +0.08 +0.10	0.08〜0.12	0.03	合格
	ランク2	10 -0.02 -0.04	10 +0.06 +0.08	0.08〜0.12	0.02	合格
	ランク3	10 -0.04-0.06	10 +0.04 +0.06	0.08〜0.12	0.02	合格
	ランク4	10 -0.06 -0.08	10 +0.02 +0.04	0.08〜0.12	0.02	合格
	ランク5	10 -0.08 -0.10	10 +0.00 +0.02	0.08〜0.12	0.02	合格

ランク分けによる組合せ精度の確保

大勢の人の中から、体重差が一定値以内の
男女2人の組合せをつくるには？
◇任意の組合せでは、なかなか見つからない
◇あらかじめ男女別にそれぞれ体重で、いくつかのグループに分けておけば簡単に見つかる

49 接着層厚さの調整方法

スペーサーによる厚さコントロール

　接着層の厚さをコントロールすることは重要ですが、注意すべき事柄を挙げます。

　次ページ上図(A)のように、平面同士の接着を行うときに加圧を行うと、接着層の厚さのコントロールが難しくなります。接着層の厚さを調整するために、同図(B)のように部品に突起や溝を設けることがあります。この場合、接着剤は液体の間に、接着部の全周で分子間力による結合を起こします。

　その後、接着剤は硬化反応や熱硬化後の冷却により体積収縮を起こそうとしますが、全周で結合しているためにほとんど収縮できず、厚さ方向にも拘束されていることから接着剤は被着材料との界面で引っ張られた状態となります。そのため、厚さ方向に拘束のない同図(A)に比べて大きな内部応力が発生し、引張応力により接着剤にクラックが生じたり、引張応力が接着力を超えると界面ではく離が生じたりすることにつながるのです。特に角の部分で応力が集中し、はく離が起きやすくなります。また、部品が薄くて変形しやすい場合は、接着層の厚さ方向の収縮応力で部品に変形を生じさせます。

　同図(C)は、接着剤層の厚み調整のためにスペーサーを使用する場合です。スペーサーには、ビーズ状やワイヤー状のものが使われます。同図(B)に比べ、側面方向の拘束がないため内部応力は低いですが、厚さ方向に拘束されている同図(A)よりは大きくなります。ガラスやセラミックス、金属などの硬いスペーサーは、厚さ方向に収縮できず内部応力が大きくなるので、柔らかい樹脂ビーズを使用しましょう。種々の材質や大きさのものが市販されています。

　スペーサーは、接着剤を塗布した後に少量を接着剤の上に散布したり、接着剤の中にあらかじめ混合したりしておきます。板金構造物組立や磁石接着に使用されている接着剤には、直径100μmなどの樹脂スペーサーが添加されているものも見られます。

要点BOX
- ●溝や堤防による厚さコントロールは内部応力が増加する。深い溝では特に注意したい
- ●樹脂ビーズをスペーサーとして使うとよい

接着層の厚さのコントロールのための堤防や溝

(A) 厚さ方向には非拘束

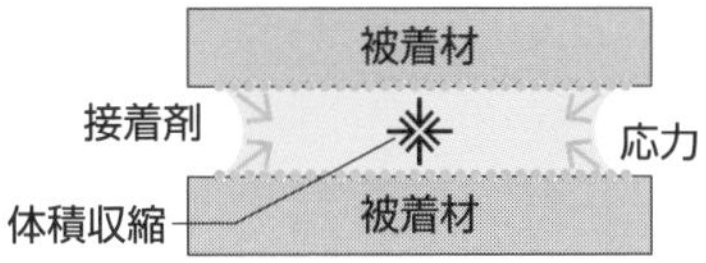

均一な厚さ制御ができない

(B) 全方向拘束

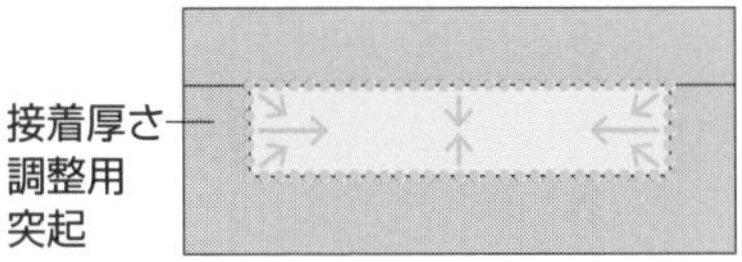

接着層厚さに相当する溝や堤防を形成すると、内部応力が大きくなる

(C) 側面非拘束

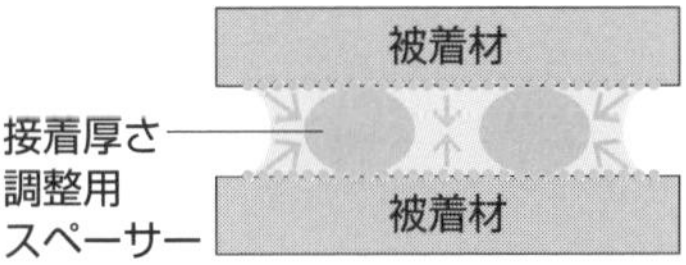

接着層厚さに相当する粒径の樹脂ビーズを用いることで、厚さ制御が可能となる。硬化収縮や低温時の接着剤の収縮にも追従できる

樹脂スペーサーによる接着層厚さ制御の例

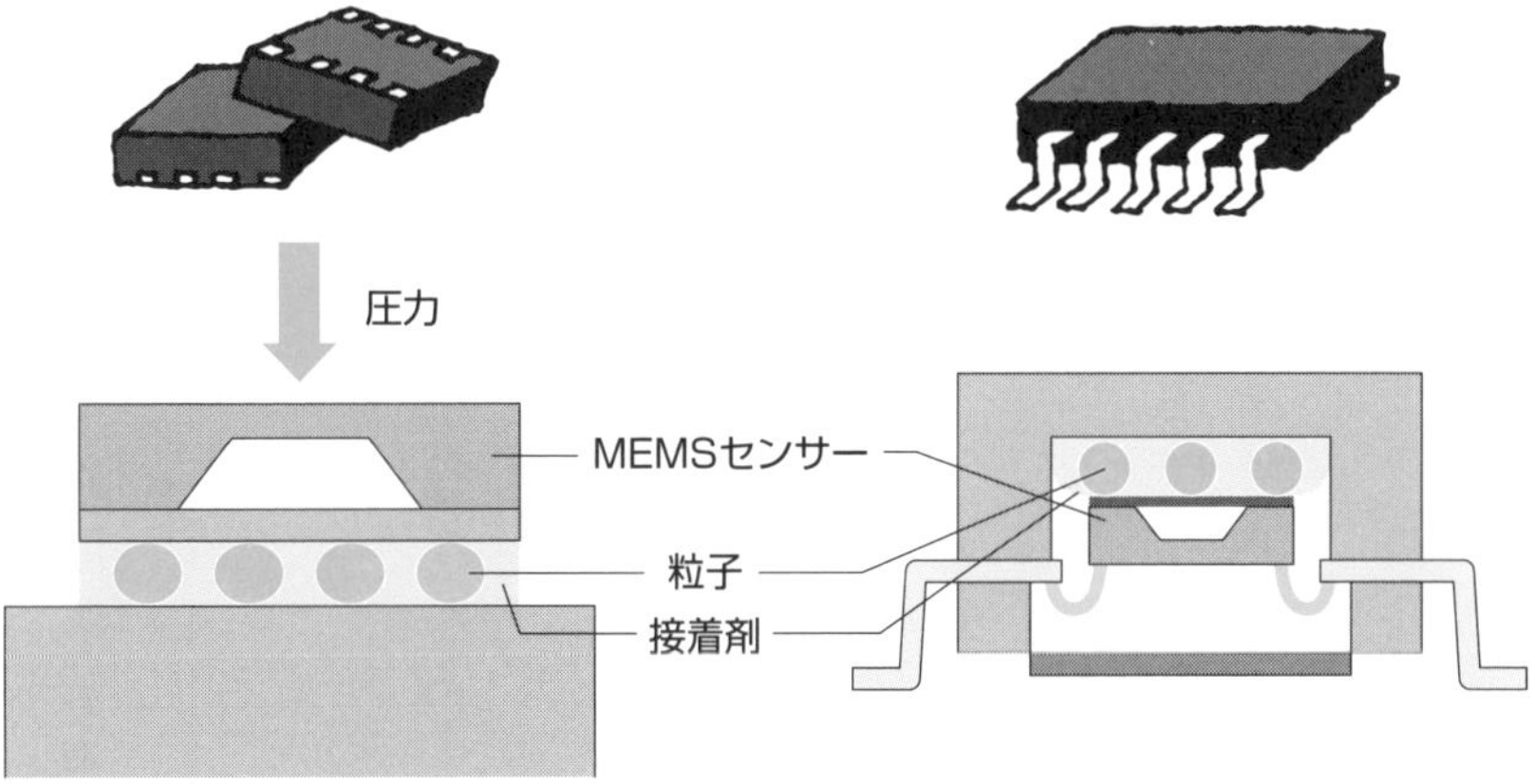

圧力センサー　　加速度センサー

出典:積水化学工業㈱ ファインケミカル事業部 微粒子製品「ミクロパール」
https://www.sekisui-fc.com/ja/micro/

50 異種材の嵌合接着での接着層厚さ方向拘束①

線膨張係数が軸部品∨穴部品の場合

異種材料の嵌合接着は、接着層が厚さ方向に拘束されているため種々の課題があります。小型モーターでの線膨張係数の小さなリング状の焼結磁石と、鋼製のローター軸の接着の例で考えてみましょう。

次ページ下図①に示すように、室温で接着剤を塗布して軸を穴に挿入した時点では、クリアランス（接着層厚さ）は所定の寸法になっています。加熱硬化を行うために加温すると、軸径は穴径より膨張が大きいため、同図②のようにクリアランスは狭くなり、この状態で接着剤が硬化します。硬化後室温まで冷却すると、部品は元の寸法に戻ろうとするため、同図③のようにクリアランスは硬化中より大きくなります。接着剤は両界面で結合しているため、接着剤は厚さ方向に引っ張られた状態となります。

引張力が界面での接着強さよりも大きいと、界面で破壊します。接着剤の伸びがクリアランスの増大に追従できなければ、接着剤の中で破断します。同図④のように使用中に低温になった場合は、クリアランスはさらに大きくなり、接着部での破壊は起きやすくなるのです。こうした接着部の破壊回避策は、もともとのクリアランスを大きく設計して接着剤の伸び率を小さくすることに加え、室温硬化型の接着剤の使用を検討します。

室温硬化型接着剤で室温で硬化したものは、使用中に高温になると、軸径の膨張は穴径の膨張より大きいことでクリアランスは小さくなり、接着層に圧縮が加わります。圧縮のため接着部の破壊は生じませんが、穴部品がガラスやセラミックスなどの割れやすい材料では、高温で接着層に圧縮力が加わると、穴部品の表面には円周方向に引張力が生じ、部品が割れる問題が表れることもあるため注意が必要です。低温使用時は、硬化温度と使用温度の温度差は加熱硬化接着剤の場合より小さく、加熱硬化型接着剤の場合よりも破壊しにくいと言えます。

要点BOX

- 加熱硬化型接着剤では冷却後や低温使用時に破壊しやすい
- クリアランスは大きく設計するのがよい

線膨張係数が大きな軸に線膨張係数が小さな部品を接着する例

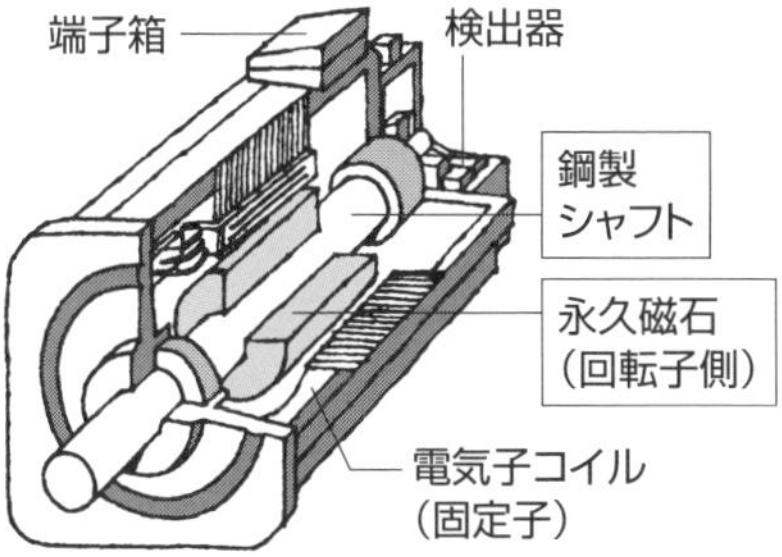

小型モーターの外観と構造図
線膨張係数:永久磁石＜鋼製シャフト

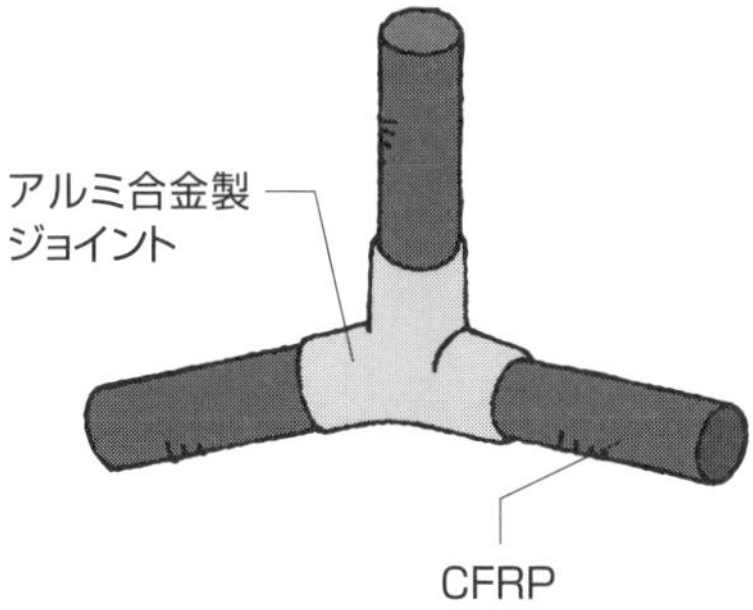

CFRPパイプとアルミ製ジョイントの接合
線膨張係数:CFRP＜アルミ製ジョイント

出典:原賀康介、「高信頼性接着の実務」、
日刊工業新聞社, P.46, 2013年

加熱硬化型接着剤による勘合接着における クリアランスの変化と接着部に加わる力

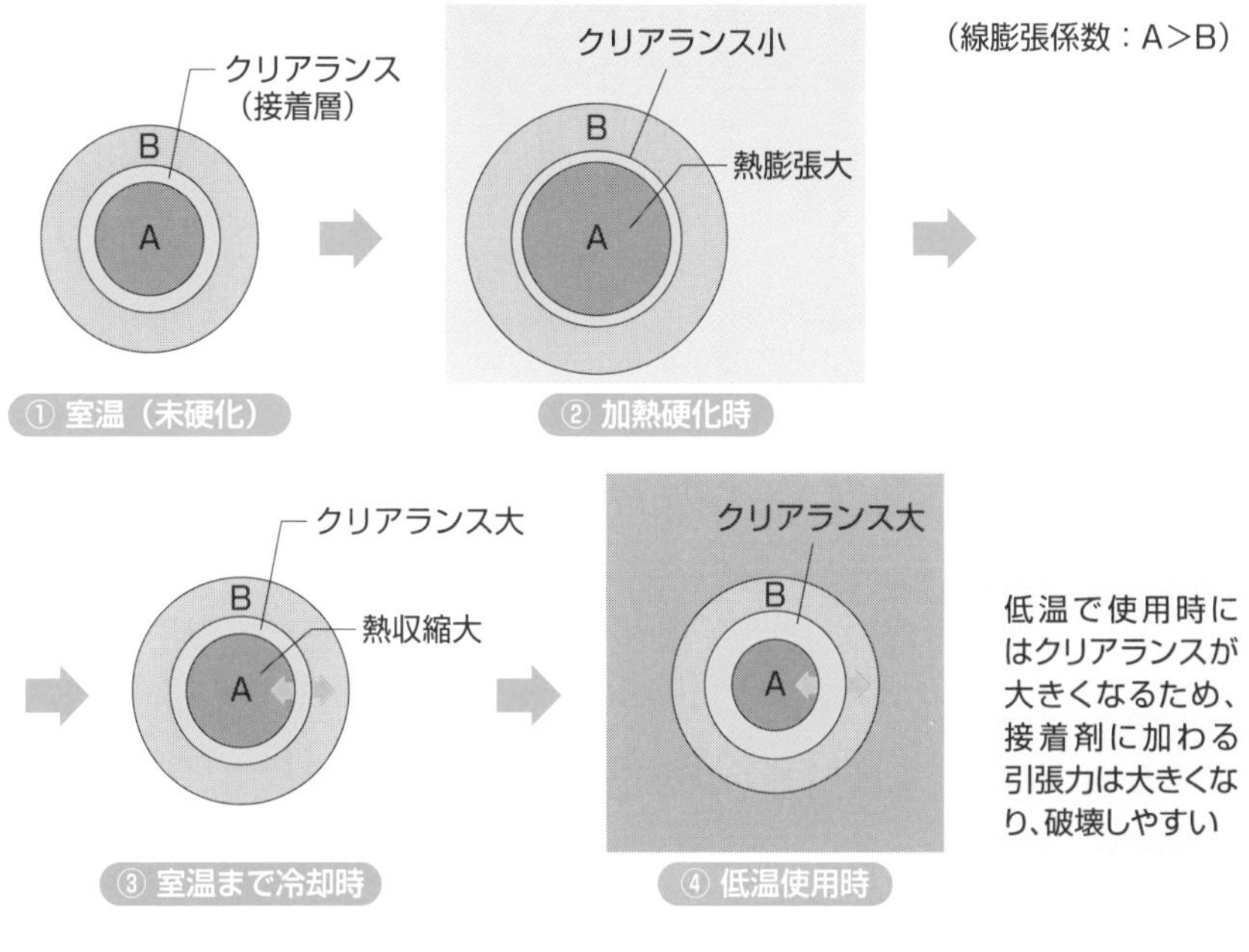

51 異種材の嵌合接着での接着層厚さ方向拘束②

線膨張係数が軸部品＜穴部品の場合

室温硬化型接着剤を用いる場合は、次ページ上図①の通り、所定のクリアランスのままで接着硬化します。低温で使用する場合は同図②のように、穴径が軸径より大きく縮むためクリアランスは小さくなり、接着層は厚さ方向に圧縮された状態になって接着部の破壊は生じません。

また使用中に高温になると、同図③のように穴径が軸径より膨張が大きいため、クリアランスは大きくなります。接着剤は両界面で結合していて、接着剤は厚さ方向に引っ張られた状態となり、引張力が界面での接着強さより大きければ界面で破壊し、接着剤の伸びがクリアランスの増大に追従できなければ接着剤の中で破断します。

接着部の破壊回避策は、もともとのクリアランスを大きく設計したり、加熱硬化型接着剤を使用したりします。

高温での硬化時にはクリアランスは大きくなっており、室温までの冷却後や低温での使用時には接着層に圧縮が加わるため、接着部が破壊するようなことは生じません。ただし、室温で接着剤を塗布して穴に挿入すると、硬化温度までの昇温中にクリアランスが大きくなるため、接着層に空気を引き込んで接着欠陥が生じやすくなります。

そこで、穴部品を予熱してクリアランスを拡げた状態で、接着剤を塗布した軸を挿入することが必要です。

また使用中に低温になると、クリアランスは小さくなって接着層に圧縮が加わります。そのため、穴部品がガラスやセラミックスなどの割れやすい材料では部品が割れるなどの問題が生じることもあり、注意しなければなりません。低温での穴部品の割れは、加熱硬化の場合は硬化温度と使用温度の温度差が室温硬化型接着剤の場合より大きいため、室温硬化型の場合より破壊しやすくなります。

要点BOX

- ●室温硬化型接着剤では高温使用時に破壊しやすい
- ●クリアランスは大きく設計するのがよい

室温硬化型接着剤による勘合接着における クリアランスの変化と接着部に加わる力

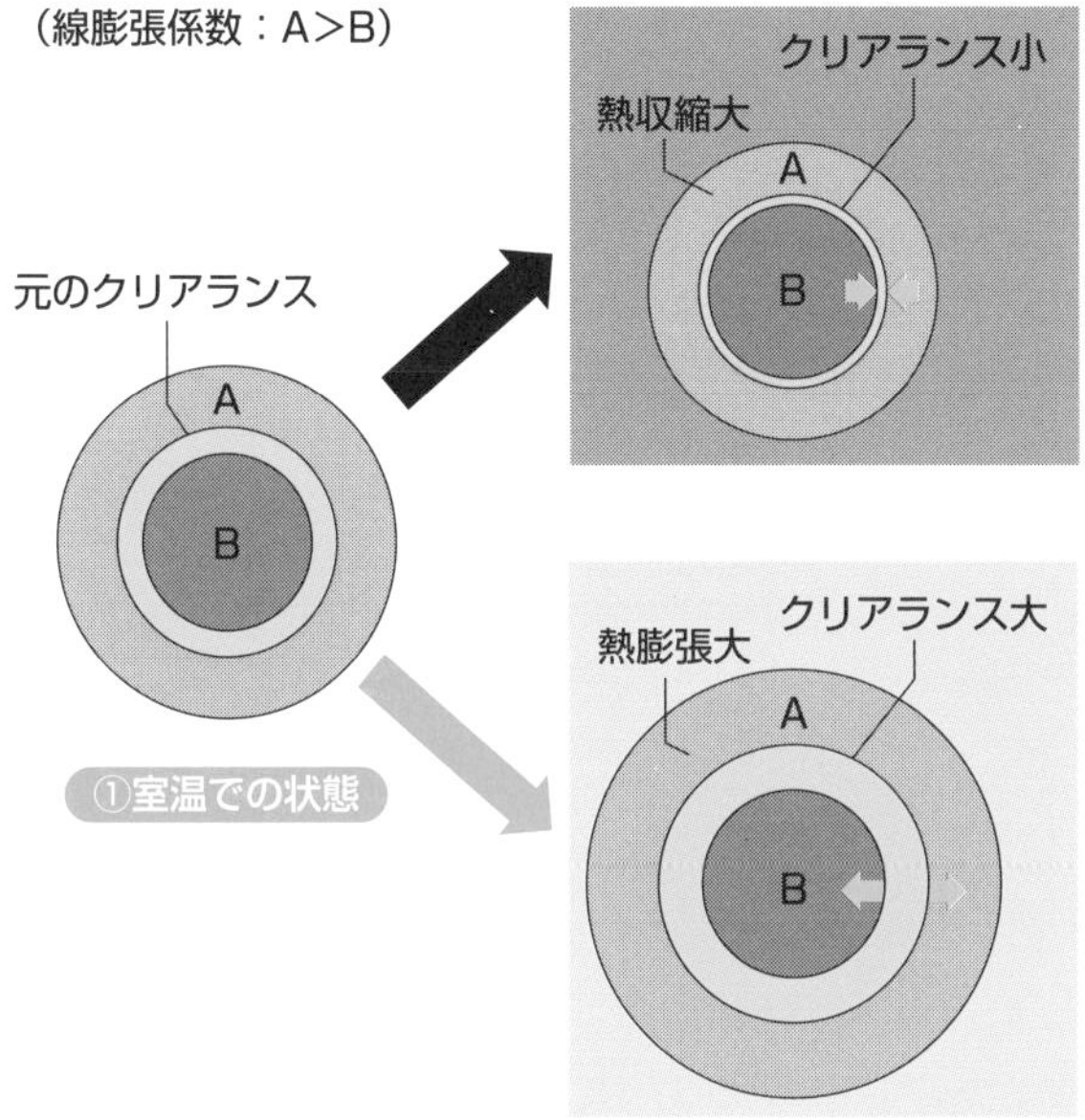

②低温使用時の状態

③高温使用時の状態

高温で使用時にはクリアランスが大きくなるため、接着剤に加わる引張力は大きくなり、破壊しやすい

線膨張係数が大きな穴に線膨張係数が小さな部品を接着する例

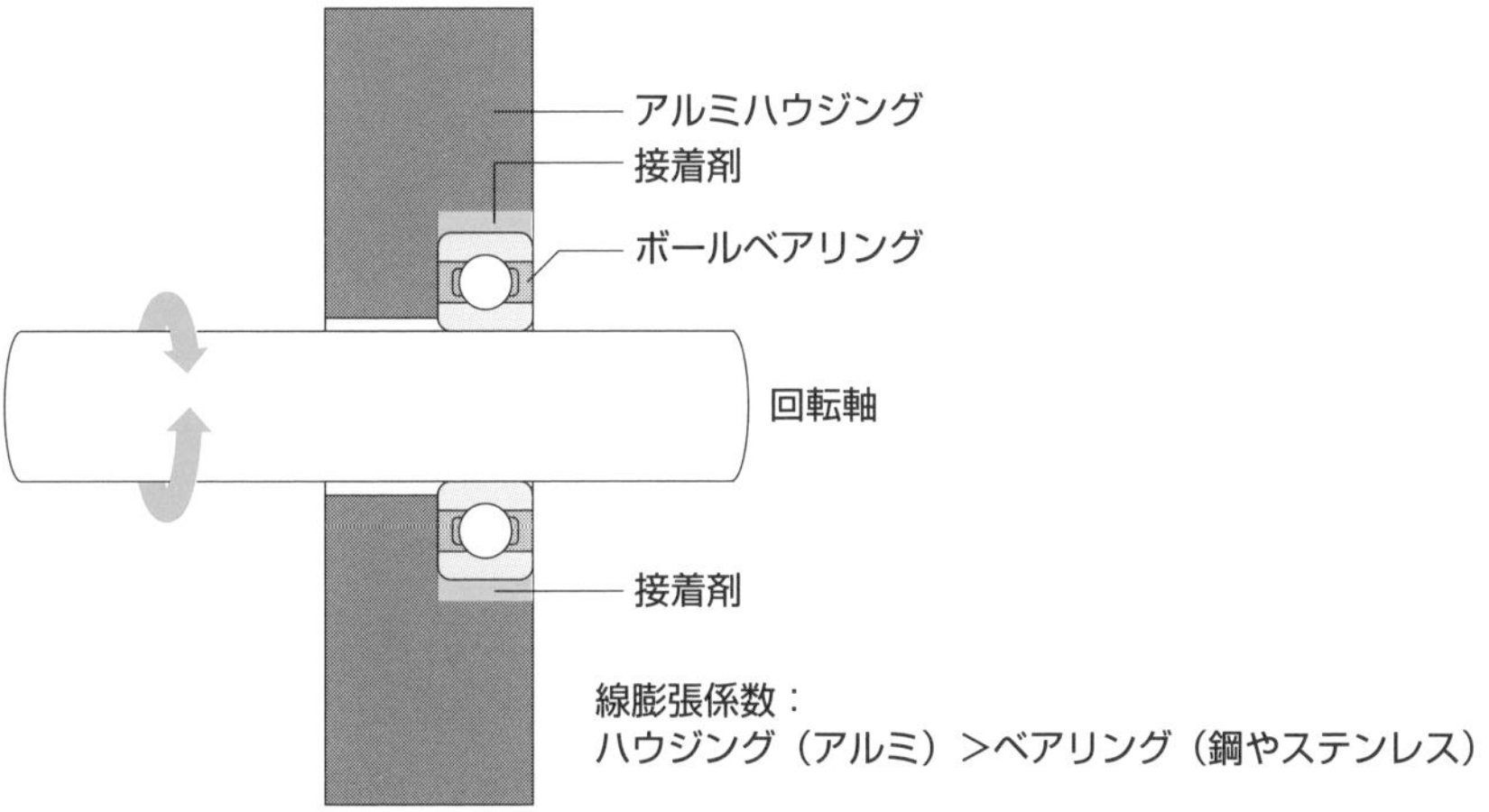

アルミハウジングと
ボールベアリングの接着

52 接着部の破断強さはどのくらいあればよいか

室温初期の平均破断強さは加わる最大力の何倍必要か

接着強さは破断試験で求められるのが一般的ですが、破断強さや平均値を接着強さの実力値と考えて設計に用いてはいけません。

破断強さには当然、①バラツキがあるため平均値ではなく最低値で考えねばなりません。ただし、②必要な最低値は要求される信頼度（耐用年数までに許容できる不良率）で変化します。

さらに最低値は、③耐用年数までの劣化による接着強度の低下とバラツキの増大、④内部破壊（28項を参照）、⑤使用時の温度、によって低下します。そして、ほかにも安全率について考慮しておくことが不可欠です。これらについてすべて考慮した強度が、設計に用いることができる「設計許容強度」となります。

設計許容強度は、室温初期の平均破断強さの1／10～1／50程度が一般的です。設計許容強度は、接着部に加わる最大の力（応力値ではなく荷重値）と同じか、それ以上でなければ想定以上の不良が生じることになるため、室温初期の平均破断強さ（荷重値）は加わる最大力の10～50倍程度は必要ということになります。

日本海事協会の「構造用接着剤使用のためのガイドライン」[11]では、室温初期の平均破断強さが接着部に加わる最大力の40倍以上になるように設計すること、と書かれています。

なおこの倍率は、27・29項で示した高信頼性・高品質接着の基本条件を満たすところまでつくり込みがなされた接着系、すなわち初期の凝集破壊率が40％以上の場合で、初期に界面破壊してバラツキが大きいときにはとてつもなく大きな値の倍率となります。

さらにもう1つつけ加えると、初期のバラツキをどの程度に抑えた生産をすればよいかについては、29項で掲載した表を参考に必要な変動係数を求めることが可能です。

要点BOX

- ●破断強さや平均値を設計に用いてはならない
- ●室温初期の平均破断強さは加わる最大力の10～50倍程度は必要

接着部の強度はどのくらいあればよいか

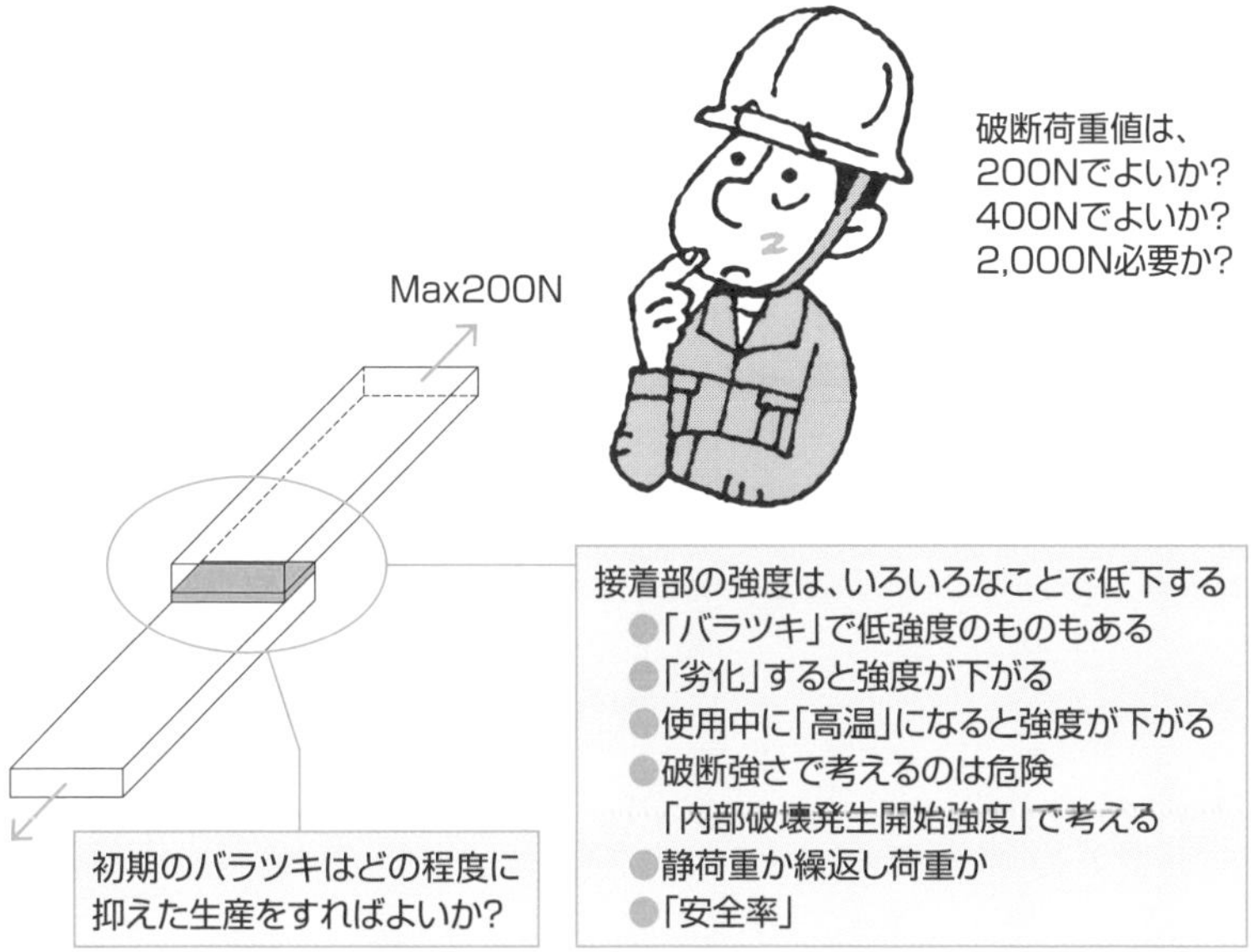
破断荷重値は、
200Nでよいか?
400Nでよいか?
2,000N必要か?
Max200N
接着部の強度は、いろいろなことで低下する
●「バラツキ」で低強度のものもある
●「劣化」すると強度が下がる
●使用中に「高温」になると強度が下がる
●破断強さで考えるのは危険
「内部破壊発生開始強度」で考える
●静荷重か繰返し荷重か
●「安全率」
初期のバラツキはどの程度に
抑えた生産をすればよいか?

設計許容強度の考え方

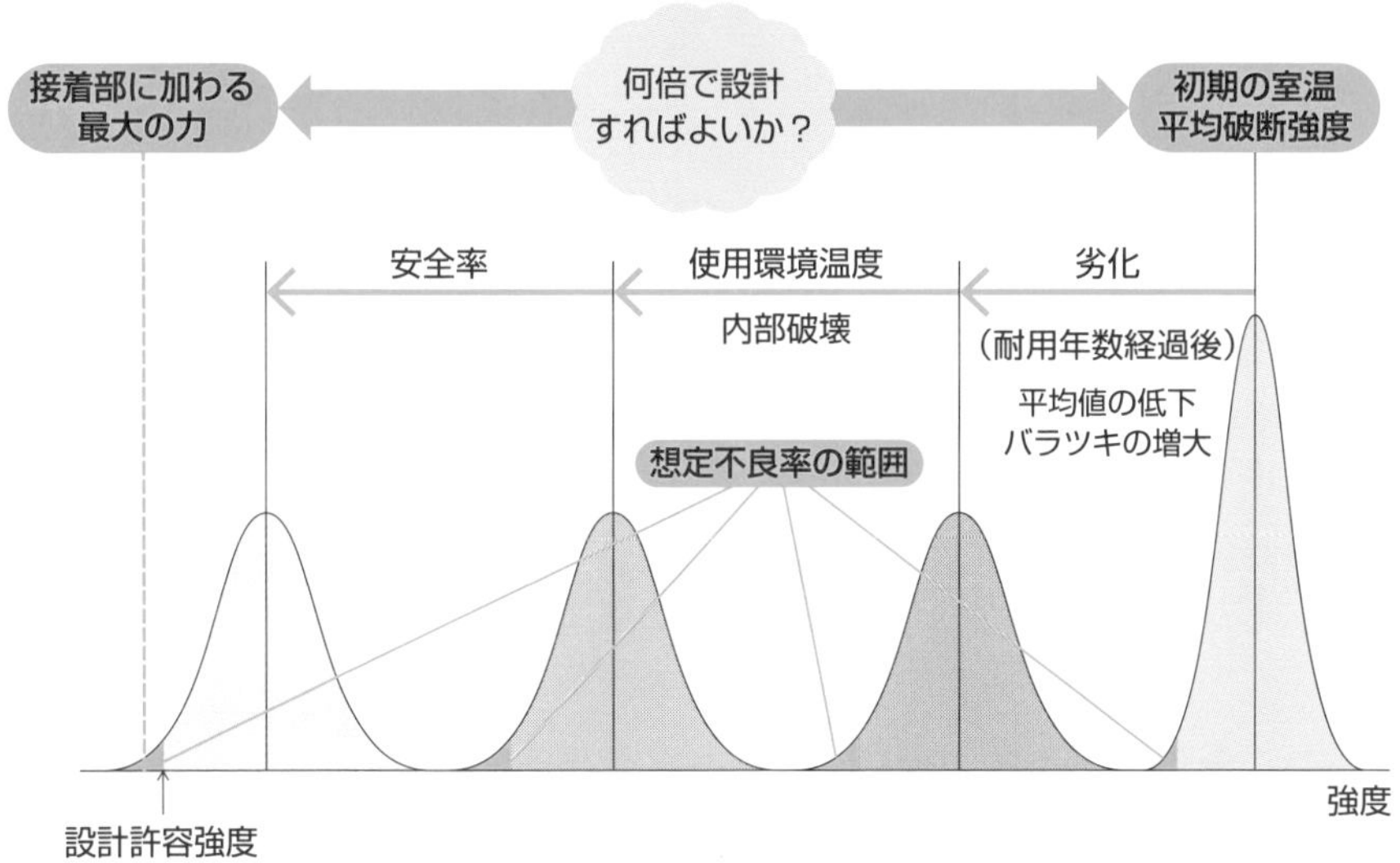
接着部に加わる
最大の力
何倍で設計
すればよいか？
初期の室温
平均破断強度
安全率
使用環境温度
内部破壊
劣化
（耐用年数経過後）
平均値の低下
バラツキの増大
想定不良率の範囲
強度
設計許容強度

53 接着剤のはみ出し部は除去すべきか

接着剤はみ出し部の効果と課題

接着剤のはみ出しが許されない場合は除去しなければなりませんが、製品の特性や機能上の問題がない場合、はみ出し部を除去するかどうかは悩ましいところです。結論から言うと、除去する必要がない場合は、除去しない方が強度や耐久性の向上に寄与すると言えます。

接着剤のはみ出し部だけで構成されている強度部材として、蜂の巣状のハニカムの両面に面版を接着したハニカムサンドイッチパネルがあります（1項を参照）。非常に軽量で曲げ剛性が極めて高いパネルで、航空機のフラップや電車の扉などに使われています。この接着では、面で接着されている部分はなく、ハニカムの薄いコア材の断面と面板が隅肉状になった接着剤で接合されています。すなわち、接着剤のはみ出し部（フィレット）だけで接合されています。接着剤の塗布量を変えると、次ページ上図のように接着剤の塗布量が多いほどフィレットが大きくなり、はく離強さが急激に向上しています。

精密部品の組立で多用される隅肉接着と呼ばれる方法も同様で、部品を精密に位置合わせした後に接着剤を部品の側面に盛りつけ、接着剤のフィレット部だけで接合されています。この場合も、接着剤の塗布量を増やすと接合強さは大きく向上します。ただ、隅肉接着では隅肉の量が多くなると、接着剤の硬化収縮力や熱収縮力が大きくなり、部品にひずみや位置ズレが出やすくなります。特に精密部品では部品の機能や特性が低下したり、意匠部品ではは み出しが多い部分でひずみが現れたりします。

実は、はみ出し部は耐久性の点で、効果的に働くこともあるのです。水分は接着における劣化の最大の要因と言われていますが、はみ出し部は接着面に侵入する水分を食い止める効果があります。なお、きれいな形状のフィレットは、応力集中を低下させる効果も期待されます。

要点BOX
- ●接着剤のはみ出し部は強度や耐久性の向上に寄与する
- ●はみ出し部は部品のひずみや位置ズレの原因

ハニカムパネルの接着剤塗布量とはく離強さ

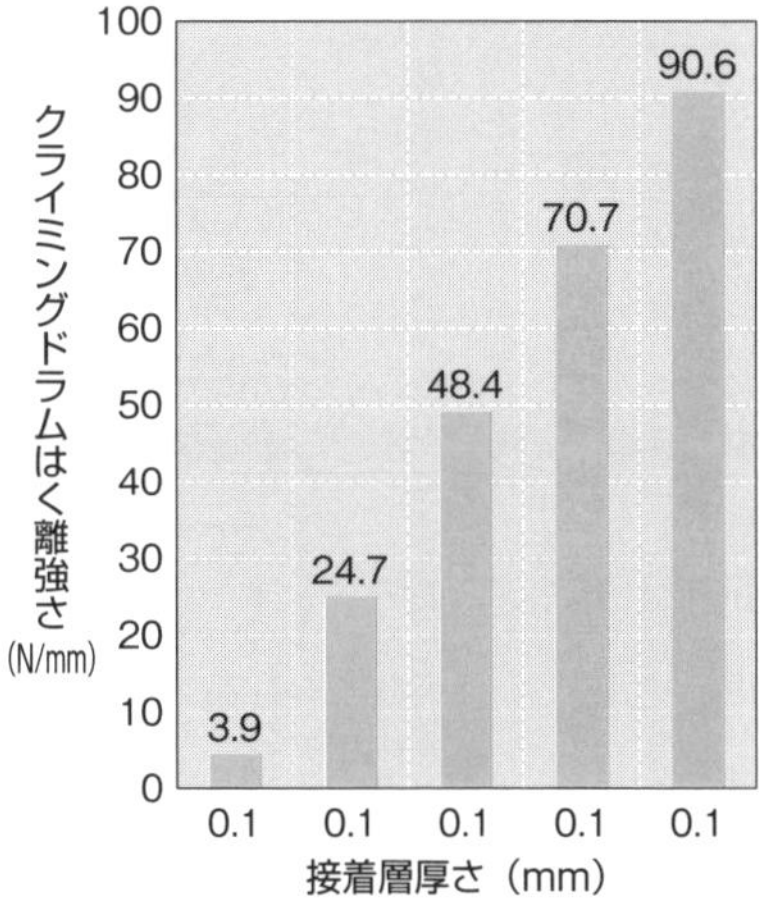

二液アクリル系接着剤
NS-770M-25（デンカ㈱）

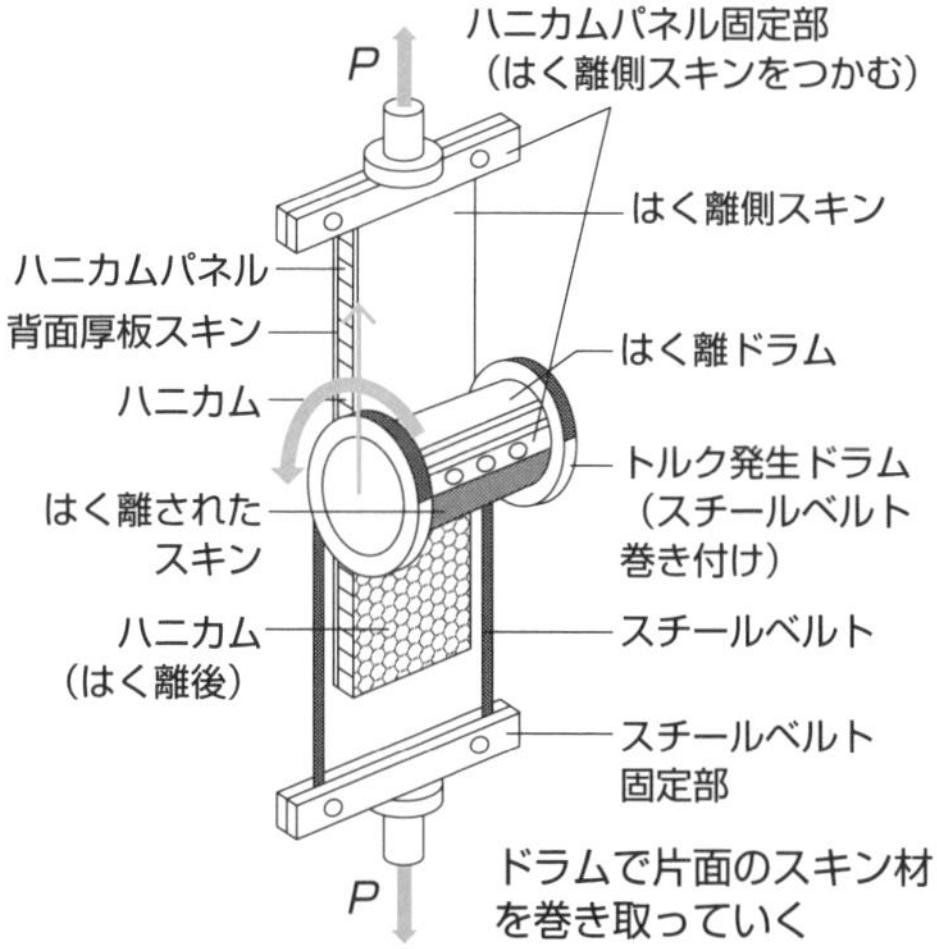

クライミングドラム剥離試験
（ASTM D1781）

接着剤のはみ出し部だけで接合する隅肉接着

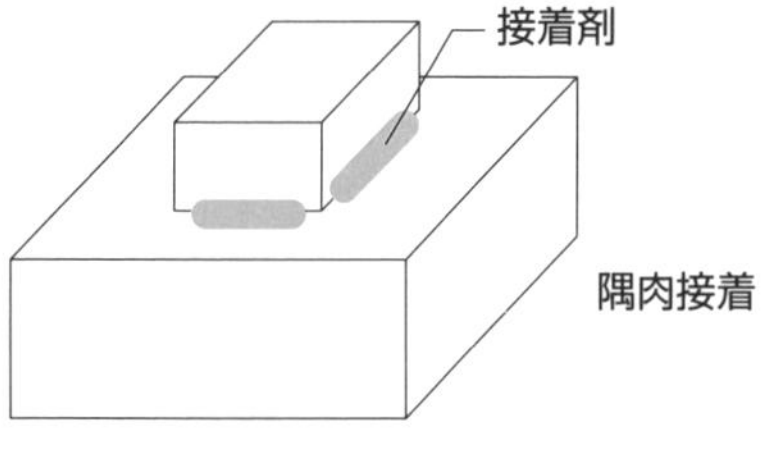

フィレット（はみ出し部）の形状

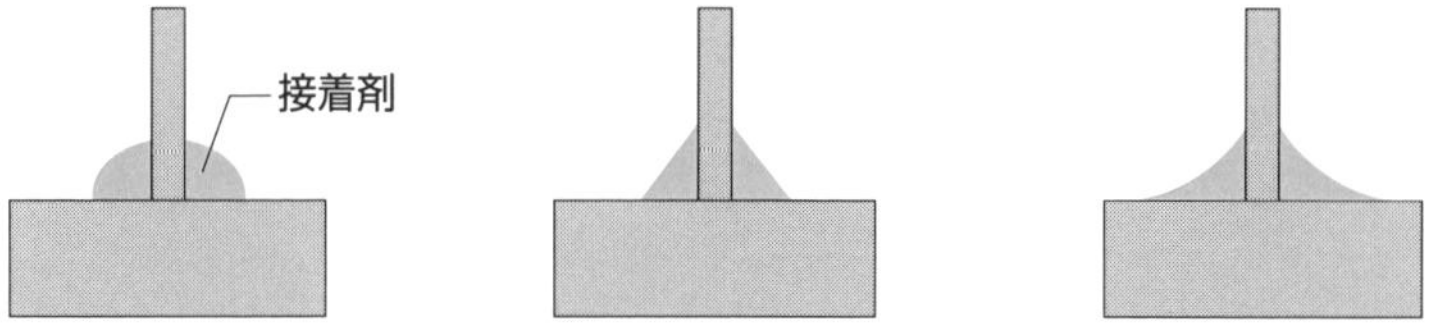

形状の不連続性が小さくなるので強度的に有利

54 塗装に適した素材は接着にも適しているか

素材（被着材）の選定

塗料の密着性が良い材料は接着にも適している、と考えるのは正しくありません。

たとえば、亜鉛めっき鋼板の表面にリン酸塩処理されたものがあります。この材料は各種塗料の密着性に優れており、焼付け塗装も可能です。ところが、この鋼板を接着して加熱すると次ページ上表に示すように、接着後に150℃に加熱されると接着強さが大きく低下します。めっきのない鋼板では200℃以上の加熱にも耐えています。これは、リン酸塩処理膜は結晶水を持った結晶で、結晶水が加熱によって解離して蒸気になるためです。塗装では、蒸気は塗膜の中を通り抜けて大気中に揮散しますが、接着の場合は次ページ中央の図のように蒸気の逃げ場がなく、蒸気は高温で圧力も高いため界面付近に蓄積し、接着部にはく離を生じさせるのです。

2例目は、合金化亜鉛めっき鋼板（アロイ鋼板）でのめっきはく離です。合金化亜鉛めっき鋼板は、鋼板に亜鉛めっき後、熱処理をして表面に亜鉛と鉄の合金層が形成されたものです。塗料の密着性に優れ、自動車の車体などでも使用されています。この合金層は、次ページ右図の通り母材に近いほど鉄リッチとなり、固くて脆い合金となります。このため硬い接着剤で接着し、板金部品の接着部に曲げや衝撃、はく離力などの局部荷重が加わると、固くて脆いめっき層が母材表面から簡単に剥がれることがあるのです。塗料では、めっき層に大きな力は加わらず問題は生じませんが、接着では大問題となります。

次ページ下表に示すように、室温で比較的柔らかい接着剤では室温でのはく離強さは問題ありません。ただし、低温で硬くなるとはく離力が加わった瞬間に、板が変形もしないでめっき層が接着剤に全面に付着して、母材鋼板から剥がれてしまいます。

塗装に適した材料が接着にも適しているとは限らないため、材料選定時には十分考慮すべきです。

要点BOX

- ●塗料の密着性が良い材料は接着にも適しているとは限らない
- ●部品の材料選定段階で接着の適否も検討する

塗料の密着性の良い材料 ≠ 接着にも適した材料

亜鉛めっき鋼板（リン酸塩処理品）と鋼板の接着後の加熱による強度低下と耐熱限界温度の例（接着剤:SGA）

被着材料	加熱温度（℃）	接着強度保持率		耐熱限界温度
		せん断（%）	はく離（%）	
亜鉛めっき鋼板（リン酸塩処理品）	130 150 180 200	– 103 69 67	100 49 – –	130℃
鋼板	210 230 250	148 62 64	– – –	210℃

鋼板の接着では210℃の加熱でも強度低下しないが、亜鉛めっき鋼板（リン酸塩処理品）の接着では130℃以上で強度が低下している

結晶水が解離して水蒸気になる

$Zn_3(PO_4)_2 \cdot 4H_2O$

↓ 100℃

$Zn_3(PO_4)_2 \cdot 2H_2O + 2H_2O\uparrow$

↓ 190℃

$Zn_3(PO_4)_2 \cdot H_2O + H_2O\uparrow$

結晶水によるはく離のメカニズム

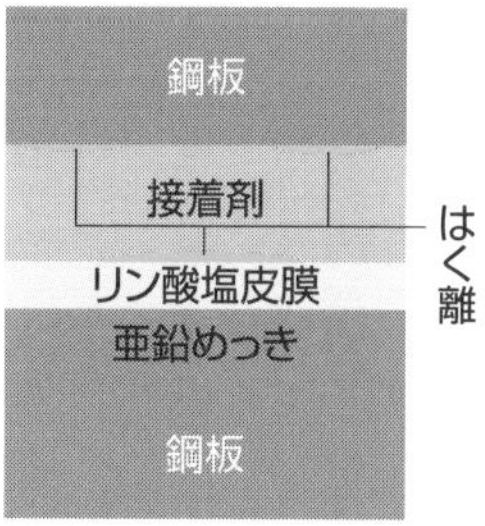

高温で解離した結晶水が接着界面に溜まってはく離が生じる

合金化亜鉛めっき鋼板におけるZn-Fe化合物の相構造

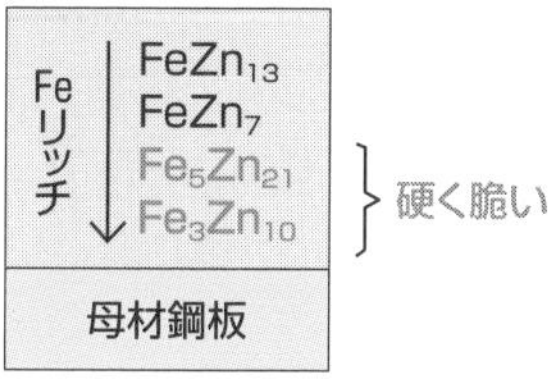

合金化亜鉛めっき鋼板の室温・低温でのはく離強さと破壊状態

（ウレタン系接着剤）

測定温度（℃）	はく離強さ（N/25mm）	破壊状態
+25℃	216	界面+凝集
-20℃	0	全面めっき剥がれ

室温では接着剤が柔らかく、力を受ける面積が広がるため応力集中は少なくなり、めっき剥がれは生じない。ただし低温で接着剤が硬くなると、はく離力が加わったときに、はく離端部に応力が集中するため、硬くて脆い合金層が母材から剥がれてしまう

55 接着剤の垂れや糸切れ性は粘度でわかるか

接着剤の粘度と揺変性

カタログに表記された粘度が同じでも、塗りやすさや糸切れ性、垂れ性などが大きく異なるものがよく見受けられます。高粘度でも時間の経過とともに徐々に垂れるものや、低粘度でも垂直面で垂れないものが存在します。粘度の高さと垂れの少なさとは、実は無関係なのです。

液状の蜂蜜とマヨネーズをチューブの小さな穴から押し出す場合、マヨネーズは蜂蜜より小さい力で多量に押し出せます。この点では、マヨネーズの粘度は蜂蜜より低そうです。しかし、パンの上に押し出してパンを立てて置いておくと、蜂蜜はダラダラと垂れますがマヨネーズは垂れません。この点では、マヨネーズの粘度は蜂蜜より高そうです。マヨネーズのように、液体に力が加わっていると粘度が低くなり、力を抜くと粘度が高くなる性質を揺変性やチキソトロピック性と呼んでいます。

揺変性が高い液体は、力が加わっていない状態では分子鎖が軽く水素結合するほか、フィラーとの吸着や分子鎖同士の絡み合いなどで動きにくい一方、力が加わるとこれらの結合が切れて流れやすくなる特徴を持ちます。また揺変性が高い接着剤は、塗布時は押し出しやすくて糸切れも良く、塗布後は肉盛り性が良く垂直面でも垂れにくくなります。

揺変性の程度は、回転粘度計で毎分2回転と20回転の粘度を測定し、その比で表します。チキソトロピック指数やTI値と呼ばれます（TI値（チキソトロピック指数）＝2rpm粘度／20rpm粘度）。揺変性については、カタログに書かれていないことが多いためメーカーに確認してください。

接着剤の粘度は温度で変化します。低温では粘度が高くなって塗布のしやすさに影響し、高温では低粘度となって加熱硬化時の染み込みや垂れにつながります。粘度は温度変化に気を払うとともに、接着剤のロットでも大きく変化するため留意しましょう。

要点BOX

- 接着剤の流動性を表す指標には、粘度と揺変性がある。
- 揺変性が高いものは塗布しやすく垂れにくい

揺変性(チキソトロピック性)の概念

力を加えると低粘度、力を抜くと高粘度になる性質のこと

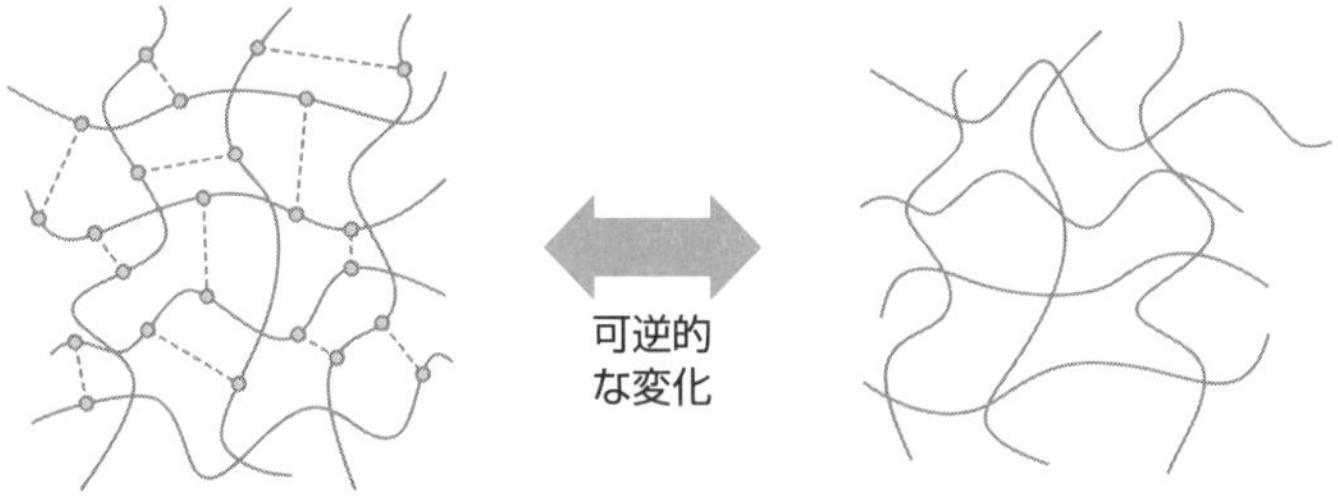

液体に力が加わっていないときは、分子同士が軽い結合をしていて流れにくい

液体に力が加わると、分子同士の結合が切れて流れやすくなる

揺変性の特徴

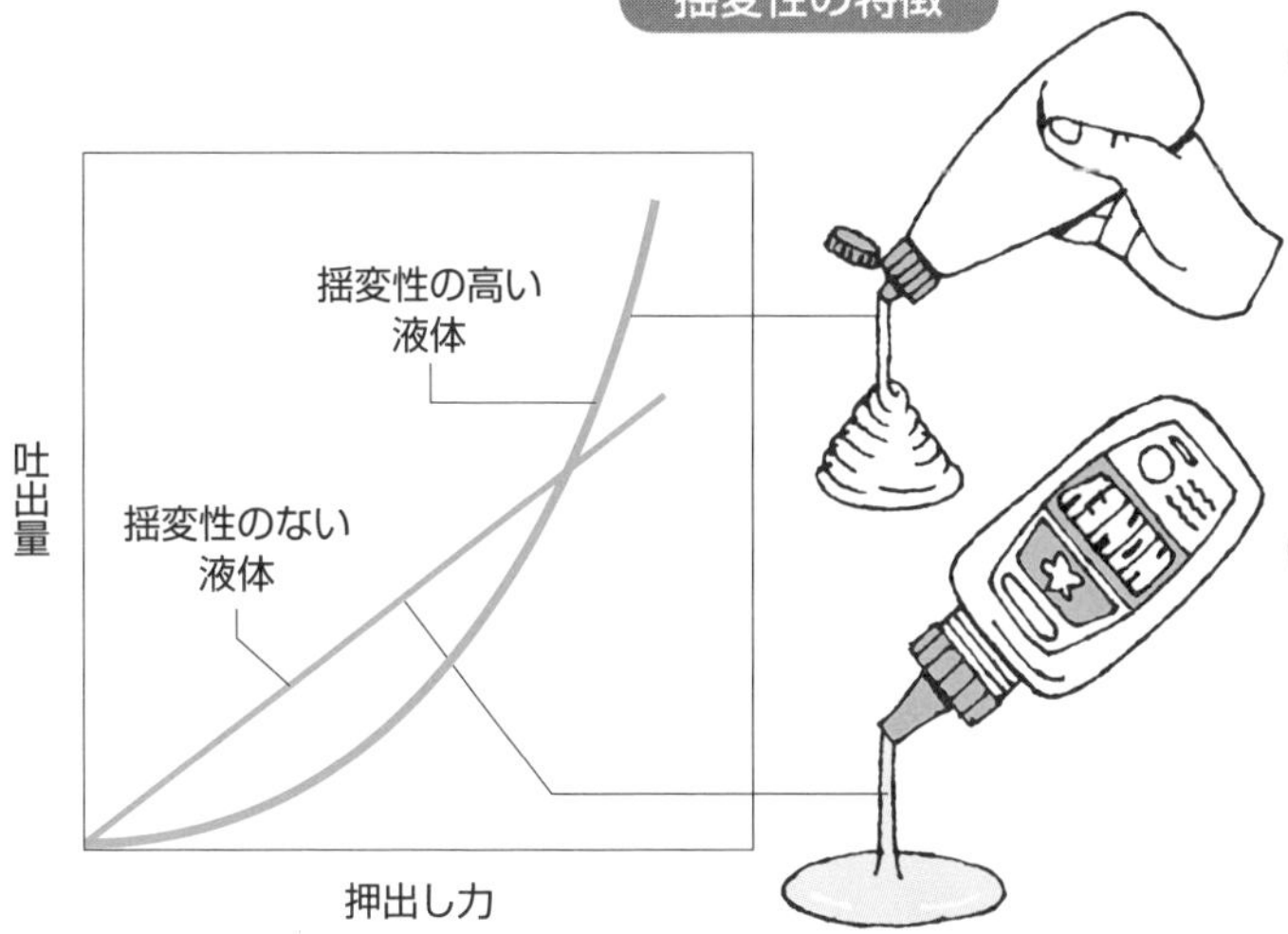

マヨネーズ

マヨネーズは、小さい力でもたくさん出るが、押し出された後は流れず形状を保っている(揺変性が高い)

蜂蜜

押し出された蜂蜜は、だらだらと流れる(揺変性が低い)

接着剤に問われる揺変性

揺変性が高い接着剤

- 塗布時は押し出しやすい
- 糸切れが良い
- スクリーン印刷にも適する
- 塗布後は、肉盛り性が良い
- 垂直面でも垂れにくい

56 気泡を入れない接着剤の塗布方法

空気の逃げ道を考慮した塗布方法

次ページ上図左のように、軸Aの外周に接着剤を塗布し、止まり穴Bに差し込んで接着する機会は多いでしょう。しかし、軸を差し込み始めると穴の入口付近は接着剤でフタをされた状態となり、軸を押し込むと穴内部の空気が押し出され、接着剤は隙間にきれいに入りません。ねじの周囲に緩み止めのための接着剤を塗布し、ねじ込む場合も同様です。

対策としては、構造的には貫通穴にするか、穴の底部に空気逃げの穴を設けることが必要です。貫通穴や空気抜きの穴が設けられない場合は、穴の底部に先に接着剤を入れておき、軸を押し込むことで接着剤を隙間に押し上げる方法が適当です。この場合、軸が穴底部まで押し込まれれば隙間に接着剤は回りますが、軸の押し込み後に穴底部と軸先端の間に隙間ができるときは、接着剤が少ないと隙間に接着剤が十分に回りません。また、嫌気性接着剤を用いる場合は、軸先端と穴底部の隙間が0・1㎜以上になると接着剤が未硬化となり、使用中に染み出すなどの問題が生じることもあり注意が必要です。接着の内部は見えないため、入ったつもりでも欠陥だらけとなることが頻発します。

接着剤を円周状や四角形状など閉じた形に塗布して貼り合わせると、接着剤で閉じられた内部に空気だまりができます。部品同士を圧締すると空気だまりの空気が押し広げられ、接着剤を押し破って外部に出るため、接着部に欠陥が生じます。接着欠陥をつくらない基本は、接着部の中央に接着剤を点状や線状に盛り上げて塗布し、部品で押し広げていくことです。接着欠陥をつくらずに接着剤のはみ出し量を減らすには、次ページ中央に示すような5点塗布(A)、X字形塗布(B)、Y字形塗布(C)などが考えられます。どうしても部品の外周に沿って接着剤を塗布する必要がある場合は、空気だまりができる部分に空気抜きの穴を設けて対処します。

要点BOX

- ●止まり穴への差し込み接着では要注意
- ●線状の輪郭状塗布では空気抜き穴が必要
- ●5点塗布、X字形、Y字形塗布などを活用する

止まり穴への軸の挿入

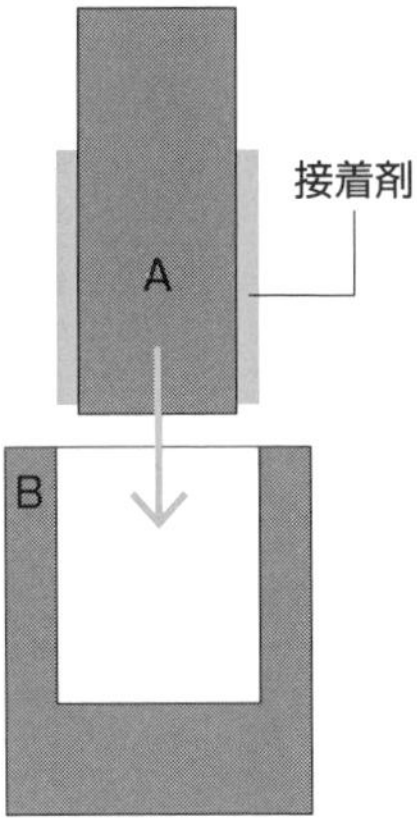
接着剤
A
B

閉じた形の塗布パターンは空気巻き込みの元

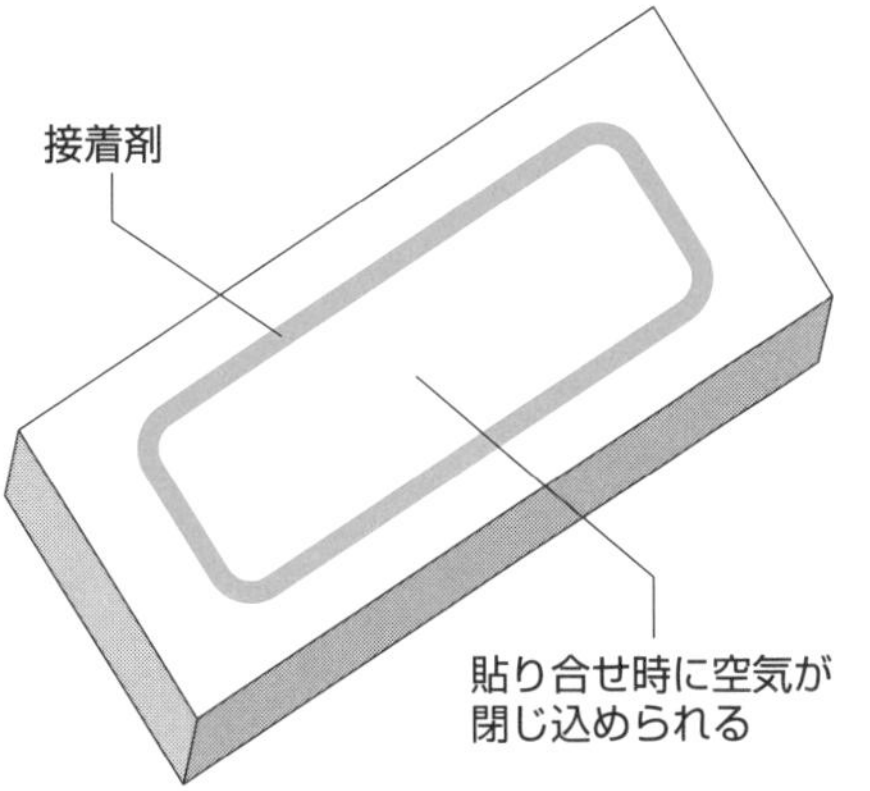
接着剤
貼り合せ時に空気が
閉じ込められる

気泡を入れない接着剤の塗布パターン

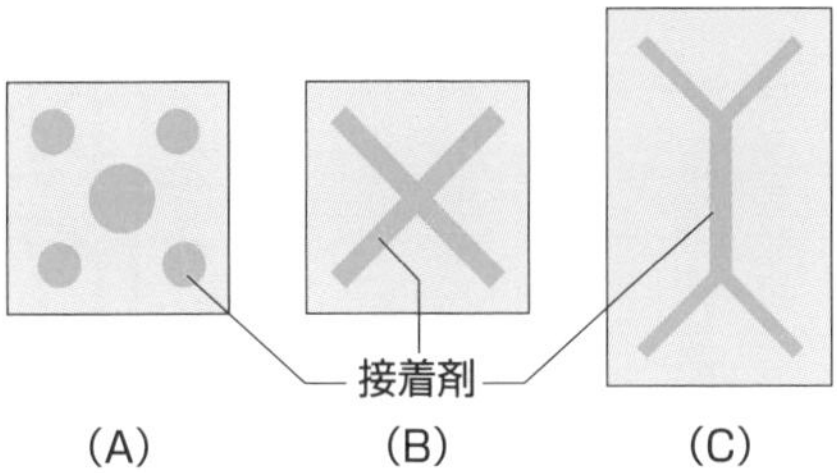
接着剤
(A)
(B)
(C)

(A) (B) (C)のように、接着剤を点状やビード状に塗布した後、貼り合わせながら接着剤を押し広げ、空気を外に押し出していく

気泡を入れない接着剤の塗布パターン(5点塗布の例)

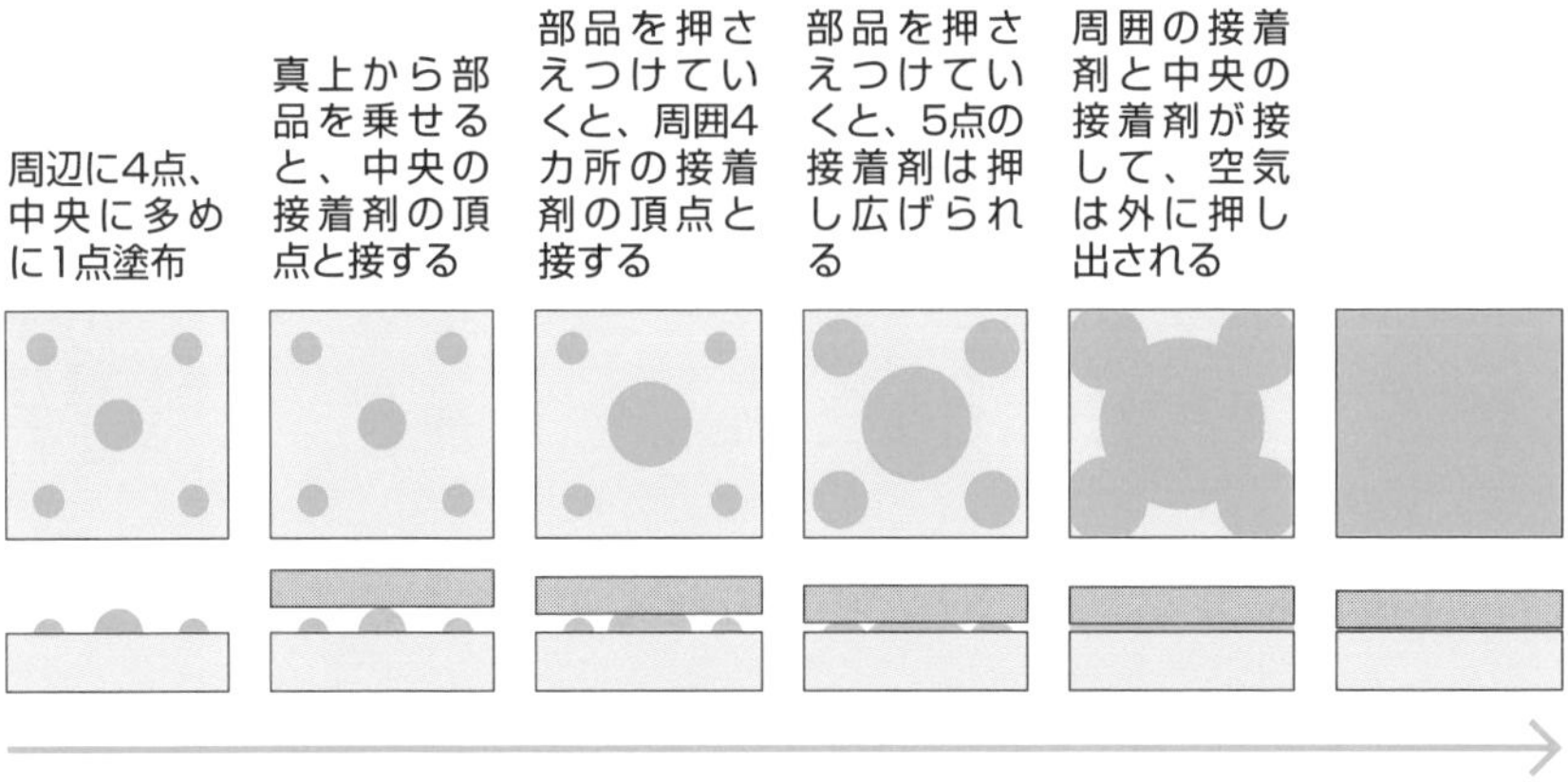
周辺に4点、中央に多めに1点塗布
真上から部品を乗せると、中央の接着剤の頂点と接する
部品を押さえつけていくと、周囲4カ所の接着剤の頂点と接する
部品を押さえつけていくと、5点の接着剤は押し広げられる
周囲の接着剤と中央の接着剤が接して、空気は外に押し出される

57 加圧は最小限の力で1回で押し切る

加圧力の大きさ、二度加圧の禁止

部品貼り合せ後の加圧においては、以下の点に注意してください。

【加圧力は部品を変形させない範囲で】

平面パネルに反りのあるハット形補強材を接着する例を、次ページ上図に示しました。反りが矯正されるほど高い加圧力で接着すると、接着層の厚さは薄く一定になり、その状態で硬化します。しかし、硬化後に加圧を解除すると、補強材には元の形に戻ろうとするスプリングバック力が働きます。

接着強さが高ければはく離は生じませんが、接着後に焼付け塗装などで高温になる場合は、接着剤が柔らかくなるとはく離の可能性が生じます。スプリングバック力は、クリープ力として接着層に引張力を継続して加えていてクリープ劣化が起きやすいため、両面テープや柔らかい接着剤では特に注意しましょう。

プレス部品などでは隙間が大きくなることがよくありますが、スプリングバックをなくすにはスポット溶接やリベット、かしめなどの併用が効果的です。部品に変形があって接着層が厚くなる部分がある場合、隙間は接着剤で埋めることとし、加圧力は部品を変形させない範囲までにしなければなりません。

【二度加圧は厳禁】

部品の貼り合せ時に一度仮加圧して、仮加圧を外した後に再度本加圧を行うことはよく行われます。

仮加圧でいったん薄くなった接着層が、仮加圧を解除すると、部品のスプリングバックで接着層が再び厚くなります。このとき押し広げられた接着剤は元の位置に戻ることはなく、接着部の周囲から空気を引き込み、次ページ下図(B)のように接着層に欠陥部が生じます。欠陥部に塗装の薬液や使用中に水が染み込むと、劣化を加速することになります。

板金部品に限らずガタツキがある部品では、いったん貼り合せ後にがたつくと空気を引き込むため、加圧固定は1回でやり切ることが重要です。

要点BOX

- 変形の恐れがある部品の加圧力は、部品を変形させない範囲までにとどめる
- 二度加圧は空気の引き込みで欠陥をつくる

加圧力は部品を変形させない範囲まで

大きな力で押さえつけて接着すれば、均一な接着層厚さで接着できるが…

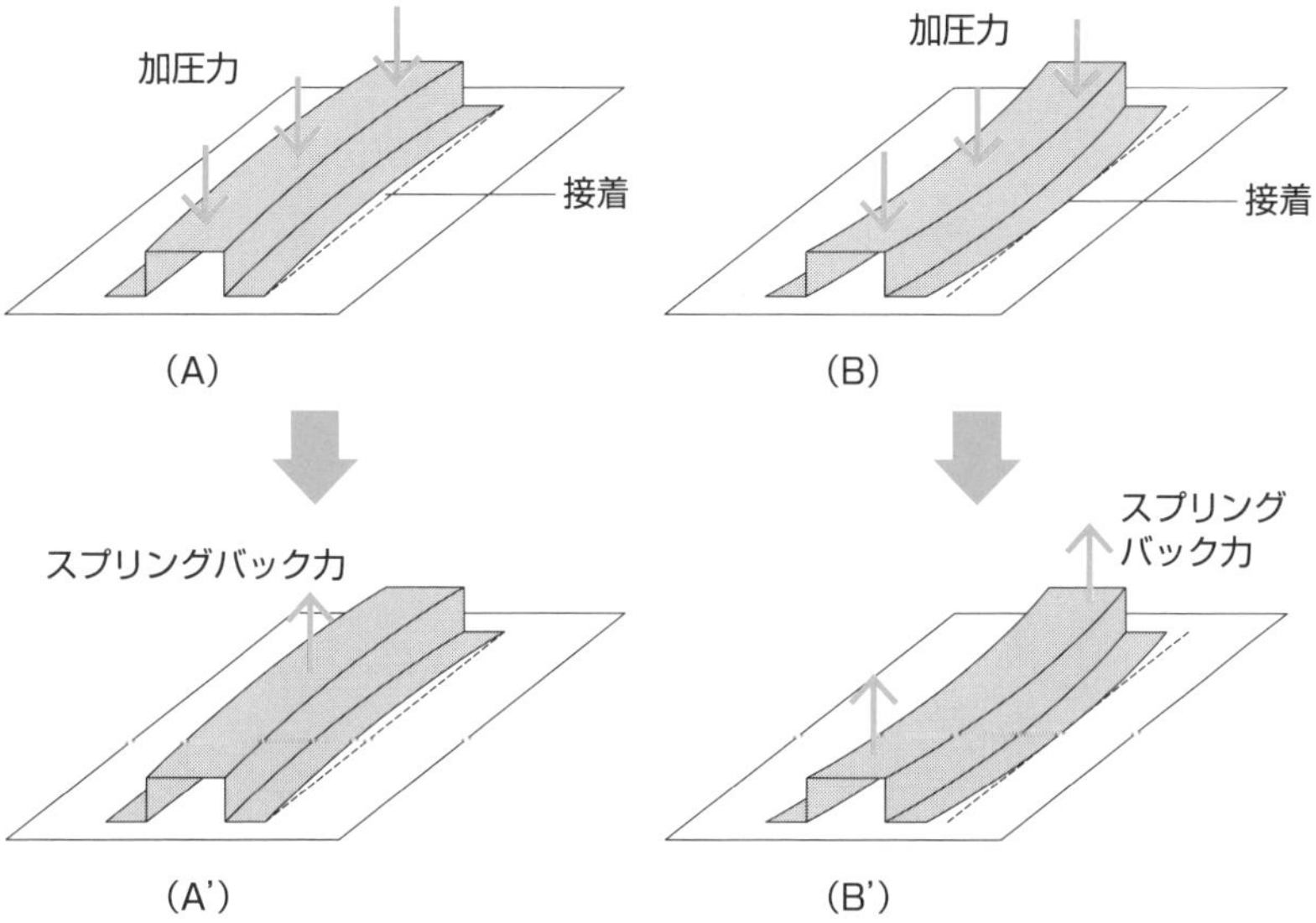

加圧を外すと、部品のスプリングバック力で接着部にクリープが加わる

二度加圧による欠陥の発生

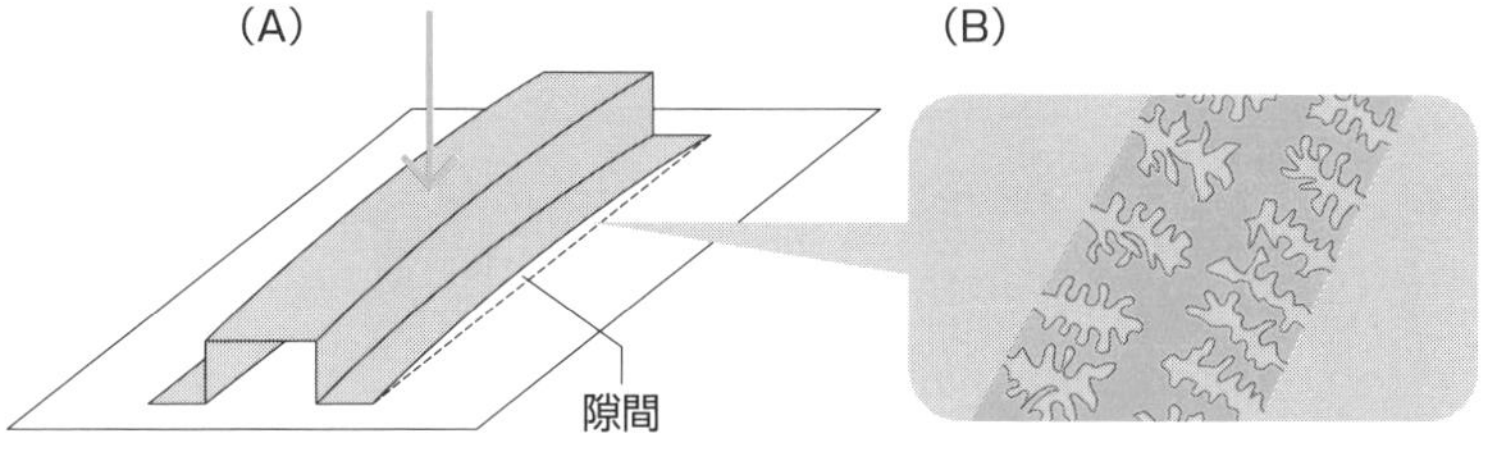

接着部に発生した欠陥部

貼り合せ時に手で押しつけて、
いったん手を離した後、
重りを乗せて硬化させると…

手で押しつけたときにはみ出した接着剤は、
手を離したときに元に戻ることはなく、
隙間に空気を引き込んで接着欠陥部をつくる
その後、重りを乗せても欠陥部はなくならない

58 加熱硬化はゆっくり昇温、ゆっくり冷却

急速硬化の課題と対策

接着剤を加熱して硬化させるときは、以下の点に注意してください。

【昇温・冷却とも時間をかける】

二液室温硬化型エポキシ系接着剤で、ガラスプリズムの底面をアルミベースに接着したときの硬化温度・時間とガラスプリズム反射面のひずみの大きさを、次ページ上図[12)]に示しました。この結果から、温度を上げて短時間で硬化すると、部品のひずみが大きくなることがわかります。硬化温度が上がると、ひずみはさらに増加します。温度を上げて短時間で硬化させると、冷却時に熱収縮応力が大きくなって部品に大きな力が加わり、変形が生じるためです。高温での短時間硬化は生産性向上につながりますが、接着品質を低下させるため注意が必要です。

ガラスやセラミック、磁石など割れやすいものを金属などに加熱硬化で接着すると、冷却後に部品が割れることが多々あります。これは、硬化温度から室温までの冷却過程で発生する熱収縮応力によるもので、急速に冷却すると応力緩和の時間がとれないため、大きな熱収縮応力が生じることが理由です。ゆっくり冷却すれば応力緩和の時間がとれ、熱収縮応力は減少して部品の割れや変形を防げます。急速な昇温や冷却を行うと、接着される部品の内部に温度ムラが生じ、部品が変形して接着部に欠陥やはく離が生じる可能性も否めません。加熱硬化はできるだけ温度を下げて、ゆっくり硬化させましょう。

【光硬化も時間をかけて】

室温で短時間に硬化できる光硬化型接着剤は便利ですが、強い光で短時間に硬化すると、次ページ下図[12)]のように硬化収縮応力が大きくなり、部品を変形させたり接着特性を低下させたりします。これは、硬化の途中で応力緩和ができないためです。したがって、光の照射強度を下げてゆっくり硬化させるようにしましょう。

要点BOX

- ●急速な加熱・冷却は内部応力を増加させる
- ●冷却は時間をかけて応力緩和を図ること
- ●光硬化も急速硬化させると内部応力が増える

エポキシ系接着剤の加熱短時間硬化による部品のひずみ

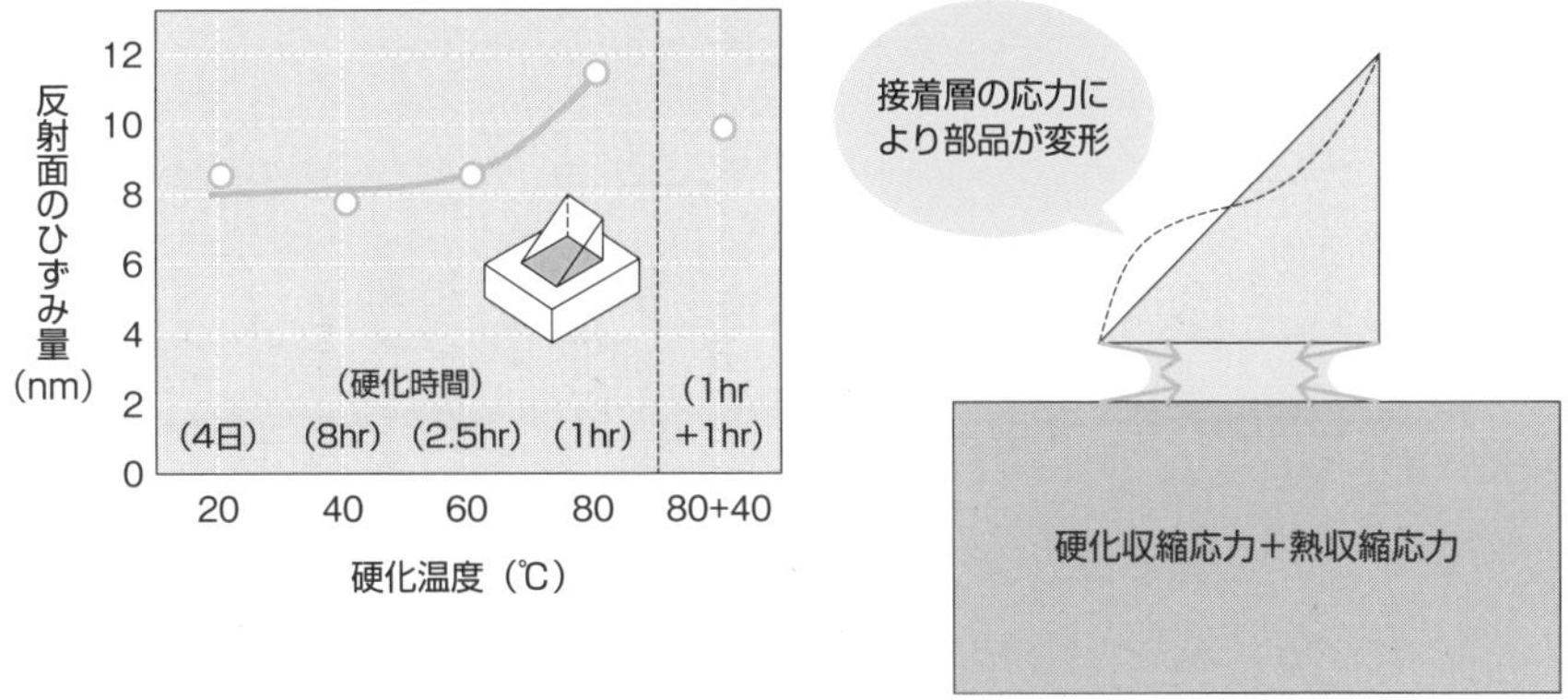

加熱硬化して室温まで冷却すると、硬化収縮応力に加えて、熱収縮応力が働く。これらの応力によって部品が変形する
冷却の途中の温度で保持すると、内部応力がいくぶん緩和される

UV硬化接着剤の短時間硬化による部品のひずみ

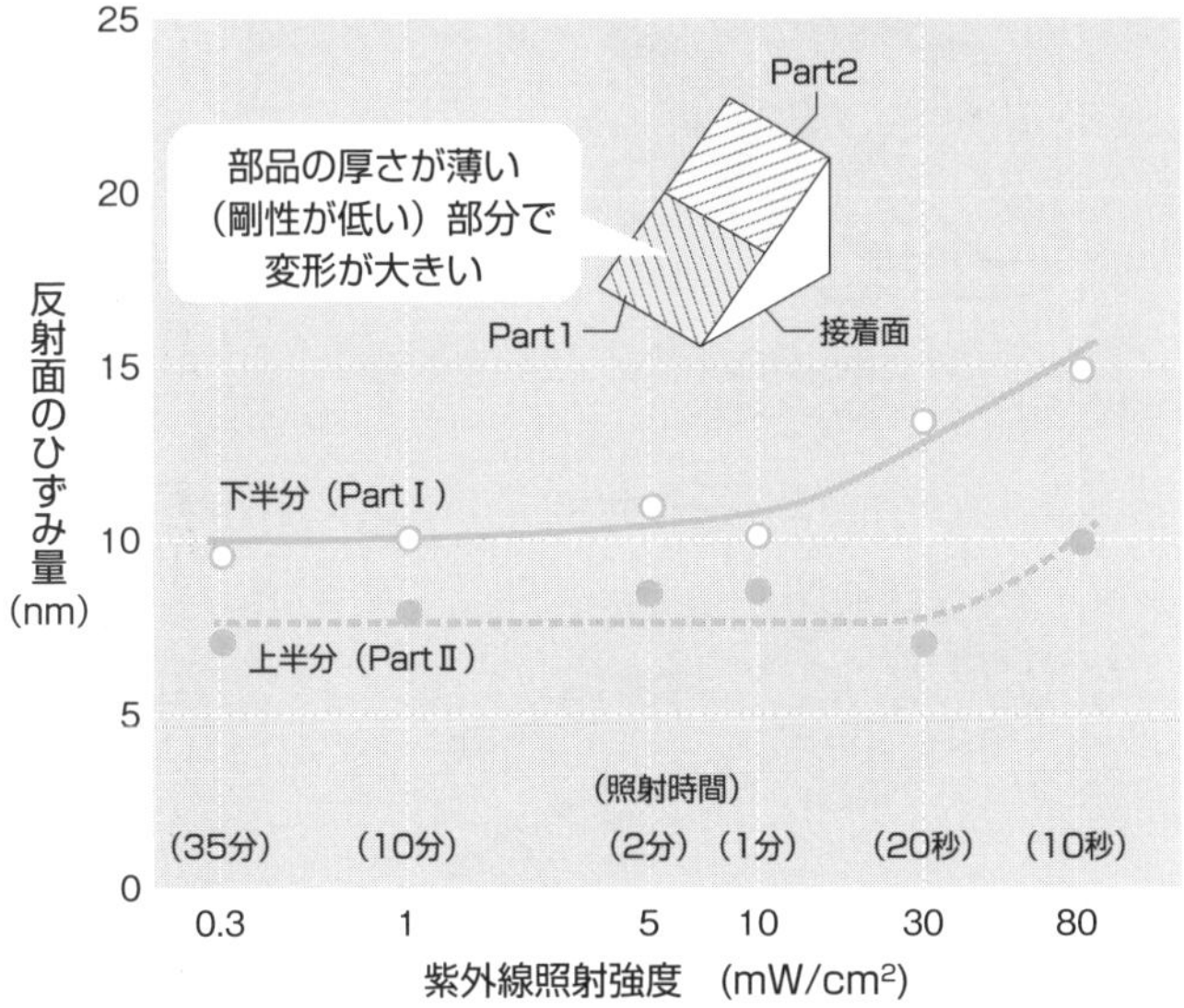

接着面から部品の表面までの厚さが薄い分では、接着層に働く内部応力による変形が大きくなる

Column

モーターの永久磁石接着

モーターの小型・軽量化、省エネ・高効率化を実現するために永久磁石化が進んできました。モーターのローター（回転子）には、小型モーターではリング状の、小型よりも大きなモーターではセグメント状の永久磁石が使用されています。

磁石は、希土類系、フェライト系や強力なネオジウム系などが用いられていますが、ローターコアの金属との接合が難しいため、磁石の固定には接着が多用されています。接着剤には、高温強度や繰返し応力に対する耐疲労特性、温度変化により線膨張係数差で生じる熱応力に対する耐ヒートサイクル性、耐熱劣化性などが求められます。

特に、ネオジウム系焼結磁石は線膨張係数がゼロからマイナスであるため、熱応力対策が重要です。接着剤としては、SGA（二液主剤型、プライマー・主剤型、一液加熱硬化型）、嫌気性接着剤、エポキシ系接着剤（一液型、二液型、フィルム状）、シリコーン系接着剤などが用いられています。

リング状磁石の接着構造

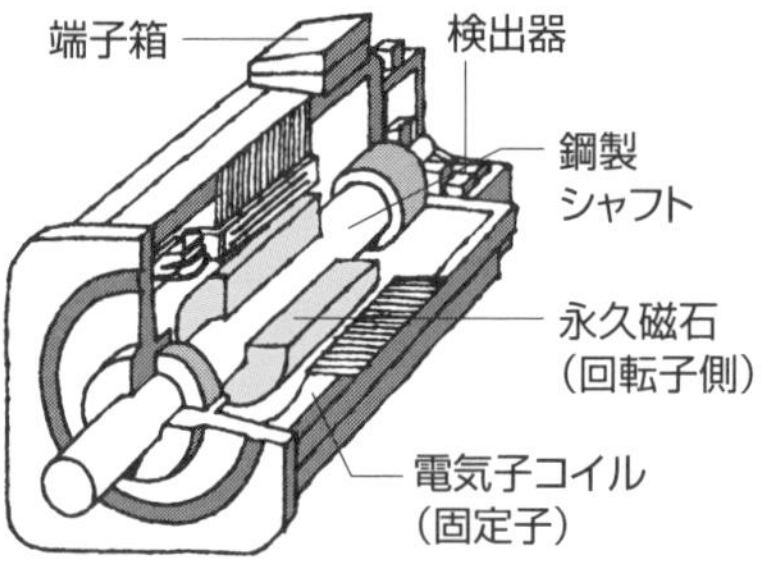

（P.119再掲）

出典:日本接着学会、「プロをめざす人のための接着技術読本」、“5.4.1電気機器（原賀康介）”、日刊工業新聞社、P.196-207、(2009)

セグメント状磁石の接着構造

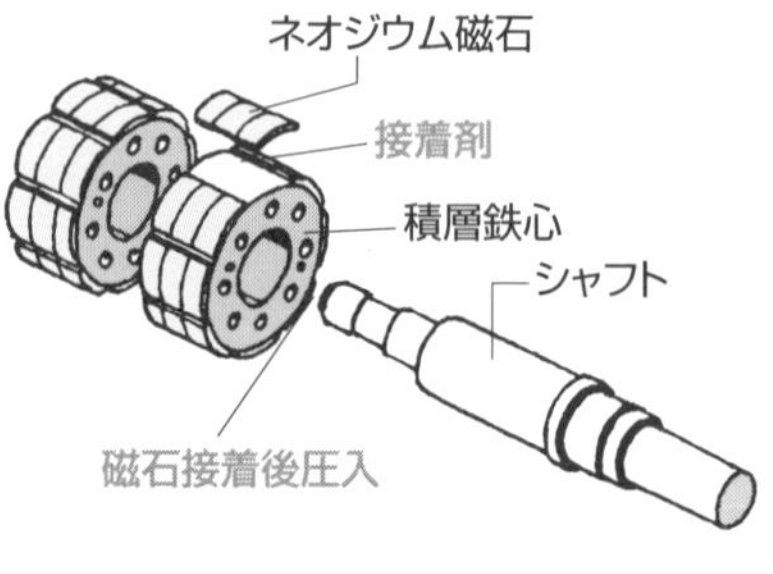

出典:木村行宏、相馬雄介、原賀康介、「ACサーボモータ用ロータAssyの生産技術」、三菱電機技報、Vol.78,No.10,33(2004)

第7章
信頼性を確保するポイント

59 品質や生産性の良し悪しは設計で決まる

開発段階でのつくり込みの技術「接着設計技術」

接着の特徴・機能を「使いこなす」、すなわち接着の特徴・機能を最大限に活用しながら欠点をカバーし、高性能・高機能で信頼性・品質に優れた製品を高い生産性で製造することが問われています。そのためには、開発段階で接着に関する機能や材料、構造、工程、設備、品質などを考慮したつくり込みが必要です。

もし、いずれかの検討が抜けると、組立現場ではムダな作業が確実に増えます。その結果、安定した品質や効率的な生産に支障が生じることにつながります。

接着に関する機能や材料、構造、工程、設備、品質などを考慮した開発段階でのつくり込みの技術は「接着設計技術」と呼ばれ、機能設計や材料設計、構造設計、工程設計、設備設計、品質設計などの要素技術で構成されます。機能設計では、接着から得られる効果をいかに多く盛り込み、接着の欠点をいかにカバーするかを検討します。また材料設計では、接着剤だけでなく部品の材質・表面状態の検討も行います。あわせて工程の簡素化や、作業の許容範囲を広く取れる材料系（被着材の材質・表面状態、前処理関係の材料、プライマー、接着剤など）を検討します。

構造設計では高強度を得るためだけでなく、作業がしやすくて間違いを回避でき、破壊に対する冗長性を確保できることも検討します。工程設計では、工程面からどのような接着剤や構造が最適かを考えます。工程内検査の方法や自動化と人手作業の最適化も検討します。設備設計では、組立治具の検討も重要です。品質設計では、信頼性やバラツキの目標値を明確化し、目標値達成の面から各要素技術の検討内容を詰めていきます。

最終的に各要素技術を統合し、工程ごとの最適条件と許容範囲を明確に決定するのです。

要点BOX

- ●接着設計技術は、開発段階で品質・生産性をつくり込む技術のこと
- ●工程ごとの最適条件と許容範囲を決める

最適化を目指す接着設計技術

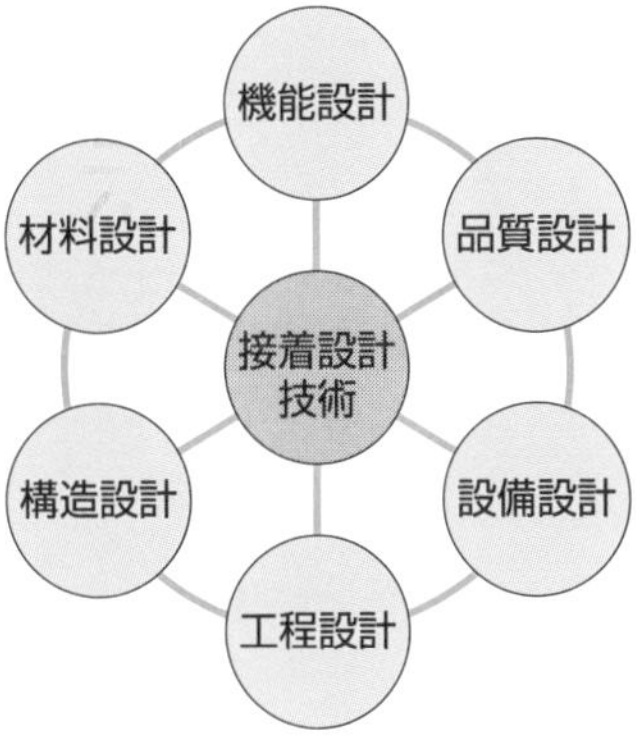

1つの要素だけを深掘りしても全体最適化はできない
関係者全員で最適化できる条件を考えよう!

接着設計技術を支える構成要素

接着設計技術

- **①機能設計** 接着から得られる効果をいかに多く盛り込み、接着の欠点をいかにカバーするかを検討する
- **②材料設計** 接着剤だけでなく部品の材質･表面状態の検討も行う あわせて工程の簡素化や作業の許容範囲を広く取れる材料系を検討する
- **③構造設計** 高強度を得るためだけでなく、作業しやすく、間違いを回避し、破壊に対する冗長性を確保できることも検討する
- **④工程設計** 工程面からどのような接着剤や構造が最適かを考える 工程内検査の方法や自動化と人手作業の最適化も検討する
- **⑤設備設計** 組立治具の検討も重要
- **⑥品質設計** 信頼性やバラツキの目標値を明確化し、目標値達成の面から各要素技術の検討内容を詰める

60 接着の品質確保は生産工程での管理で決まる

適切な接着組立を行うための「接着生産技術」

接着部の健全性を非破壊で検査することは困難です。また、接着された部品を傷つけずに分解・再生することも容易ではありません。常に安定した品質の接着組立を行うためには、接着組立各工程での適切な作業管理が重視されます。

前項で述べましたが、接着設計段階で規定された最適条件と許容範囲に沿って適切な接着組立を行うには、部品や材料、工程、設備の管理と検査・品質管理の方法などを検討しなければなりません。ところが、接着される部品や接着剤の状態、作業環境などは時々刻々と変化します。したがって、接着工程ごとにその変化をいかに的確にとらえ、最適条件に近づけるかが、高い品質で効率的な組立を行う基本と言えます。

接着に関する部品や材料、工程、設備の管理と検査・品質管理の方法などの技術は、「接着生産技術」と呼ばれ、部品管理や材料管理、工程管理、設備管理、検査・品質管理などの要素技術で構成されています。

接着生産技術のある要素技術で条件が変わると、他の要素技術にも影響が表れ、接着設計にも影響してきます。このため、接着生産技術は接着設計がすべて終了した段階から検討を始めるのではなく、接着生産技術と接着設計技術はコンカレントに相互にリンクし、技術のつくり込みをすることが必要です。そのために開発段階では、接着設計技術と接着生産技術の各要素技術の技術者が連携し合うことが求められます。

ただ、接着は力学や化学などの境界領域の技術であるため、社内の技術者ですべてをカバーできないことは多々あるでしょう。そのような場合には、接着関連材料メーカーや素材メーカー、接着関連設備メーカー、試験機関などの社外企業や専門家との連携も効果的です。

要点BOX

- ●非破壊による接着部の健全性検査は困難
- ●接着物の分解・再生も容易ではない
- ●品質確保の基本は各工程での作業管理

接着設計技術と接着生産技術の関係

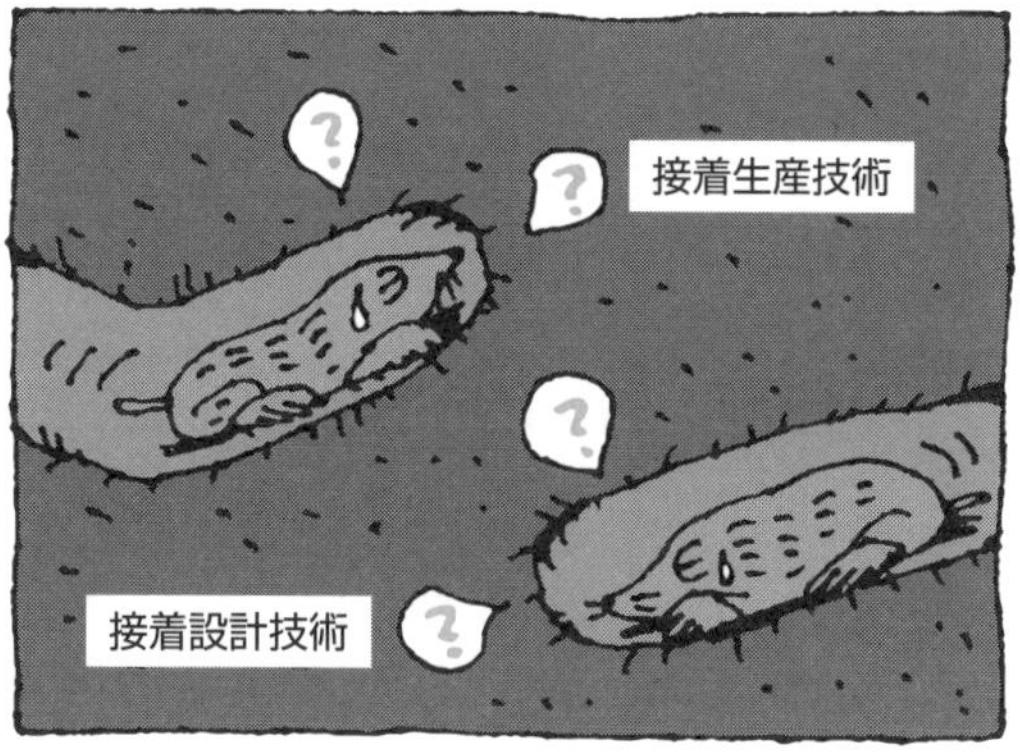

勝手な穴掘りではいつまでも出会えない!

接着生産技術は、接着設計がすべて終了した段階から検討を始めるのではなく、接着生産技術と接着設計技術はコンカレントに相互にリンクして技術のつくり込みをする必要がある

接着生産技術を実現する構成要素

接着生産技術

- **①部品管理** 材料に間違いはないか、寸法は公差内か、接着面の状態は適切かなどのチェック法を決める
- **②材料管理** 前処理から接着までの工程で用いるすべての材料が適切な状態かのチェック法を決める。不適切状態の判定方法も必要
- **③工程管理** 前工程までの作業は正しいか、規定された許容範囲内の条件で作業がされているか、実施した作業は適切だったかのチェック法を決める
トラブル時の対応手順もこの段階で決めておく
- **④設備管理** 設備・治工具・器具などが許容条件を超える要因を明確にし、管理する方法を決める
- **⑤検査・品質管理** 最終工程での検査ではなく、各工程での操作・条件を数値化し、各工程にフィードバックする方法を決める
教育・指導・訓練のプログラムも作成する

61 破壊時の安全性確保は製造者の社会的責任

破壊に対する冗長性の確保

接着剤による接合部は、いったん破壊が始まると瞬時に、あるいは短時間で分断に至るという大きな課題を抱えています。ねじやボルト、リベットなどでは緩みが、溶接ではクラックが生じますが、分断するまでには時間がかかります。その間に、異音やガタツキなどから不具合を見つけて、修理することは可能なのです。

2012年には、中央道の笹子トンネルで天井板崩落事故が起きました。ケミカルアンカーボルトだけで固定されていた天井板が、1カ所のケミカルアンカーの破壊がもとで、138mにわたり次々と破壊したのです。このような瞬時の接着部の破壊を防ぐには、接着剤だけでの接合を避け、接着以外の接合法を併用する複合接着接合法の採用が効果的です。

次ページ上図に接着のみ、スポット溶接のみ、接着とスポット溶接を併用した場合の破壊試験における荷重／ひずみ曲線を示しました。接着のみでは破壊が起こると瞬時に破断しますが、スポット溶接を併用した場合、まず重ね合せ端部の接着部が破壊しますが、スポット溶接が荷重を受け止めた後に母材が徐々に破れていきます。破壊までに要するエネルギーは荷重／ひずみ線図の面積に相当しますが、接着とスポット溶接を併用した場合の破壊エネルギーは、接着のみに比べて3～4倍に増加しています。

接着剤のほとんどは有機物のため、数百℃の高温では熱分解し、さらに高温になると発火や燃焼が起こります。構造物の組立を接着剤だけで行うと、構造物はバラバラになり、二次災害を引き起こす恐れがあります。接着剤がすべて消失しても、最低限の形状・構造を維持しなければならないのです。接着剤と他の接合法を併用する複合接着接合法は、こうした観点からも効果を発揮します。

破壊に対する冗長設計を行い、危険を回避することは技術者や企業の社会的責任です。

要点BOX

- ●接着部の破壊は短時間に分断に至りやすい
- ●破壊に対する冗長性確保には複合接着接合法の採用が効果的

破壊試験における荷重/ひずみ曲線の比較

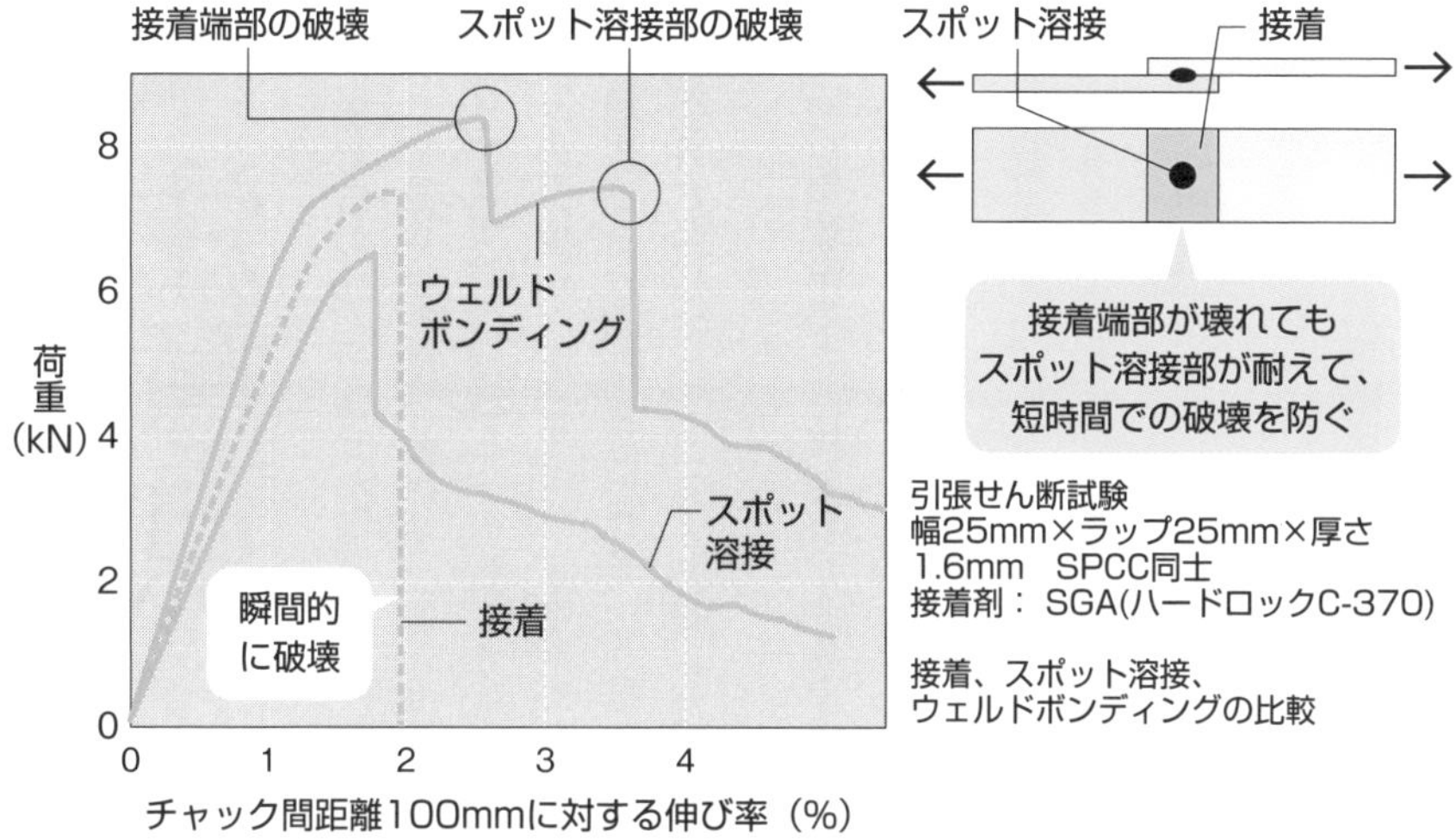

引張せん断試験
幅25mm×ラップ25mm×厚さ
1.6mm　SPCC同士
接着剤： SGA(ハードロックC-370)
接着、スポット溶接、
ウェルドボンディングの比較

想定外では済まされない接着不良

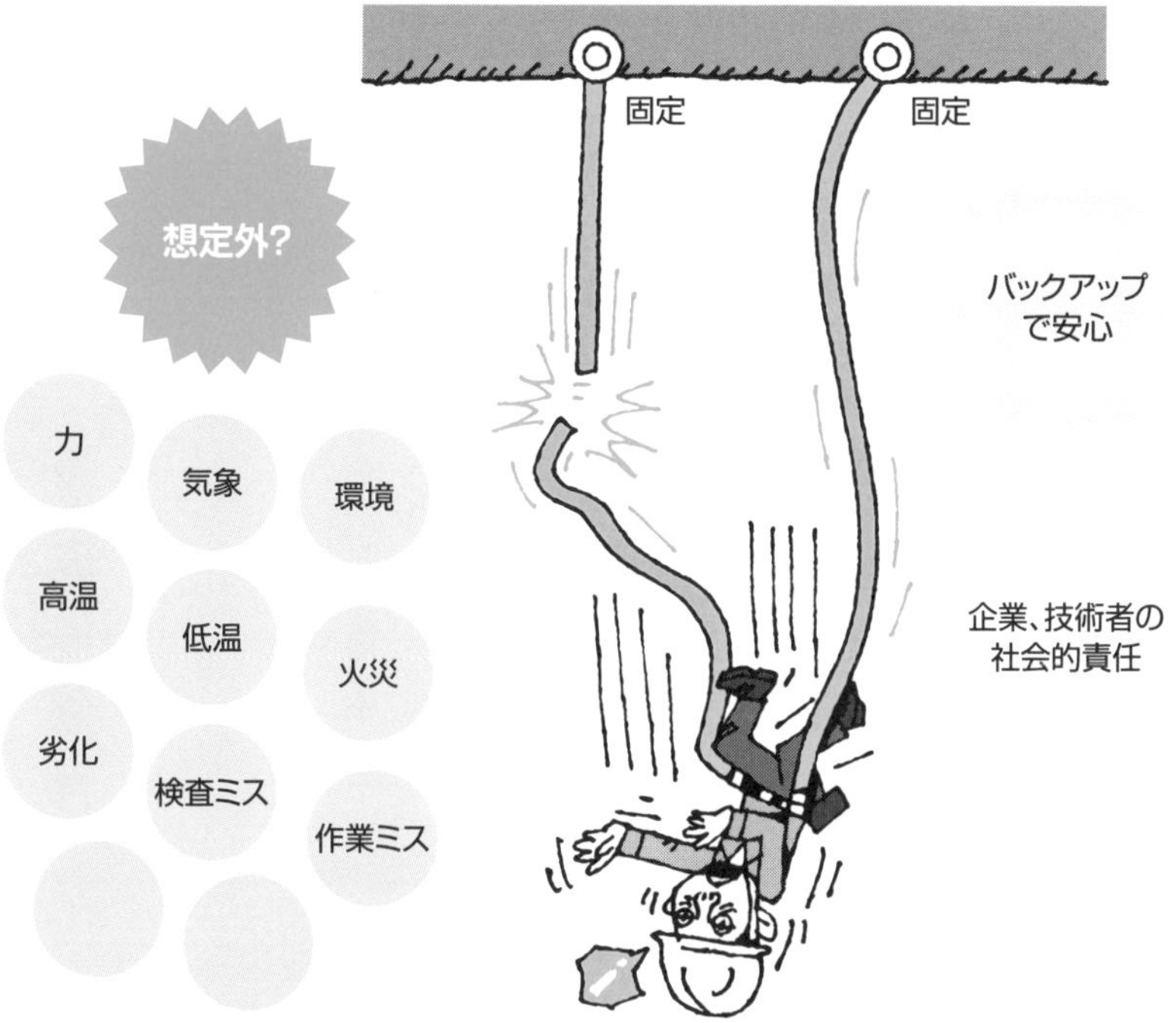

62 破壊試験における注意点

強度よりも凝集破壊率を重視する

板と板を重ね合わせた引張せん断試験は、接着の強度試験として最もよく使われます。せん断強さは接着剤の硬さや被着材の弾性率、引張強さに大きく依存し、界面の影響には鈍感です。すなわち、界面で破壊する場合でも接着剤が硬いほど、被着材の弾性率や引張強さが高いほど、高いせん断強さが現れます。

たとえば同じ接着剤でも、被着材が金属の場合とプラスチックの場合とでは、弾性率や引張強さが高い金属の方が高い強度が現れます。接着剤のカタログに出ている各種被着材料での強度試験結果で、金属の場合よりプラスチックの場合が低強度になっていても、プラスチックには着きにくい接着剤とは言えないわけです。

破壊強度試験で重要なのは接着部の破壊状態、すなわち27項で述べた凝集破壊率の評価です。凝集破壊率が高いほど被着材表面との接着性に優れ、信頼性に優れた接着ができていることを示します。

これらの点から、破壊試験では主として凝集破壊率、未硬化部の有無と量、気泡の巻き込みなどの欠陥部の有無、接着剤の色ムラ(混合度合い)などを評価し、強度値は参考程度と考えるのが適当です。

接着部の破壊試験は、製品の検査段階でもダミーサンプルや実部品を用いて行われますが、接着作業現場の近くに強度試験機があるとは限りません。そのような場合は何らかの方法で破壊して、上記の点を評価すれば、強度値を求めなくても十分な品質検査が可能です。次ページ下図は鋼の角パイプと鋼板の接着部の破壊検査の例で、てこ式簡易ローラーはく離試験具で破壊して破壊面を評価しています(53項のクライミングドラムはく離試験法の簡易版)。

界面の状態の影響を評価するには、接着層に平行な方向に力が加わるせん断試験よりも、接着層の厚さ方向に力が加わるはく離試験が適当です。

> **要点BOX**
> ●引張せん断試験は接着剤や被着材の弾性率依存性が大きく、界面破壊でも高い強度を示す
> ●強度よりも凝集破壊率の評価が重要

表面張力、凝集破壊率、せん断強さの比較

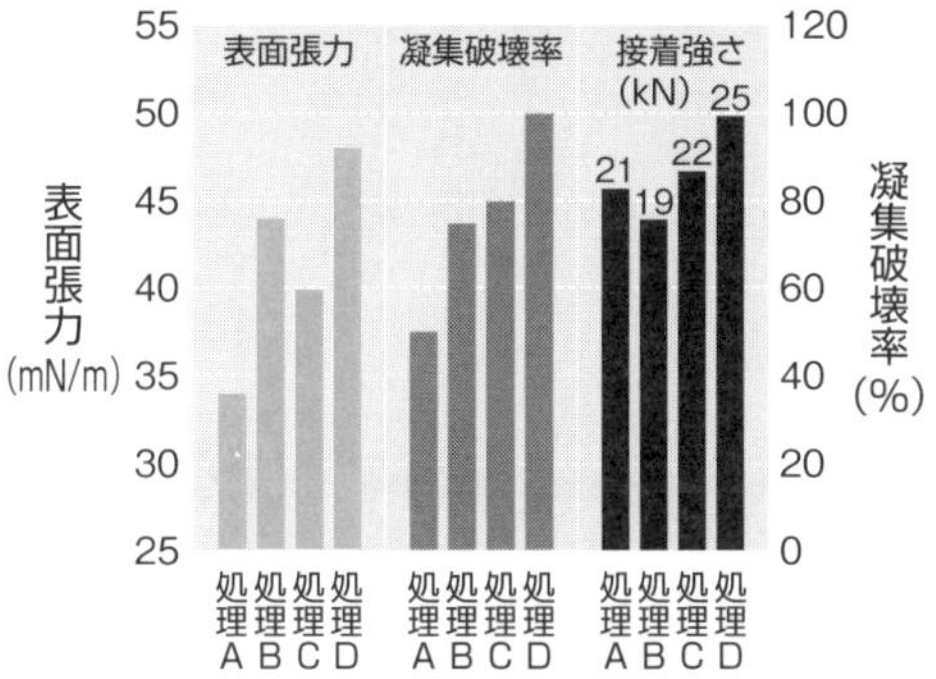

表面処理A,B,C,Dの違いで接着面の表面張力が大きく変化し、凝集破壊率は敏感に変化しているが、せん断強さには大きな変化は見られていない
これは、せん断強さは接着剤の弾性率に依存するところが大きく、表面の状態の変化には鈍感なためである
判定は、強度ではなく、凝集破壊率を基準とするのがよい

簡易てこ式ローラーはく離試験の要領

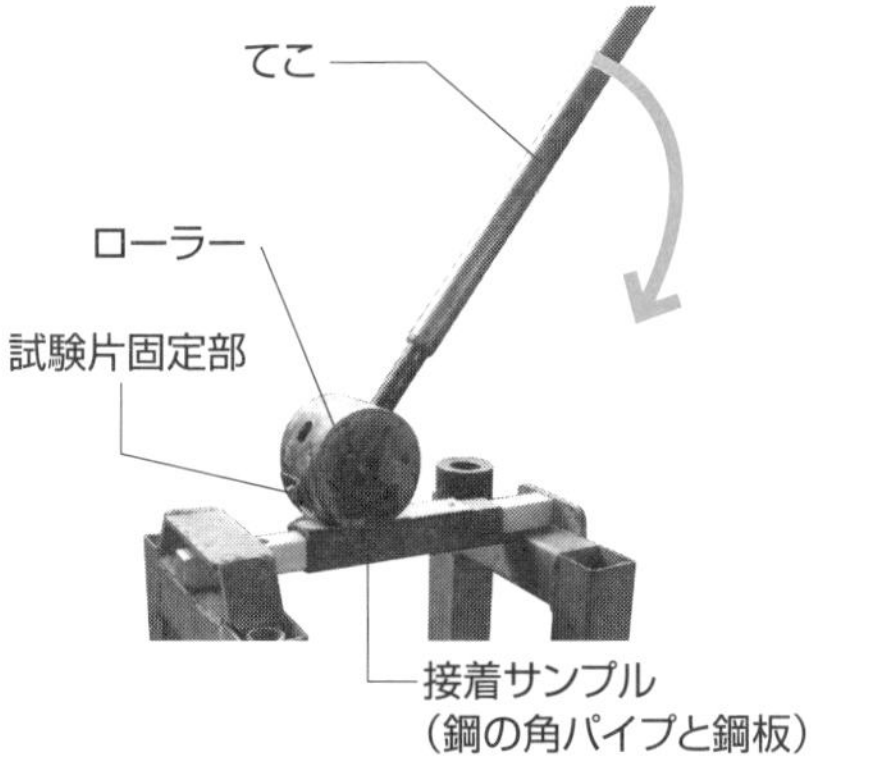

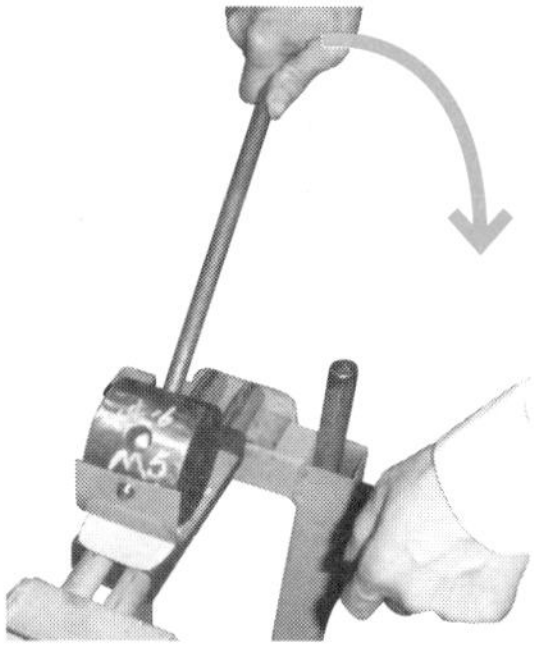

試験中の様子

簡易てこ式ローラーはく離試験の検査結果例

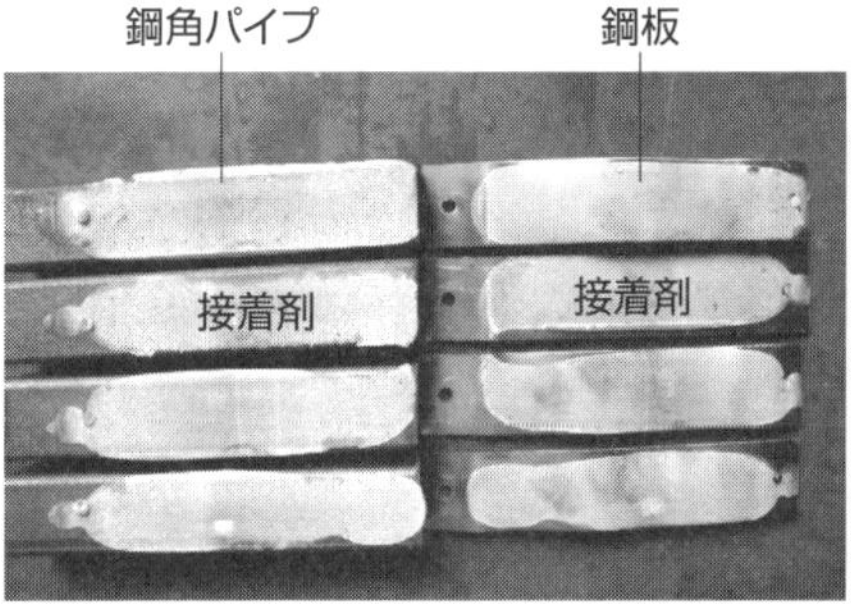

接着剤が、両方の被着材全面に残っていて、きれいな凝集破壊をしている状態
良好な接着ができていると判断できる

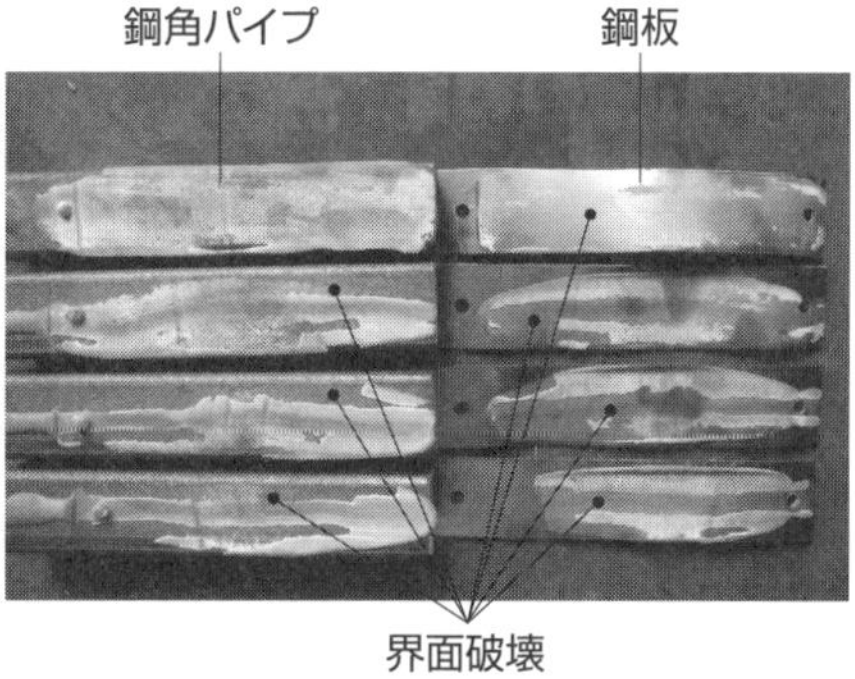

接着剤が、片方の被着材表面から剥がれる界面破壊部が多く見られる
良好な接着ができているとは言い難い

63 接着剤は要求機能・特性の観点で選ぶ

信頼性や品質が問われない接着であれば、オンラインショップの能書きだけを見て選ぶのでも十分ですが、高信頼性・高品質が要求される場合はひと筋縄には行きません。34項で述べた表面改質を行うと、接着しにくい材料でも接着性は向上できるため、接着剤の総合カタログに記載された被着材の組合せから候補品を選ぶ直交表は、あまり意味をなさなくなります。

接着剤を用いて部品や機器の組立を行う〈接着ユーザー〉が求めているのは、材質Aと材質Bに「よく接着する」ことではなく、部品や機器の要求機能・特性を満足することです。最適な接着剤の選定は簡単ではなく、このページだけで書き切れるものではないですが、以下に選定の流れを示します。

①まず、接着部に要求される機能・条件を明確化します。ここでは、絶対的な制約条件と希望的な条件を明確に分けます。条件のスペックを厳しくし過ぎてはいけません。次に、絶対的な制約条件に影響する接着剤の特性因子を抽出し、どのような物性であればよいかの見当をつけます。

②次に、工程面からどんな種類の接着剤が使えそうか目途をつけます。これには、「消去法による接着剤の選定チェックリスト」13) が役に立ちます。

③いよいよ候補品の探索に入ります。探索は機能や条件、用途、対象部品などをキーワードにWeb検索します。検索では、まず対象となる接着剤メーカーを見つけます。その後、メーカーのサイトで用途別ページを見て、類似部品で使われている接着剤を見つけて技術資料をダウンロードし、チェックします。ここで候補となった種類の接着剤が、工程的に使えるかどうかの判断には、「接着剤の管理のポイントチェックリスト」13) が役に立ちます。

④ここまできたらメーカーに直接問い合わせて打合せを行い、サンプルをもらって評価します。

要点BOX

●接着ユーザーが求めているのは部品や機器の要求機能・特性を満足すること
●機能・特性に影響する特性因子を抽出する

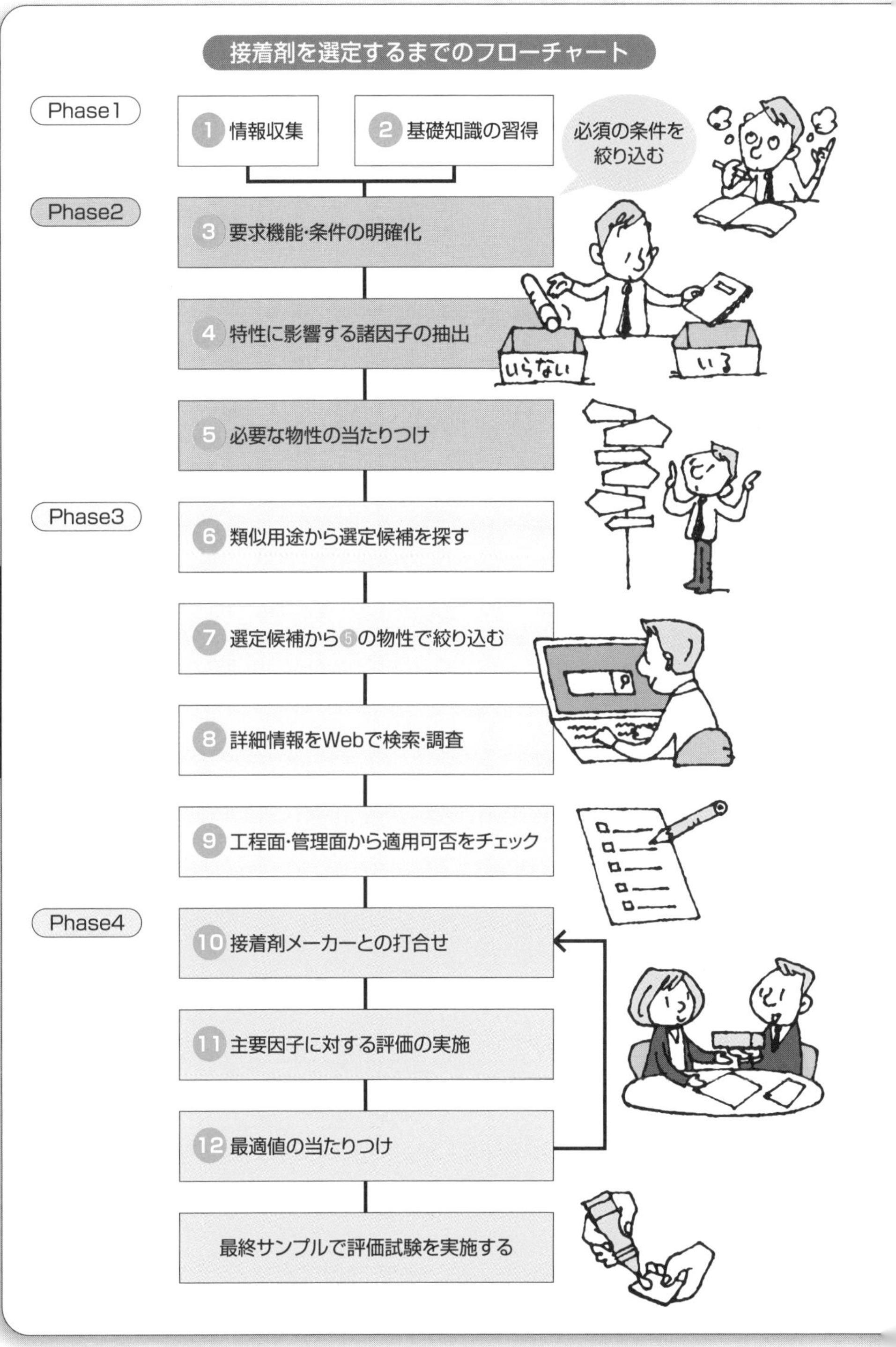
接着剤を選定するまでのフローチャート
Phase1
1 情報収集
2 基礎知識の習得
必須の条件を
絞り込む
Phase2
3 要求機能・条件の明確化
4 特性に影響する諸因子の抽出
いらない
いる
5 必要な物性の当たりつけ
Phase3
6 類似用途から選定候補を探す
7 選定候補から5の物性で絞り込む
8 詳細情報をWebで検索・調査
9 工程面・管理面から適用可否をチェック
Phase4
10 接着剤メーカーとの打合せ
11 主要因子に対する評価の実施
12 最適値の当たりつけ
最終サンプルで評価試験を実施する

64 見よう見まねでの作業は不良品の山をつくる

マニュアルの整備と教育訓練

生産開始までに行うことを事前に整理しておきましょう。マニュアルは、工程管理表と作業要領書は最低限必要です。まず、工程管理表を作成します。工程ごとの要求仕様や作業のチェック項目、チェック方法、合否基準をまとめます。

次に、作業要領書を作成します。設計段階で決まった工程ごとの最適条件と許容範囲を明確に記載し、わかりやすくビジュアルに作成します。曖昧さをなくして作業者に頼らない、作業者を困らせない書き方にすることが重要です。「綿棒が汚れたら交換する」「接着剤を適量塗布する」「接着剤の粘度が上昇してきたら」などの曖昧な表現を避け、「綿棒は5個ごとに交換する」「接着剤を1g塗布する」「接着剤の混合開始から10分経過したら」などと記述します。

最適条件と許容範囲は数値ではわかりにくいため、色や図・写真などでビジュアル化して掲載します。トラブル時の対処方法もマニュアル化を図ります。工程内で発生する恐れがあるトラブルの例を考えられるだけ掘り出し、それぞれの対処方法を決めます。想定外のことまで視野に入れておくとよいでしょう。

接着には熟練技能は必要ありませんが、教育訓練は必要です。接着に関わる設計・生産・品質関係技術者は、本書のような内容を十分に理解して活用できる知識を習得しなければなりません。習得には、社外の各種セミナーなども有効です。

現場責任者は、設計段階で決められたプロセス、最適条件・許容範囲がなぜ指定されているかの理由を十分に理解・習得し、適切な作業方法、トラブル時の対処方法までを繰り返し訓練します。現場作業者に対して、指定された作業方法が必要な理由を理解させることは重要です。絶対にやってはならないことなど、安全衛生面での教育も確実に行います。また、訓練も重要です。特に重要な工程は有資格者作業とし、認定試験を行います。

要点BOX

- ●工程管理表と作業要領書を作成しよう
- ●トラブル時の対処方法もマニュアル化
- ●接着は熟練技能は不要だが教育・訓練は必要

生産開始までに行うこと

生産移行のための会議
↓
作業手順を決める
↓
用具、治工具、設備の準備
↓
作業環境の整備
↓
工程管理表の作成
↓
作業要領書の作成
↓
トラブル時の対処方法の決定
↓
現場責任者の教育･訓練
↓
作業者の教育･訓練

作業要領書は作業者が迷わないように記述

作業者泣かせの書き方

部品Aに接着剤を塗布する

塗り方は?(面、線、点?)
塗布量は?
1個ずつやるの?
数個まとめてやるの?

迷わない書き方

- 部品AとBの接着面に汚れなどの付着がないことを確認する
- 部品Aの接着面の中央に、塗布装置を用いて接着剤を1ショット、点状に塗布する
- 塗布後の接着剤の直径は、3.0mm±0.3mmに入っていることを画像処理装置で確認する
- 確認後、10秒以内に貼り付け工程に回す

禁止事項 2個以上のまとめ塗布を行ってはならない
接着面が汚れている場合の処置 半日分をまとめて保管し、洗浄工程に戻す
塗布量が範囲外の場合の処置 すぐにキムワイプで拭き取り、溶剤を浸ませた綿棒で塗布面を清掃する。清掃した部品は半日分をまとめて保管し、洗浄工程に戻す
確認事項と処置 塗布ノズルの先端に接着剤だまりができていないことを確認する。できている場合は、キムワイプで拭き取り、5ショット捨て打ちを行う
塗布した接着剤がきれいな半球状になっていなかったり、糸引きを起こしたりする場合は、接着剤を新品に交換する

65 出荷後に不良が生じたときの原因究明

手順とポイント

不良が生じたら、すぐに接着剤や接着表面の分析が行われることがよくあります。分析を行って良品と不良品を比較すると、何らかの差は見られるものです。この差を原因と思い込んで先に進むと、原因究明は泥沼化することによく直面します。「木を見て森を見ず」にならないよう、ミクロな分析を実施する前に、不良品の状態・状況を正確かつ客観的に観察することが大切です。

不良品の接着部が完全に剥がれていない場合は、まず接着剤はみ出し部の変色の状態やクラックの有無など、外観的変化を観察します。接着部を剥がすと不良品の状態が変わるため、接着部を破壊する前にX線CTなどによる非破壊検査を行い、はく離の位置や広がり方、はく離隙間の大きさ、接着層の厚さの分布、その他の欠陥の有無などを確認します。

あわせて製造時のデータをチェックし、すべての条件が許容範囲内で行われたかどうかを確認します。また、不良発生品の製造段階で、変更点が生じていないかどうかも確認します。不良品が使われていた環境や使われ方を調査することはもちろんです。

最後に不良品と良品の接着部を破壊し、以下について観察します。①破壊状態は凝集破壊か界面破壊か、②接着剤は接着部に適正に広がっているか、接着時に空気を巻き込んだり引き込んだりした形跡はないか、被着材の接着表面に外観的変化はないか（変色、腐食など）などの接着部の状態、③部品の材質や寸法精度は図面通りか、④破壊の開始点はどこか、などです。

これらの調査結果を総合的に考え、原因の仮説を立てて分析などで検証します。なお、接着の専門家は少ないため、設計時に考慮されていなかった原因で不良に至ることもよく見受けられます。設計時には、少なくとも本書で記した点は考慮するようお勧めします。

要点BOX
- ●ミクロな分析を行う前に、不良品の状態・状況を正確に客観的に観察することが大切
- ●破壊検査では強度よりも状態の観察が重要

不良の原因究明

不良品の外観的変化を客観的に観察する

変色、クラックの
有無など

製造時のデータをチェック

すべての条件が
許容範囲内で行
われたかを確認
変更点の有無の
確認

接着部を破壊する前に非破壊検査

X線CTなど

　はく離の位置や広がり方、はく離隙間の大きさ、接着層の厚さの分布、はく離部以外の欠陥の有無などを確認

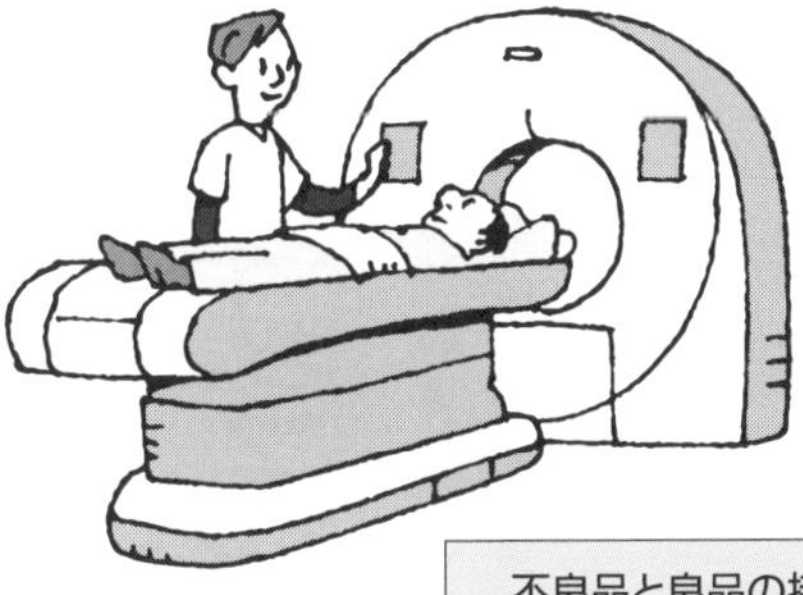

不良品の使用環境や使われ方の調査

不良品と良品の接着部を破壊して観察

①凝集破壊か界面破壊か
②接着剤の広がり方、欠陥部の有無
　被着材の接着表面の外観的変化
③部品の材質、表面状態、寸法精度
　は図面通りか
④破壊の開始点はどこかなど

総合的に考えて原因の仮説を立てる

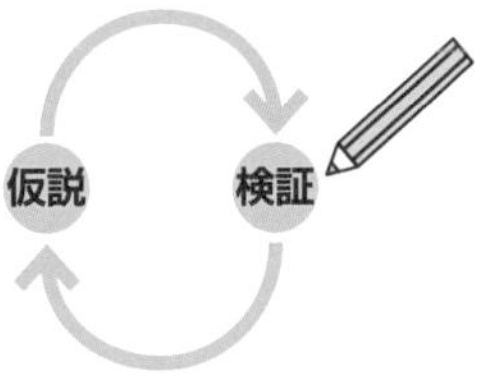

表面分析、成分分析などで仮説を検証する

66 接着の信頼性・品質をどう担保するか

信頼性・品質は不断の努力で築くもの

接着接合は、完成後の非破壊検査で不良品を発見できない特殊工程の技術です。接着を用いて信頼性・品質に優れた接合を行うためのポイントは、一つひとつはさほど難しいことではなく、積み重ねが重要なのです。

どんな技術にも利点とともに、必ず欠点や限界があります。利点ばかりに目を奪われず、欠点や弱点を十分に理解した上で長所や利点を活かせる設計を心掛けます。すなわち、万が一にも不良が生じた場合の、周囲に与えるリスクの大きさをも考慮した設計が必要です。

接着作業には、高度な熟練技能は必要ありません。しかし、守らなければならないこと、やってはならないことは数多くあり、その理由を十分に理解して身につけておくことが不可欠です。そのためには、社内での接着作業者の教育訓練は必須で、作業認定や指名作業が必要となる場合もあります。現場作業者の教育訓練は現場監督者や現場責任者の仕事で、現場監督者や現場責任者は接着技術に関する基本的な技術力を身につけなければなりません。また、設計・生産・品質技術者は接着に関する総合的な知識を習得することは当然の対応です。まずは書籍で勉強し、その後は接着剤を用いる設計・施工・管理の技術者向けセミナーを受講して技術力の向上を図るとよいでしょう。

2022年3月に改訂されたISO21368「接着剤―接着構造物の組立および組立物のリスク評価に適した報告手順の指針」では、技術者の立場に応じた必要な能力・知識・経験が示されています。日本では現在、接着剤を用いて製品を組み立てる技術者の認定制度はありませんが、将来的には国際的な要求から認定制度が設けられることが考えられます。備えあれば憂いなしで、日頃から技術力の向上に努めておくべきです。

要点BOX

- ●接着は特殊工程の技術
- ●欠点、弱点を理解した設計・生産・品質管理
- ●教育・訓練、技術力向上は重要

高品質の条件

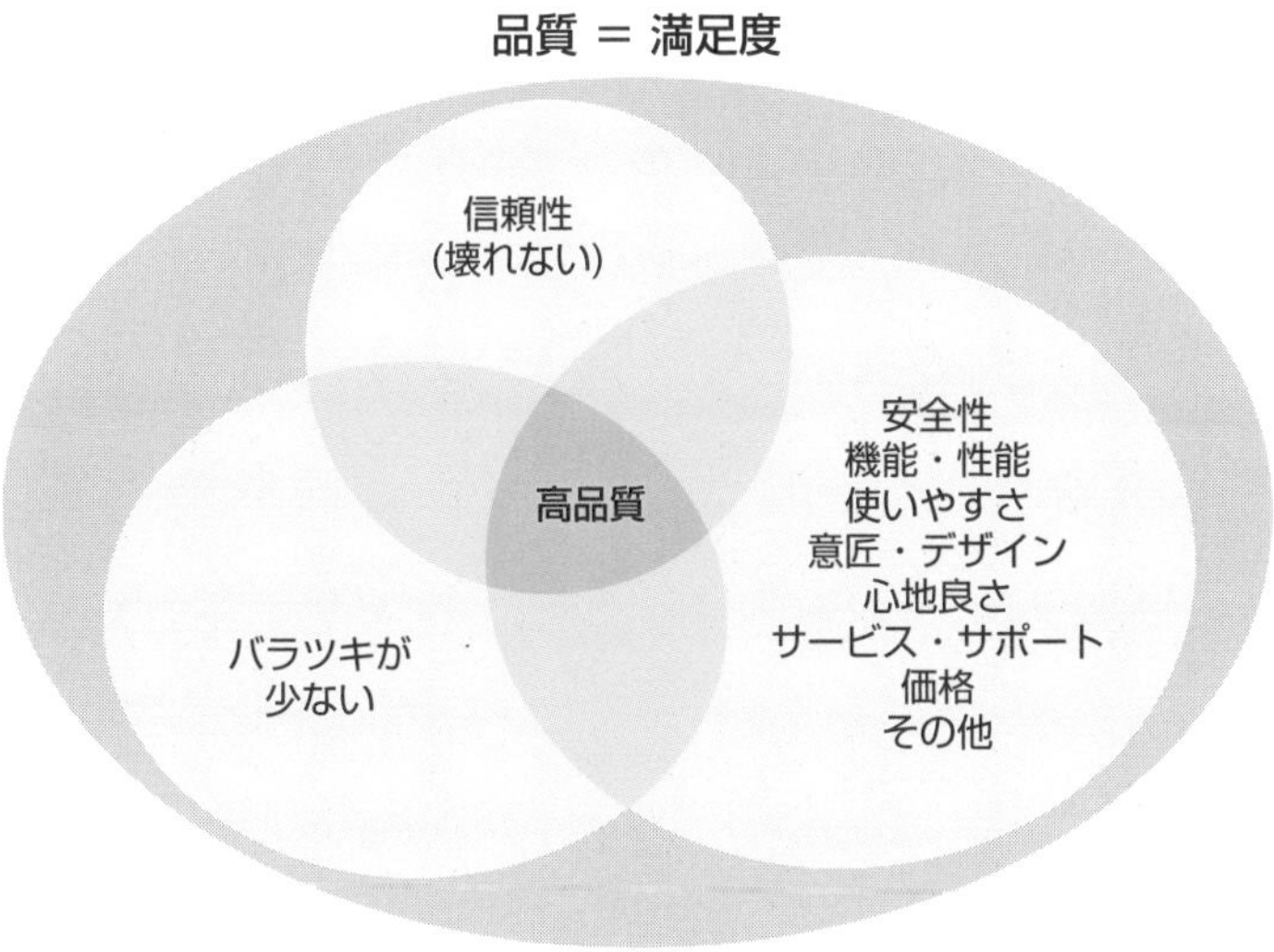

接着を用いて信頼性·品質に優れた接合を行うコツ

欠点·弱点の理解	●接着接合の欠点や弱点を十分に理解して、構造設計や生産設計、品質管理を行う ●用いる接着剤によって欠点や弱点は異なるため、その点を理解して設計·施工·管理を行う
品質のつくり込み	●表面改質などを活用して、十分な凝集破壊率を確保する。これは、工業接着における基本 ●初期の変動係数が小さくなるまでつくり込む ●構造設計では、設計許容強度に対して十分な安全率を確保する ●破壊に対する冗長設計を行う。これは、技術者と企業の社会的責任
製造段階	●プロセスごとに、最適条件と許容範囲を明確に決めて管理する ●作業環境や設備、プロセス条件などのリアルタイムでの記録とフィードバックを行う ●ビジュアルで定量的表現の作業要領書を整備する ●工程内トラブル発生時の対処方法を決めておく ●抜き取り破壊検査(またはダミーサンプル)による凝集破壊率、混合状態、硬化状態、欠陥部の確認と不合格時の対処方法を決めておく
教育·訓練	●接着に関わる設計技術者、生産技術者、信頼性技術者の教育の実施 ●現場監督·責任者の教育の実施 ●現場作業者の教育、訓練と認定

Column

熱交換器の冷媒配管の接合・シール

ルームエアコンの熱交換器は一般にパイプ材として銅が使用されますが、アルミニウムパイプを用いたオールアルミ熱交換器もあります。この場合は、アルミパイプ同士やアルミパイプと一般配管の銅パイプとの接合が必要です。しかし、ろう付けが簡単ではないことから、接着剤により接合・シールされるものもあります。

接着部には高温での接着強度に加え、長期間の耐冷媒性や耐冷凍機油性、屋外での長期耐水性などとともに耐圧シール性が要求されます。このような条件に耐える接着剤として、一液加熱硬化型のペースト状エポキシ系接着剤が使用されています。

パイプに接着剤を塗布して相手側に差し込むと、必ず部分的に接着剤がかきとられ、そのまま接着剤を硬化させるとほとんど漏れ不良になります。そこで、挿入後に外管をバンド状にかしめてつぶし、接着剤を接続部全体に均等に流動させることで、漏れ不良をろう付け以下にまで低減できています。耐圧強度が高いことから、接着部ではなくアルミパイプ自体が破裂するほどです。

オールアルミ熱交換器の組立に、接着法を採用してからすでに30年以上が経過しましたが、冷媒漏れもなく順調に稼働しています。

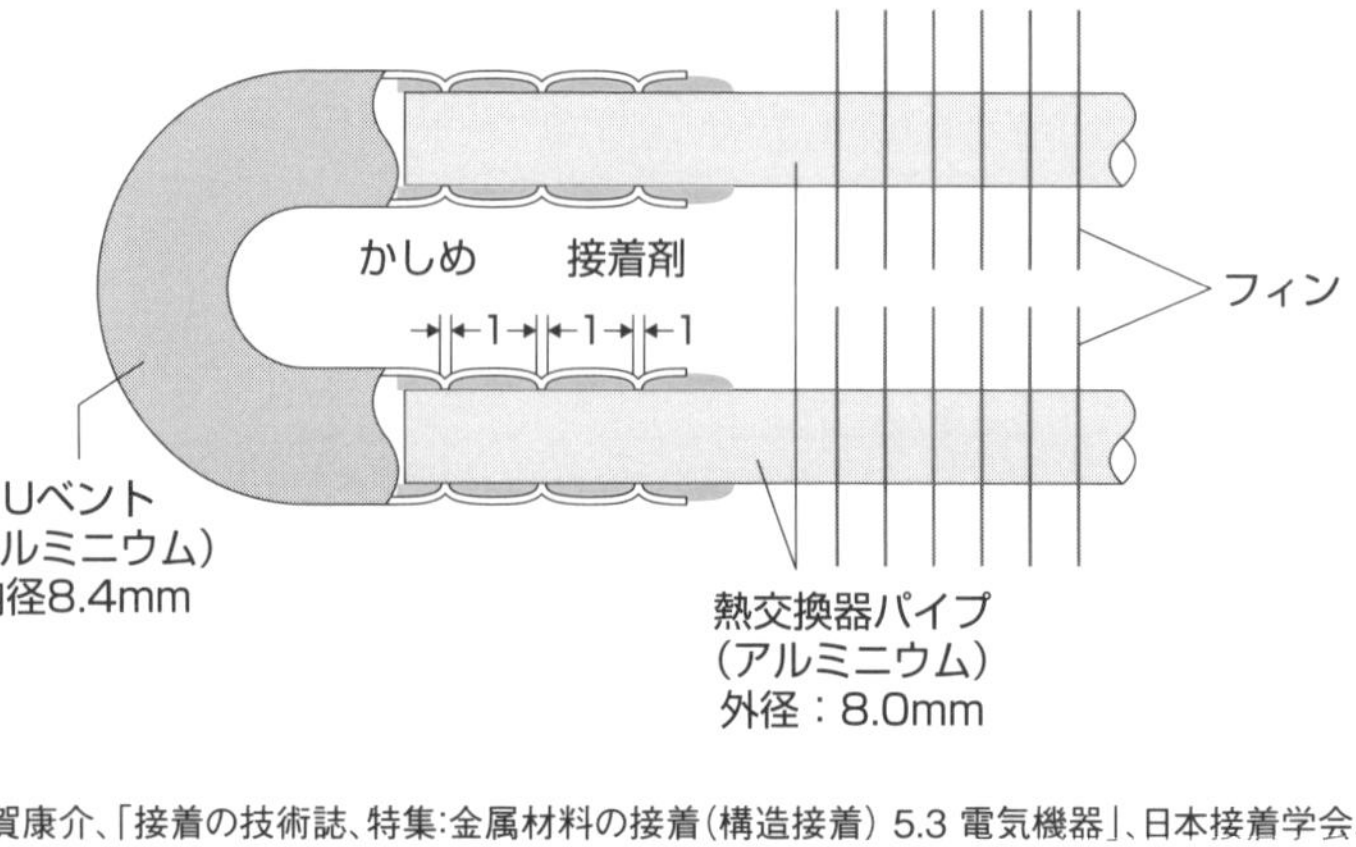

出典:原賀康介、「接着の技術誌、特集:金属材料の接着（構造接着） 5.3 電気機器」、日本接着学会、Vol.23,No.1,69(2003)

【参考文献】

1) 柳澤誠一、「接着剤技術の系統化調査」、国立科学博物館 技術の系統化調査 調査報告書 第17集、P．367～444、2012年、(独行)国立科学博物館産業技術史資料情報センター
2) 林毅監訳、「接着金属構造」、日刊工業新聞社、1977年(原初版の著者助言から)
3) (一社)日本接着学会 構造接着・精密接着研究会ホームページ https://www.struct-adhesion.org/precision/
4) 「構造用接着剤使用のためのガイドライン」、(一財)日本海事協会 材料艤装部、2015年12月
5) VERA10周年記念事業実行委員会、「VERA10周年記念誌」、国立天文台、2012年10月
6) 原賀康介、「構造接着の応用展開と最適化技術の構築」、日本接着学会誌、Vol.39, No.9, 349 (2003)
7) 日本プラズマトリート㈱ https://www.plasmatreat.co.jp
8) ㈱イトロ https://www.itro.co.jp/effect/
9) 栢木浩之、山本 拓、押野幸一、下鍋達也、浜原京子、大橋義暢、「新時代を担う構造接着技術 Part2シンポジウムテキスト」、(一社)自動車技術会、P．23、1994年3月10日
10) 原賀康介、「宇宙用機器を支える接着技術―性能への挑戦―」、接着管理士会報、日本接着剤工業会 No.41, P.1～10(2015)
11) 「構造用接着剤使用のためのガイドライン」、日本海事協会材料艤装部、2015年12月 https://www.ship-densou.or.jp/hourei_kisoku/gl_use_of_structural_adhesives_j201512.pdf
12) 寺本和良、西川哲也、原賀康介、「接着による光学歪に及ぼす接着条件の影響」、日本接着協会誌、V0l.25, No.11, P.7(1989)
13) ㈱原賀接着技術コンサルタントホームページ https://www.haraga-secchaku.info/checklist/

◆本書内容の理解を深めるために以下のような書籍が役立ちます。

原賀康介、「ユーザー目線で役立つ接着の材料選定と構造・プロセス設計」、日刊工業新聞社
原賀康介、「わかる!使える!接着入門」、日刊工業新聞社
原賀康介、「高信頼性接着の実務―事例と信頼性の考え方―」、日刊工業新聞社
原賀康介、「高信頼性を引き出す接着設計技術―基礎から耐久性、寿命、安全率評価まで―」、日刊工業新聞社
原賀康介、佐藤千明、「自動車軽量化のための接着接合入門」、日刊工業新聞社

サ

タ

ナ

索引

英数

ア

カ

今日からモノ知りシリーズ
トコトンやさしい
接着の本 新版

NDC 579.1

2023年11月15日　初版1刷発行

©著者　原賀 康介
発行者　井水 治博
発行所　日刊工業新聞社
東京都中央区日本橋小網町14-1
(郵便番号103-8548)
電話　書籍編集部　03(5644)7490
販売・管理部　03(5644)7403
FAX　03(5644)7490
振替口座　00190-2-186076
URL　https://pub.nikkan.co.jp/
e-mail　info_shuppan@nikkan.tech
印刷・製本　新日本印刷(株)

●DESIGN STAFF
AD―――――志岐滋行
表紙イラスト―――黒崎　玄
本文イラスト―――小島サエキチ
ブック・デザイン ――黒田陽子
(志岐デザイン事務所)

●
落丁・乱丁本はお取り替えいたします。
2023 Printed in Japan
ISBN　978-4-526-08306-8　C3034

●著者略歴

原賀 康介（はらが こうすけ）

㈱原賀接着技術コンサルタント 専務取締役
首席コンサルタント 工学博士

1973年、京都大学工学部工業化学科卒業。同年に三菱電機㈱入社後、生産技術研究所、材料研究所、先端技術総合研究所に勤務。入社以来40年間にわたり一貫して接着接合技術の研究・開発に従事。2012年3月、㈱原賀接着技術コンサルタントを設立し、各種企業における接着課題の解決へのアドバイスや社員教育などを行っている。

日本接着学会構造接着・精密接着研究会役員、接着適用技術者養成講座講座長、接着技術者スキルアップ講座講座長、精密接着ワーキンググループ幹事
専門：接着技術（特に構造接着と接着信頼性保証技術）

●開発した技術

接着耐久性評価・寿命予測技術／接着強度の統計的扱いによる高信頼性接着の必要条件決定法／耐用年数経過後の安全率の尤度の定量化法／接着の設計基準の作成／『Cv接着設計法』／複合接着接合技術（ウェルドボンディング、リベットボンディングなど）／ハニカム構造体の簡易接着組立技術／SGAの高性能化（低ひずみ、焼付け塗装耐熱性、高温強度・耐ヒートサイクル性、難燃性ほか）／内部応力の評価技術と低減法／被着材表面の接着性向上技術／精密部品の低ひずみ接着技術／塗装鋼板の接着技術　ほか

●受賞歴

1989年、日本接着学会技術賞
1998年、日本電機工業会技術功労賞
2003年、日本接着学会学会賞
2010年、日本接着学会功績賞

●著書

「高信頼性を引き出す接着設計技術　～基礎から耐久性、寿命、安全率評価まで」、日刊工業新聞社、2013年
「高信頼性接着の実務　～事例と信頼性の考え方」、日刊工業新聞社、2013年
「自動車軽量化のための接着接合入門」、佐藤千明共著、日刊工業新聞社、2015年
「わかる!使える!接着入門」、日刊工業新聞社、2018年
「ユーザー目線で役立つ接着の材料選定と構造・プロセス設計」、日刊工業新聞社、2022年
その他共著書籍　31冊